高等学校土木工程专业毕业设计指导用书

钢结构毕业设计指导

王治均　唐柏鉴　邵建华　董　军　编

中国建筑工业出版社

图书在版编目(CIP)数据

钢结构毕业设计指导/王治均等编．—北京：中国建筑工业出版社，2014.6

高等学校土木工程专业毕业设计指导用书

ISBN 978-7-112-16669-5

Ⅰ.①钢… Ⅱ.①王… Ⅲ.①钢结构—结构设计—高等学校—教学参考资料 Ⅳ.①TU391.04

中国版本图书馆 CIP 数据核字(2014)第 064658 号

高等学校土木工程专业毕业设计指导用书

钢结构毕业设计指导

王治均　唐柏鉴　邵建华　董　军　编

*

中国建筑工业出版社出版、发行(北京西郊百万庄)

各地新华书店、建筑书店经销

北京天成排版公司制版

北京中科印刷有限公司印刷

*

开本：787×1092 毫米　1/16　印张：11¼　字数：280 千字

2014 年 8 月第一版　　2014 年 8 月第一次印刷

定价：**25.00** 元

ISBN 978-7-112-16669-5

(25480)

(邮政编码 100037)

本书是根据最新颁布的国家标准和规范而编写的高等院校土木工程专业的教学参考书，内容包括钢结构设计步骤，钢结构毕业设计基本要求，门式刚架单层厂房结构设计要点、步骤及典型例题、多层钢框架结构设计要点、步骤及典型例题，钢桁架通信塔设计要点及典型例题等。

本书着重阐明门式刚架单层厂房结构设计要点及步骤，多层钢框架结构设计要点及步骤，钢桁架通信塔设计要点，并给出了完整的设计实例，有利于理解和掌握设计规范，便于自学和参考。内容安排符合土木工程专业毕业设计的教学要求，具有一定的系统性和较好的完整性，有利于提高教学质量和学生的工程实践能力。钢结构的设计实例是根据我国最新颁布的设计规范，紧密结合工程实践而编写的，理论联系实际，便于应用和解决工程实际问题。文字通俗易懂，论述由浅入深，循序渐进，从而为学生自学提供方便。

本书可作为高等院校土木工程专业的教学辅导教材，亦可供各高校进行同类毕业设计参考。

* * *

责任编辑：李　明　刘平平
责任设计：李志立
责任校对：张　颖　党　蕾

前言

近年来，钢结构在中国得到了广泛应用和快速发展，大量钢结构新材料、新技术、新工艺得到推广应用，已建成世界上规模最大、难度最高的多项钢结构工程，钢结构已成为建筑业发展的主要方向，展现出良好的发展前景。

然而，我国钢结构人才培养的现状与钢结构行业蓬勃发展的要求还不相适应，不仅培养的人才数量不够，更重要的是培养的人才不能很好满足钢结构行业快速发展对人才实践能力和创新能力的要求。

为有效提高工程人才培养质量，国家实时启动了卓越工程师教育培养计划，南京工业大学土木工程专业成为首批试点专业之一。基于卓越计划培养要求，南京工业大学与江苏科技大学的钢结构学科团队紧密合作，开展了基于卓越计划要求的钢结构系列教研教改活动。在 2011 年江苏省高等教育教改立项研究课题“基于卓越计划要求的钢结构系列精品教材建设”支持下，组织编写了基于卓越计划要求的钢结构系列精品教材，内容涵盖钢结构基本原理、钢结构设计、钢结构课程实践与创新能力训练、钢结构学习指导、钢结构毕业设计指导等多个方面。本书是其中之一。

本书内容包括钢结构设计步骤、钢结构毕业设计基本要求、门式刚架单层厂房结构设计要点、步骤及典型例题、多层钢框架结构设计要点、步骤及典型例题、钢桁架通信塔设计要点及典型例题等。对于基本要求和要点，不罗列常规的知识点和规范条文，仅作精炼的概括，重点通过设计实例的演示，帮助读者理解重要知识点，有效掌握设计规范。设计实例依据我国最新设计规范，紧密结合工程实践编写。文字通俗易懂，论述由浅入深，循序渐进，便于自学和参考。

本书共 4 章，王治均副教授负责编写第 2 章及 3.1 节，唐柏鉴副教授负责编写第 4 章，邵建华副教授负责编写 3.2 节，董军教授负责编写第 1 章。全书由董军教授统稿。

在撰写本书的过程中，参考了较多的参考资料，未能在参考文献中一一列出，在此向有关作者表示衷心的感谢！

在第 3 章的编写过程中，佟小春对例题的计算和绘图工作付出了辛勤的劳动，在此特别表示感谢！

限于作者水平，书中错误及不当之处难免。敬请广大读者批评指正。

目录

第1章　绪　　论

自20世纪末，国家不断出台政策鼓励钢结构技术的研究和应用，经过近20年的努力，钢结构产业在我国获得了蓬勃发展，同时也锻炼出了一大批钢结构设计和专业化施工队伍，包括研究学者。与此相应的，土木工程专业学生选择钢结构工程作为毕业设计的人数逐年增多，本书即为满足这种需求所写。

1.1　钢结构设计方法论

尽管钢结构形式很多，但遵循的设计步骤大体相同，这也从另一方面说明了如下设计步骤反映了钢结构自身的内在特征。

1.1.1　判断结构是否适合用钢结构

钢结构通常用于高层、大跨度、体型复杂、荷载或吊车起重量大、有较大振动、高温车间、密封性要求高、要求能活动或经常装拆的结构。直观地说，钢结构适用于大厦、体育馆、歌剧院、大桥、电视塔、仓棚、工厂、住宅和临时建筑等类型的结构，这和其自身的特点是相一致的。

1.1.2　结构选型与结构布置

在钢结构设计的整个过程中都应该强调“概念设计”，它在结构选型与布置阶段尤其重要。对一些难以作出精确理性分析或规范未规定的问题，可依据从整体结构体系与分体系之间的力学关系、破坏机理、震害、试验现象和工程经验所获得的设计思想，从全局的角度来确定控制结构的布置及细部措施。运用概念设计可以在早期迅速、有效地进行构思、比较与选择。所得结构方案往往概念清晰、定性正确，并可避免结构分析阶段不必要的繁琐运算。同时，它也是判断计算机内力分析输出数据可靠与否的主要依据。

结构选型时，应考虑它们不同的特点。在轻钢工业厂房中，当有较大悬挂荷载或移动荷载，就可考虑放弃门式刚架而采用网架。基本雪压大的地区，屋面坡度应有利于积雪滑落。降雨量大的地区相似考虑。建筑允许时，在框架中布置支撑会比简单的节点刚接的框架有更好的经济性。而屋面覆盖跨度较大的建筑中，可选择构件受拉为主的悬索或索膜结构体系。高层钢结构设计中，常采用钢-混凝土组合(SRC)结构。在地震烈度高或很不规则的高层中，宜选择周边为巨型SRC柱，核心为支撑框架的结构体系。

结构的布置要根据体系特征、荷载分布情况及性质等综合考虑。一般地说要保证结构的刚度均匀；力学模型清晰；尽可能限制大荷载或移动荷载的影响范围，使其以最直接的线路传递到基础；柱间抗侧支撑的分布应均匀，其形心要尽量靠近侧向力(风震)的作用线，否则应考虑结构的扭转；结构的抗侧应有多道防线，比如有支撑的框架结构，柱子至少应能单独承受 1/4 的总水平力。

1.1.3 预估截面

结构布置结束后，需对构件截面作初步估算，主要是梁柱和支撑等的断面形状与尺寸的假定。

钢梁可选择槽钢、轧制或焊接 H 型钢等类型的截面。根据荷载与支座情况，其截面高度通常在跨度的 1/30～1/15 之间选择。翼缘宽度根据梁间侧向支撑的间距按 l/b 限值确定时，可回避钢梁的整体稳定的复杂计算，这种方法很受欢迎。确定了截面高度和翼缘宽度后，其板件厚度可按规范中局部稳定的构造规定预估。

柱截面按长细比预估。通常 $50<\lambda<150$，简单选择长细比值在 100 附近。根据轴心受压、双向受弯或单向受弯的不同，可选择钢管或 H 型钢等类型的截面。

初学者需注意，对应不同的结构，规范中对截面的构造要求有很大的不同，如钢结构板件的局部稳定，在《钢结构设计规范》GB 50017—2003 和《门式刚架轻型房屋钢结构技术规范》CECS102：2002 中的限值有很大的区别。

除此之外，构件截面形式的选择没有固定的要求，结构工程师应该根据构件的受力情况，合理的选择安全经济美观的截面。

1.1.4 结构分析

目前钢结构实际设计中，结构分析通常为一阶线弹性分析，其基本假定是：材料理想弹性，不考虑变形对平衡条件的影响。条件允许时考虑 $P\text{-}\Delta$ 效应。

目前有限元软件可以同时考虑几何非线性和钢材的弹塑性，这为更精确的分析结构提供了条件，但并不是所有的结构都需要使用软件。

典型结构可查力学手册之类的工具书直接获得内力和变形，简单结构通过手算进行分析，复杂结构才需要建模运行程序并作详细的结构分析。

1.1.5 工程判定

要正确使用结构软件，还应对其输出结果做“工程判定”，比如，评估各向周期、总剪力、变形特征等。根据“工程判定”选择是否修改模型重新分析，还是只修正计算结果。

不同的软件会有不同的适用条件，初学者应充分明了。此外，工程设计中的计算和精确的力学计算本身常有一定距离，为了获得实用的设计方法，有时会用误差较大的假定，但对这种误差，会通过“适用条件、概念及构造”的方式来保证结构的安全。钢结构设计中，“适用条件、概念及构造”是比定量计算更重要的内容。

工程师们不应该过分信任与依赖结构软件，美国一位学者曾警告说：“误用计算机造成结构破坏而引起灾难只是一个时间的问题。”

注重概念设计和工程判定是避免这种工程灾难的方法。

1.1.6 构件设计

构件的设计首先是材料的选择。通常主结构使用单一钢种以便于工程管理，从经济的角度考虑，也可以选择不同强度的钢材。当强度起控制作用时，可选择 Q345；稳定控制时，宜使用 Q235。

构件设计中，薄壁及轻钢杆件采用弹性极限状态设计，相应的规范是：

《冷弯薄壁型钢结构技术规范》GB 50018—2002；

《门式刚架轻型房屋钢结构技术规程》CECS 102：2002。

普通钢结构使用的是弹塑性的方法来验算截面，考虑截面部分塑性开展，相应的规范是：《钢结构设计规范》GB 50017—2003。

当前的结构软件，都提供截面验算的后处理功能。由于程序技术的进步，一些软件可以将验算时不通过的构件，从给定的截面库里选择加大一级，并自动重新分析验算，直至通过，如 SAP2000 等。这是常说的截面优化设计功能之一，它减少了结构师的很多工作量。但是，当上面第 1.1.3 条中预估的截面不满足时，加大截面应该分两种情况区别对待：

(1) 强度不满足，通常加大组成截面的板件厚度，其中，抗弯不满足时加大翼缘厚度；抗剪不满足时加大腹板厚度。

(2) 变形超限，通常不应加大板件厚度，而应考虑加大截面的高度，否则会很不经济。

使用软件的前述自动加大截面的优化设计功能，很难考虑上述强度与刚度的区分，实际上，常常并不合适。

1.1.7 节点设计

连接节点的设计是钢结构设计中重要的内容之一，在结构分析前，就应该对节点的形式有充分思考与确定。常常出现的一种情况是，最终设计的节点与结构分析模型中使用的形式不完全一致，这必须避免。按传力特性不同，节点分刚接、铰接和半刚接，初学者宜选择可以简单定量分析的前两种节点连接方式。

连接节点有等强设计和实际受力设计两种常用的方法，初学者可偏安全选用前者。

1.1.8 图纸编制

钢结构设计出图分设计图和施工详图两阶段，设计图为设计单位提供，施工详图通常由钢结构制造公司根据设计图编制，有时也会由设计单位代为编制。由于近年钢结构项目增多和设计院钢结构工程师缺乏的矛盾，有设计能力的钢结构公司参与设计图编制的情况也很普遍。

(1) 设计图：是提供制造厂编制施工详图的依据，深度及内容应完整但不冗余。在设计图中，对于设计依据、荷载资料(包括地震作用)、技术数据、材料选用及材质要求、设计要求(包括制造和安装、焊缝质量检验的等级、涂装及运输等)、结构布置、构件截面选用以及结构的主要节点构造等均应表示清楚，以利于施工详图的顺利编制，并能正确体现设计的意图。主要材料和构件截面应列表表示。

(2) 施工详图：又称加工图或放样图等。深度须满足车间直接制造加工，不完全相同的构件单元须单独绘制表达，并应附有详尽的材料表。

设计图和施工详图的内容表达方法及出图深度的控制，目前比较混乱，各个设计单位之间及其与钢结构公司之间不尽相同。初学者可参考他人的优秀设计或参考相关的工具书，并依据规范规定进行图纸编制。

1.2 钢结构毕业设计基本要求

毕业设计对于土木工程专业的学生而言是一个十分重要的实践性教学环节，学生通过毕业设计，可以将以往所学的基础课、专业基础课和专业课课程进行综合性应用，同时也是毕业走向工作前的一次演习。

1.2.1 钢结构毕业设计基本内容

钢结构毕业设计文件应包含结构计算书和设计图纸两部分。

毕业设计通常要求学生手算完成大部分结构内力分析和设计，因此计算书宜按照1.1节中的设计步骤，清晰地反映计算过程，其中以1.1.4结构分析、1.1.6构件设计及1.1.7节点设计为重点内容。结构分析中，至少应反映计算单元选取、导荷过程、工况计算简图、反应(内力及位移等)分析过程、内力组合等关键环节。毕业设计计算书与实际设计工程计算书有所差别，由于实际设计工程，多采用软件分析及设计，计算书内容需反映软件“计算”特征。除了主体钢结构计算外，出于完整性考虑，毕业设计还应包括次要构件、基础等内容。

设计图纸应尽可能按照实际设计工程施工图纸要求完成。通常包括：结构设计说明；基础平面图及施工详图；结构平面布置图；结构立面(剖面)图；节点连接大样；支撑布置图；次要构件施工详图等。

1.2.2 设计说明

钢结构设计总说明的内容应包括：

(1) 设计的主要依据(如设计规范、勘察报告等)；

(2) 结构安全等级和设计使用年限、结构所处的环境类别；

(3) 建筑抗震设防类别、建设场地抗震设防烈度、场地类别、设计基本加速度值、所属的设计地震分组以及结构的抗震等级；

(4) 基本风压值、地面粗糙度；

(5) 活荷载取值，特别要说明荷载规范中没有明确规定或与规范取值不同的活荷载标准值及其作用范围；

(6) 设计±0.000标高所对应的绝对标高值；

(7) 所选用结构材料的品种、规格、型号、性能(抗震结构的钢筋、钢材应注明设计需要的特别要求)、强度等级；

(8) 所采用的标准构件图集，如有特殊构件需作结构性能检验时，应说明检验的方法与要求；

(9) 地基基础的设计类型与设计等级，对地基基础施工、验收要求以及对不良地基的处理措施与技术要求；

(10) 说明施工应遵循的施工规范与注意事项。

1.2.3 钢结构施工图纸

一般钢结构施工图纸应表明如下内容：

(1) 各种结构体系均应绘制各层结构平面布置图及屋面结构平面布置图；

(2) 绘出定位轴线网及结构构件位置，并注明编号；

(3) 现浇板及压型钢板组合楼(屋)盖应注明结构层标高、板厚、配筋；预制板应在相同的布置范围内用对角线注明板的编号、数量、标高，明确板的跨度方向；

(4) 楼梯间应表明其位置，注明楼梯编号；

(5) 单层有吊车的厂房，应绘制构件布置图和屋面结构布置图。当构件选用标准图时，应在图中予以注明。构件布置图中应表示的构件有：柱、吊车梁、吊车(注明吨位及工作级别)、雨篷、柱间支撑等，屋面结构布置图中应表示的构件有：屋架、天窗架、屋面支撑、系杆等，图中均应绘出柱网轴线，并标明这些构件的布置与编号、构件标高、详图索引号及有关的附注说明等；

(6) 构件详图、安装节点详图；

(7) 上述图纸应注明所用钢材材质要求，构件型号、规格、焊(栓)接施工及质量要求，钢结构防火、防腐要求，特别应标明所采用屋(墙)面压型钢板材质、波距、波高、截面惯性矩及外墙构件布置图等。

第2章 门式刚架单层厂房设计

单层钢结构厂房包括由柱与横梁(屋架或屋面梁)在柱顶铰接或刚接构成的中、重型厂房结构体系，以及由柱与横梁刚接构成的门式刚架轻型钢结构厂房结构体系。其中门式刚架结构厂房除具有普通钢结构自重较轻、材质均匀、应力计算准确可靠、加工制造简单、工业化程度高、运输方便等特点外，还具有取材方便、用料较省、自重更轻等优点，因而受到普遍欢迎，近年来在全国各地得到了大量的应用，尤其是吊车起重量较小的单层工业房屋或公共建筑，如超市、娱乐体育设施、车站候车室、码头建筑等应用较为广泛。单跨刚架的跨度在国内最大已达到72m。

门式刚架结构厂房主要适用于无桥式吊车或有起重量不大于20t的A1～A5工作级别桥式吊车或3t悬挂式起重机的单层房屋钢结构。

2.1 门式刚架单层厂房结构设计要点及步骤

2.1.1 结构形式

在门式刚架轻型房屋钢结构体系中，屋盖宜采用压型钢板屋面板和冷弯薄壁型钢檩条，主刚架可采用变截面实腹刚架，外墙宜采用压型钢板墙面板和冷弯薄壁型钢墙梁。主刚架斜梁下翼缘和刚架柱内翼缘出平面的稳定性，由与檩条或墙梁相连接的隅撑来保证。主刚架间的交叉支撑可采用张紧的圆钢。

门式刚架分为单跨(图2-1*a*、图2-1*b*、图2-1*h*)、双跨(图2-1*e*、图2-1*f*、图2-1*g*、图2-1*i*)和多跨刚架(图2-1*c*、图2-1*d*)，按屋面坡脊数可分为单脊单坡(图2-1*a*)、单脊双坡(图2-1*b*、图2-1*c*、图2-1*d*、图2-1*g*、图2-1*h*)和多脊多坡(图2-1*e*、图2-1*f*、图2-1*i*)。

单脊双坡多跨刚架，用于无桥式吊车房屋时，当刚架柱不是特别高且风荷载也不很大时，中柱宜采用两端铰接的摇摆柱，但是在设有桥式吊车的房屋时，中柱宜为两端刚接，以增加刚架的侧向刚度。

门式刚架的柱脚多按铰接支承设计，通常为平板支座，设一对或两对地脚螺栓。当用于工业厂房且有5t以上桥式吊车时，宜将柱脚设计成刚接，以保证刚架有较强的侧向刚度。

门式刚架轻型房屋的屋面坡度宜取1/20～1/8，在雨水较多的地区宜取其中的较大值。

轻型房屋的外墙，除采用以压型钢板等作围护面的轻质墙体外，尚可采用砌体外墙或底部为砌体、上部为轻质材料的外墙。

门式刚架轻型房屋可采用隔热卷材作屋面隔热和保温层，也可采用带隔热层的板材作屋面。

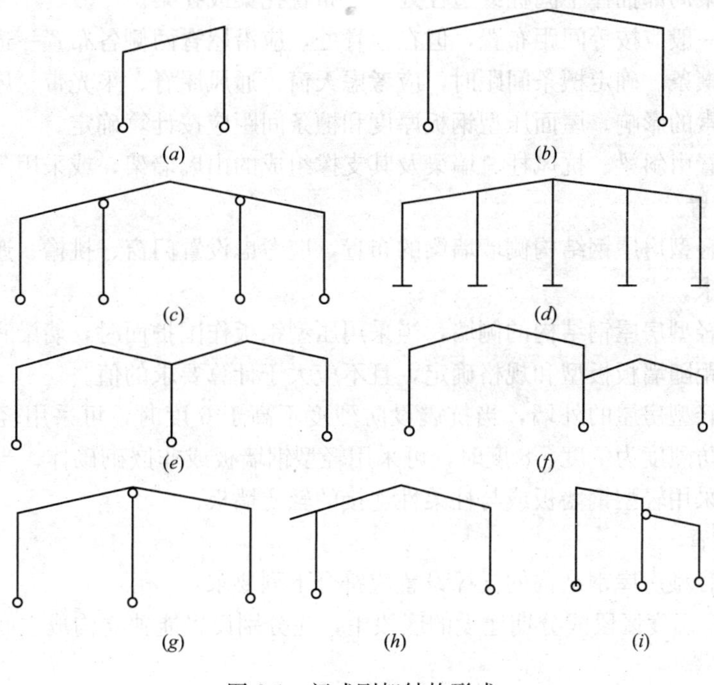

图 2-1 门式刚架结构形式

2.1.2 结构布置

1. 建筑尺寸

门式刚架轻型房屋钢结构的尺寸需符合下列规定：

（1）门式刚架的跨度，应取横向刚架柱轴线间的距离。

（2）门式刚架的高度，应取地坪至柱轴线与斜梁轴线交点的高度。高度应根据使用要求的室内净高确定，有吊车的厂房应根据轨顶标高和吊车净空要求确定。

（3）门式刚架轻型房屋的檐口高度，应取地坪至房屋外侧檩条上缘的高度。门式刚架轻型房屋的最大高度，应取地坪至屋盖顶部檩条上缘的高度。

（4）门式刚架轻型房屋的宽度，应取房屋侧墙墙梁外皮之间的距离；门式刚架轻型房屋的长度，应取两端山墙墙梁外皮之间的距离。

门式刚架的跨度宜采用 9～36m，当边柱宽度不等时，其外侧应对齐；门式刚架的平均高度宜采用 4.5～9.0m，当有桥式吊车时不宜大于 12m；门式刚架的间距，即柱网轴线间的纵向距离宜采用 6～9m；挑檐长度可根据使用要求确定，宜采用 0.5～1.2m。

2. 结构平面布置

门式刚架轻型房屋钢结构的温度区段长度(伸缩缝间距)，应符合下列规定：纵向温度区段不大于 300m；横向温度区段不大于 150m。当有计算依据时，温度区段长度可适当加大。

当需要设置伸缩缝时，可采用两种做法：在搭接檩条的螺栓连接处采用长圆孔，并使该处屋面板在构造上允许胀缩或设置双柱。吊车梁与柱的连接处宜采用长圆孔。

在多跨刚架局部抽掉中间柱或边柱处，可布置托梁或托架。

屋面檩条一般应按等间距布置，但在屋脊处，应沿屋脊两侧各布置一道檩条，在天沟附近布置一道檩条。确定檩条间距时，应考虑天窗、通风屋脊、采光带、屋面材料、檩条供货规格等因素的影响。屋面压型钢板厚度和檩条间距应按计算确定。

山墙可设置由斜梁、抗风柱、墙梁及其支撑组成的山墙墙架，或采用门式刚架。

3. 墙架布置

门式刚架轻型房屋钢结构侧墙墙梁的布置，应考虑设置门窗、挑檐、遮雨篷等构件和围护材料的要求。

门式刚架轻型房屋钢结构的侧墙，当采用压型钢板作围护面时，墙梁宜布置在刚架柱的外侧，其间距随墙板板型和规格确定，且不应大于计算要求的值。

门式刚架轻型房屋的外墙，当抗震设防烈度不高于 6 度时，可采用轻型钢墙板或砌体；当抗震设防烈度为 7 度、8 度时，可采用轻型钢墙板或非嵌砌砌体；当抗震设防烈度为 9 度时，宜采用轻型钢墙板或与柱柔性连接的轻质墙板。

4. 支撑布置

门式刚架轻型房屋钢结构的支撑设置应符合下列要求：

(1) 在每个温度区段或分期建设的区段中，应分别设置能独立构成空间稳定结构的支撑体系。

(2) 在设置柱间支撑的开间，宜同时设置屋盖横向支撑，以组成几何不变体系。

(3) 屋盖横向支撑宜设在温度区间端部的第一个或第二个开间。当端部支撑设在第二个开间时，在第一个开间的相应位置应设置刚性系杆。

(4) 柱间支撑的间距应根据房屋纵向柱距、受力情况和安装条件确定。当无吊车时宜取 30～45m；当有吊车时宜设在温度区段中部，或当温度区段较长时宜设在三分点处，且间距不宜大于 60m。

(5) 当建筑物宽度大于 60m 时，在内柱列宜适当增加柱间支撑。

(6) 当房屋高度相对于柱间距较大时，柱间支撑宜分层设置。

(7) 在刚架转折处(单跨房屋边柱柱顶和屋脊，以及多跨房屋某些中间柱柱顶和屋脊)应沿房屋全长设置刚性系杆。

(8) 由支撑斜杆等组成的水平桁架，其直腹杆宜按刚性系杆考虑。

(9) 在设有带驾驶室且起重量大于 15t 桥式吊车的跨间，应在屋盖边缘设置纵向支撑桁架。当桥式吊车起重量较大时，尚应采取措施增加吊车梁的侧向刚度。

刚性系杆可由檩条兼作，此时檩条应满足对压弯杆件的刚度和承载力要求。当不满足时，可在刚架斜梁间设置钢管、H 型钢或其他截面的杆件。

门式刚架轻型房屋钢结构的支撑，可采用带张紧装置的十字交叉圆钢支撑。圆钢与构件的夹角应在 30°～60°范围内，宜接近 45°。

当设有起重量不小于 5t 的桥式吊车时，柱间宜采用型钢支撑。在温度区段端部吊车梁以下不宜设置柱间刚性支撑。

当不允许设置交叉柱间支撑时，可设置其他形式的支撑；当不允许设置任何支撑时，可设置纵向刚架。

2.1.3 截面预估

结构布置结束后，需对构件截面作初步估算。根据跨度、高度及荷载不同，门式刚架的梁、柱可采用变截面或等截面实腹焊接工字形截面或轧制 H 形截面，一般腹板厚度为 6mm，翼缘板厚可采用 10mm 或 12mm；当为格构式刚架时，宜采用方(矩)管冷弯管材作格构杆件。

设有桥式吊车时，柱宜采用等截面柱或阶形变截面柱。等截面柱的柱截面高度不宜小于柱高的 1/20，柱脚宜设计成刚接。无吊车门式刚架的柱脚用铰接连接时，为节约用材及美观，宜采用渐变截面的楔形柱，其铰接端的柱截面高度不宜小于 200～250mm。

等截面斜梁的截面高度一般取跨度的 1/40～1/30(实腹梁)或 1/25～1/15(格构梁)，当梁跨度不大时，斜梁可采用等截面梁与加腋构造(加腋在计算时不考虑)。当梁跨度较大时，宜采用梁端加高的变截面梁，其端高不宜小于跨度的 1/40～1/35，中段高度则不小于跨度的 1/60，自梁端计起的变截面长度一般可取为跨度的 1/6～1/5。

变截面构件通常改变腹板的高度做成楔形，必要时也可改变腹板厚度。结构构件在运输单元内一般不改变翼缘的截面，必要时可改变翼缘的厚度。

门式刚架可由多个梁、柱单元构件组成，柱一般为单独单元构件，斜梁可根据运输条件划分为若干单元。单元构件本身采用焊接，单元之间可通过端板用高强螺栓连接。

2.1.4 刚架设计

1. 计算模型的确定

门式刚架的计算单元一般取受力最大的单榀刚架，并按平面计算方法进行。

2. 设计原则

门式刚架轻型房屋钢结构设计应采用以概率理论为基础的极限状态设计法，按分项系数设计表达式进行计算。

门式刚架轻型房屋钢结构的承重构件，应按承载能力极限状态和正常使用极限状态进行设计。

当结构构件按承载能力极限状态设计时，应根据现行国家标准《建筑结构荷载规范》GB 50009 的规定计算荷载基本组合的效应设计值，并符合下列要求：

$$\gamma_0 S_d \leqslant R_d \tag{2-1}$$

式中 γ_0——结构重要性系数。对一般的门式刚架钢结构构件安全等级取二级，当设计使用年限为 50 年时，结构承重性系数取不小于 1.0；当设计使用年限为 25 年时，取不小于 0.95；

S_d——不考虑地震作用时，荷载组合的效应设计值；

R_d——结构构件承载力的设计值。

在抗震设防地区，门式刚架轻型房屋钢结构应按现行国家标准《建筑抗震设计规范》GB 50011 进行抗震验算，并符合下列要求：

$$S_E \leqslant R_d / \gamma_{RE} \tag{2-2}$$

式中 S_E——考虑多遇地震作用时，荷载和地震作用组合的效应设计值；

γ_{RE}——承载力抗震调整系数。

3. 荷载及荷载组合

(1) 荷载

作用在门式刚架轻型钢结构上的荷载包括以下类型：

1) 永久荷载：包括结构自重(如屋面板、檩条、支撑、刚架、墙板等自重，初步计算时可按标准值 0.45～0.55kN/m^{2}折算取用)和悬挂在结构上的非结构构件的重力荷载(如吊顶、管线、天窗、风机、门窗等)。

2) 可变荷载：包括屋面活荷载、积灰荷载、雪荷载、风荷载、吊车荷载等。当采用压型钢板轻型屋面时，屋面竖向均布活荷载标准值(按投影面积算)取 0.5kN/m^2；对受荷水平投影面积超过 60m^{2}的刚架结构，计算时采用的竖向均布活荷载标准值可取 0.3kN/m^2；屋面活荷载与雪荷载不同时考虑，取其中较大值计算；积灰荷载与雪荷载和屋面活荷载中的较大值同时考虑。风荷载：现行《门式刚架轻型房屋钢结构技术规程》CECS 102：2002 对于风荷载的取用以《建筑结构荷载规范》GB 50009—2012 为基础，风荷载体形系数按照美国金属房屋制造商协会 MBMA《低层房屋体系手册》中有关小坡度房屋的规定取用；吊车荷载：按《建筑结构荷载规范》GB 5009—2012 的规定取用，但吊车的组合一般不超过两台。

3) 地震作用：按《建筑结构荷载规范》GB 5009—2012 的规定取用，一般不与风荷载作用同时考虑。

(2) 荷载组合

门式刚架的永久荷载一般比较小，因此其荷载组合一般由可变作用效应控制。

计算承载能力极限状态时，可取如下荷载组合：

A.

$$S_d = \sum_{j=1}^{m} \gamma_{G_j} S_{G_j k} + \gamma_{Q_1} \gamma_{L_1} S_{Q_1 k} + \sum_{i=2}^{n} \gamma_{Q_i} \gamma_{L_i} \psi_{c_i} S_{Q_i k} \tag{2-3}$$

式中 γ_{G_j}——第 j 个永久荷载的分项系数；

γ_{Q_i}——第 i 个可变荷载的分项系数，其中 γ_{Q_1} 为主导可变荷载 Q_1 的分项系数；

γ_{L_i}——第 i 个可变荷载考虑设计使用年限的调整系数，结构设计使用年限为 50 年时，取 $\gamma_{L_i}=1.0$，其中 γ_{L_1} 为主导可变荷载 Q_1 考虑设计使用年限的调整系数；

$S_{G_j k}$——按第 j 个永久荷载标准值 G_{jk} 计算的荷载效应值；

$S_{Q_i k}$——按第 i 个可变荷载标准值 Q_{ik} 计算的荷载效应值，其中 $S_{Q_1 k}$ 为诸可变荷载效应中起控制作用者；

ψ_{c_i}——第 i 个可变荷载 Q_i 的组合值系数；

m——参与组合的永久荷载数；

n——参与组合的可变荷载数。

B. 1.2(或 1.0)×重力荷载代表值+1.3×水平地震作用标准值。

在计算截面强度、构件稳定性和铰接柱脚时，需计算截面的最大弯矩及最大轴力，此时式(2-2)中 γ_{G_j} 取 1.2，可变荷载的分项系数取 1.4；对于刚接柱脚及锚栓的计算，需要计算轴力最小而相应弯矩最大的内力组合，式(2-2)中 γ_{G_j} 取 1.0。风荷载对门式刚架结构构件的受力影响较大，风荷载产生的吸力可能会使屋面金属压型板、檩条的受力反向，当风荷载较大或房屋较高时，风荷载可能是刚架设计的控制荷载，因此利用公式(2-2)进行刚架的抗倾覆验算时，γ_{G_j} 取 1.0(此时取组合：1.0×永久荷载标准值+1.4×风荷载标准值)；当 S_{Q_1k} 无法明显判断时，应轮次以各可变荷载效应作为 S_{Q_1k}，并选取其中最不利的荷载组合的效应设计值；组合适用于计算有地震作用参与组合时的刚架内力。计算结构内力时，对于应考虑左风、右风荷载，左震、右震作用，组合时取最不利工况。

由于门式刚架结构的自重较轻，地震作用产生的荷载效应一般较小。设计经验表明：当抗震设防烈度为 7 度而风荷载标准值大于 0.35kN/m²，或抗震设防烈度为 8 度而风荷载标准值大于 0.45kN/m²时，地震作用的组合一般不起控制作用。

构件截面的验算应选择控制截面的最不利荷载组合。刚架斜梁一般应选用 M_{max} 的组合，同时也注意判断或选用稍次于 M_{max} 并能形成 Q_{max} 的组合；对柱的刚接上、下端截面，应选择 M_{max} 及相应 N 尽可能大的组合、N_{max} 相应 M 尽可能大的组合；同时对柱脚锚栓、抗剪连接件的计算尚应考虑 M_{max} 相应 N 尽可能小、V_{max} 相应 N 尽可能小的组合。

4. 内力及侧移计算

确定门式刚架计算简图时，柱的轴线可取通过柱下端(对变截面柱按较小端)中心的竖向轴线。工业建筑边柱的定位轴线宜取柱外皮，斜梁的轴线可取通过变截面梁段最小端中心与斜梁上表面平行的轴线。

对于变截面门式刚架应采用弹性分析方法确定各种内力。等截面门式刚架内力计算一般采用结构力学方法按弹性分析方法进行。仅在构件全部为等截面时才允许采用塑性分析方法，并按现行国家标准《钢结构设计规范》GB 50017—2003 的规定进行设计。

变截面门式刚架宜按平面结构分析内力，一般不考虑应力蒙皮效应。当有必要且有条件时，可考虑屋面板的应力蒙皮效应。考虑蒙皮效应是将屋面板作为深梁承受屋面平面内的荷载，可提高结构整体刚度和承载能力，在目前的设计计算中多把其作为结构的承载能力储备，按平面结构通过结构力学方法或由相关程序、计算手册分析内力。

门式刚架结构设计计算宜采用专用或通用程序或自行编制程序计算。变截面门式刚架的内力可采用有限元法(直接刚度法)计算。计算时宜将构件分为若干段，每段可视为等截面；也可采用楔形单元，其划分长度应按单元两端惯性矩 I 的比值不小于 0.8 来确定单元长度，并取单元中间惯性矩 I 值进行计算。

当需要手算校核时，可采用一般结构力学方法(如力法、位移法、弯矩分配法等)或利用静力计算的公式、图表进行。

门式刚架结构的地震作用效应可采用底部剪力法分析确定：无吊车且高度不大的刚架可采用单质点简图，柱上半部及以上各种质量集中于横梁中点质点；有吊车时可采用 3 质点简图，屋盖质量和上柱的上半部质量集中于横梁中点质点，吊车、吊车梁及上柱的下半部、下柱的上半部质量(含墙体质量)集中于牛腿处质点。计算纵向地震作用时宜采用单质点柱列法进行计算。抗震验算时，结构的阻尼比可取0.05。

刚架位移(或柱顶侧移)的计算是门式刚架整体刚度验算的重要环节，和刚架内力计算一样，可采用结构力学方法或由相关程序进行，对于变截面门式刚架的柱顶侧移应采用弹性分析方法确定。《门式刚架轻型房屋钢结构技术规程》CECS 102：20025.2条给出柱顶侧移的简化公式，可以在初选构件截面时估算侧移刚度，以免刚度不足而需要重新调整构件截面。计算时，按《建筑结构荷载规范》GB 50009—2012的规定采用荷载效应的标准组合进行。

单层门式刚架在水平荷载标准值作用下的柱顶侧移限值参见《门式刚架轻型房屋钢结构技术规程》CECS 102：2002。如果最后验算时刚架的侧移不满足要求，则需要采用下列措施之一进行调整：放大柱或(和)梁的截面尺寸，改铰接柱脚为刚接柱脚；把多跨框架中的个别摇摆柱改为上端和梁刚接。

5. 主构件设计

刚架结构在各种荷载作用下内力确定后，进行内力组合，以求得刚架梁、柱各控制截面内力作为构件设计验算的依据。

结构构件的受拉强度应按净截面计算，受压强度应按有效净截面计算，稳定性应按有效截面计算，变形和各种稳定系数均可按毛截面计算。

(1) 控制截面及内力组合

1) 刚架斜梁

对于刚架斜梁，其控制截面一般为每跨的两端支座截面和跨中截面。计算斜梁控制截面的内力组合时一般应计算以下三种最不利内力组合：

M_{max}及相应的V；

M_{min}(即负弯矩最大)及相应的V；

V_{max}及相应的M。

2) 刚架柱

对于刚架柱，其控制截面一般选在柱底、柱顶、柱阶形变截面处及柱牛腿连接处。计算柱控制截面的内力组合时一般应计算以下四种最不利内力组合：

N_{max}及相应的M、V；

N_{min}及相应的M、V；

M_{max}及相应的N、V；

M_{min}(即负弯矩最大)及相应的N、V。

(2) 刚架梁、柱的计算长度确定

1) 横梁的平面内计算长度

A. 折线型的等截面横梁，当坡度$i \leqslant 1/5$时，可不考虑横梁轴力的影响，按受弯构件验算；

B. 横梁为折线的门式刚架，当其坡度大于1/5时，应考虑横梁内轴力的影响，且对等截面柱刚架应按下式计算斜梁的平面内计算长度系数：

$$\mu_R = \mu_C \frac{l_C}{l_R}\sqrt{\frac{I_R N_C}{I_C N_R}} \tag{2-4}$$

式中　μ_R——横梁平面内计算长度系数；

μ_C——刚架柱平面内计算长度系数；

l_C——刚架柱长度；

l_R——横梁轴向长度；

I_C——柱的截面惯性矩；

I_R——横梁的截面惯性矩；

N_R——横梁的轴向内力；

N_C——刚架柱轴力。

2）柱的平面内计算长度

A. 横梁为水平的门式刚架，其柱（等截面或阶形变截面）的平面内计算长度按 $H_0=\mu H$（H 为实际高度）计算。μ 的取值参照钢框架。

B. 横梁为折线形的等截面柱刚架，柱的平面内计算长度系数可按下式计算：

柱脚为铰接时，$\mu_0=2+0.45K$

柱脚为刚接时，$\mu_0=1+\left(0.1+0.07\dfrac{I_R}{I_C}\right)K^{1.5}$

则 $K=\dfrac{I_C l_R}{I_R H}$

式中　K——柱与梁的线刚度之比；

I_C，I_R——柱与梁的惯性矩；

H，l_R——柱的高度与横梁的跨度（当为坡顶门式刚架时为横梁沿折线的总长度）。

C. 截面高度呈线性变化的柱，在刚架平面内的计算长度为 $h_0=\mu_r H$，H 为柱高，μ_r 为计算长度系数，可按以下三种方式确定（计算稳定系数时的回转半径以小头截面为准），详见《门式刚架轻型房屋钢结构技术规程》CECS 102：2002 的 6.1.3 条：

查表法，用于柱脚铰接的对称刚架，适合于手算；

一阶分析法，用于利用一阶分析计算程序得出刚架在柱顶水平荷载作用下的侧移刚度时。此种方法普遍适用于各种情况，并适合计算机计算；

二阶分析法，用于采用计入竖向荷载-侧移效应（即 P-Δ 效应）的二阶分析程序计算内力时。此法适合计算机计算，要求有二阶分析的计算程序。

3）梁、柱平面外计算长度

横梁和柱平面外的计算长度，根据其侧向支撑点的间距确定（取截面上、下翼缘均同时被支承的侧向支承点间的距离，一般为在屋盖横向支撑点同时设置隅撑处）。

（3）截面验算

1）刚架横梁的截面验算

A. 水平横梁可不考虑轴力的影响，按受弯构件选择截面和对截面进行强度、整体稳定、局部稳定验算。

（*A*）强度验算：在剪力 V 和弯矩 M 共同作用下的强度应满足以下规定：

当 $V\leqslant 0.5V_d$ 时

$$M\leqslant M_e \tag{2-5}$$

当 $0.5V_d<V\leqslant V_d$ 时

$$M \leqslant M_f + (M_e - M_f)\left[1 - \left(\frac{V}{0.5V_d} - 1\right)^2\right] \tag{2-6}$$

相关符号含义见《门式刚架轻型房屋钢结构技术规程》CECS 102：2002 的 6.1.2 条。

(*B*) 整体稳定验算：按受弯构件的整体稳定性验算公式进行验算。

在最大刚度平面内受弯的构件：

$$\frac{M_x}{\varphi_b W_x} \leqslant f \tag{2-7}$$

相关符号含义见《钢结构设计规范》GB 50017—2003。

(*C*) 局部稳定验算：板件的宽厚比应满足以下规定：

$$\frac{b}{t} \leqslant 15\sqrt{\frac{235}{f_y}} \tag{2-8}$$

$$\frac{h_0}{t_w} \leqslant 250\sqrt{\frac{235}{f_y}} \tag{2-9}$$

相关符号含义见《门式刚架轻型房屋钢结构技术规程》CECS 102：2002 的 6.1.1 条。

必须明确，利用上述宽厚比限定条件的前提是：所有截面特性应按有效截面计算(可利用屈曲后强度)。

(*D*) 刚度验算：一般无需验算。

(*E*) 有效截面计算：当工字形截面构件腹板受弯及受压板幅利用屈曲后强度时，应按有效宽度计算截面特性。有效宽度的取值方法详见《门式刚架轻型房屋钢结构技术规程》CECS 102：2002 的 6.1.1 条。

B. 折线型的等截面横梁，当坡度 $i \leqslant 1/5$ 时，可不考虑横梁轴力的影响，按受弯构件验算；折线型的等截面横梁，当需考虑横梁轴力的影响(一般当坡度 $i > 1/5$)时，按压弯构件选择截面并进行强度、整体稳定、局部稳定的验算。

(*A*) 强度验算：在剪力 V、弯矩 M 和轴压力 N 共同作用下的强度应满足以下规定：

当 $V \leqslant 0.5V_d$ 时

$$M \leqslant M_e^N = M_e - NW_e/A_e \tag{2-10}$$

当 $0.5V_d < V \leqslant V_d$ 时

$$M \leqslant M_f^N + (M_e^N - M_f^N)\left[1 - \left(\frac{V}{0.5V_d} - 1\right)^2\right] \tag{2-11}$$

相关符号含义见《门式刚架轻型房屋钢结构技术规程》CECS 102：2002 的 6.1.2 条。

(*B*) 整体稳定验算：按压弯构件分别进行弯矩作用平面内的整体稳定性验算和弯矩作用平面外的整体稳定验算。

(*C*) 局部稳定验算：板件的宽厚比限制同 *A*.。当梁的腹板利用屈曲后的强度时，加劲肋的间距 a 宜取 $h_w \sim 2h_w$。

(*D*) 刚度验算：一般无需验算。

(*E*) 有效截面计算：同 *A*.。

C. 折线型变截面横梁，其验算与等截面梁相同，但整体稳定系数 φ_{br}应按《门式刚架轻型房屋钢结构技术规程》CECS 102：2002 的 6.1.4 条规定采用。

D. 横梁设计的其他问题

(*A*) 实腹式刚架斜梁的平面外计算长度，当斜梁两侧翼缘侧向支承点之间的距离不等时，应取最大受压翼缘侧向支承点间的距离。

(*B*) 当斜梁上翼缘承受集中荷载处不设横向加劲肋时，除应按《钢结构设计规范》GB 50017—2003 的规定验算腹板边缘正应力、剪应力和局部压应力共同作用下的折算应力强度外，还应满足如下要求：

$$F \leqslant 15\alpha_m t_w^2 f\sqrt{\frac{t_f}{t_w}\frac{235}{f_y}} \tag{2-12}$$

相关符号含义见《门式刚架轻型房屋钢结构技术规程》CECS 102：2002 的 6.1.4 条。

(*C*) 若刚架斜梁的侧向支承点间的最大距离不大于斜梁受压翼缘宽度的 $16\sqrt{235/f_y}$倍时，则无需验算斜梁的侧向稳定性。

(*D*) 实腹式刚架横梁在侧向支撑点间为变截面时，其平面外稳定计算应参照变截面柱在刚架平面外稳定进行，但截面特性按有效截面积计算。

(*E*) 隅撑设计

当实腹式刚架斜梁的下翼缘受压时，必须在受压翼缘侧面布置隅撑作为斜梁的侧向支承，隅撑的另一端连接在檩条上。

隅撑应按轴心受压构件设计。隅撑截面常选用单根等边角钢，轴心力 N 可按下列公式计算：

$$N = \frac{Af}{60\cos\theta}\sqrt{\frac{f_y}{235}} \tag{2-13}$$

式中 A——实腹斜梁被支撑翼缘的截面面积；

f——实腹斜梁钢材的强度设计值；

f_y——实腹斜梁钢材的屈服强度；

θ——隅撑与檩条轴线的夹角。

当隅撑成对布置时，每根隅撑的计算轴压力可取按上式计算值的一半。

需要注意的是，单面连接的角钢压杆在计算其稳定时，不用换算长细比，而是对 f 值乘以相应的折减系数。

2) 刚架柱的截面验算

门式刚架单层厂房的刚架柱属于典型的压弯构件，因此应按压弯构件选择截面并进行强度、整体稳定、局部稳定和刚度的验算。

A. 强度验算：在剪力 V、弯矩 M 和轴压力 N 共同作用下的强度应满足以下规定：

当 $V \leqslant 0.5V_d$时

$$M \leqslant M_e^N = M_e - NW_e/A_e \tag{2-14}$$

当 $0.5V_d < V \leqslant V_d$时

$$M \leqslant M_f^N + (M_e^N - M_f^N)\left[1 - \left(\frac{V}{0.5V_d} - 1\right)^2\right] \tag{2-15}$$

相关符号含义见《门式刚架轻型房屋钢结构技术规程》CECS 102：2002 中的

6.1.2 条。

变截面柱下端铰接时，应验算柱端的受剪承载力。当不满足承载力要求时，应对该处腹板进行加强。

B. 整体稳定验算：对于等截面刚架柱，按压弯构件分别进行弯矩作用平面内的整体稳定性验算和弯矩作用平面外的整体稳定验算。对于变截面刚架柱，应按以下规定验算整体稳定性：

平面内的整体稳定：

$$\frac{N_0}{\varphi_{xr}A_{e0}}+\frac{\beta_{mx}M_1}{\left(1-\frac{N_0}{N'_{Ex0}}\varphi_{xr}\right)W_{e1}}\leqslant f \tag{2-16}$$

相关符号含义见《门式刚架轻型房屋钢结构技术规程》CECS 102：2002 中的 6.1.3 条。

平面外的整体稳定：

$$\frac{N_0}{\varphi_y A_{e0}}+\frac{\beta_t M_1}{\varphi_{br}W_{e1}}\leqslant f \tag{2-17}$$

相关符号含义见《门式刚架轻型房屋钢结构技术规程》CECS 102：2002 中的 6.1.4 条。

6. 节点设计

门式刚架结构中的节点有：梁与柱连接节点、梁和梁拼接点及柱脚。当有桥式吊车时，刚架柱上还有牛腿。

(1) 梁-柱节点

门式刚架斜梁与柱的刚接连接，一般采用高强度螺栓-端板连接。具体构造有端板竖放(图 2-2*a*)、端板斜放(图 2-2*b*)、和端板平放(图 2-2*c*)三种形式。

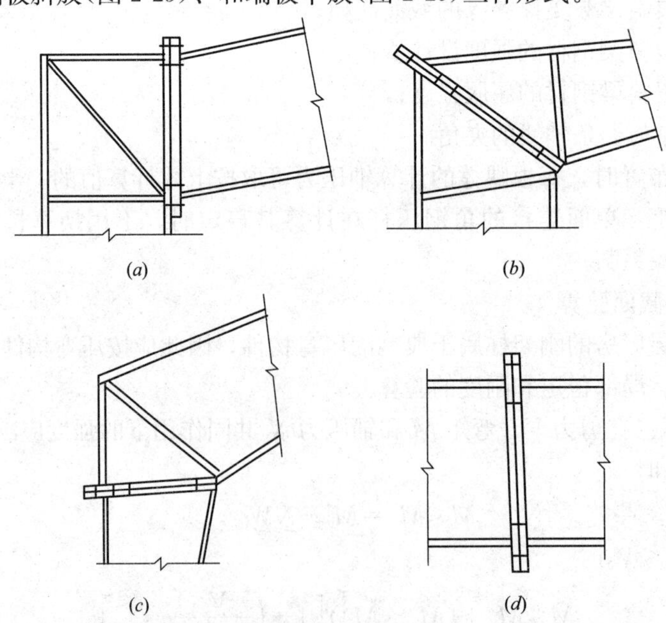

图 2-2 刚架斜梁与柱的连接及斜梁间的拼接

(*a*)端板竖放；(*b*)端板斜放；(*c*)端板平放；(*d*)斜梁

节点连接的螺栓一般成对布置，受拉翼缘和受压翼缘的内外侧均应设置螺栓，且尽可能使每个翼缘螺栓群的形心与翼缘的中心线重合。

端板连接(包括斜梁端板连接)应按所受最大内力设计，当内力较小时，应按能承受不小于较小被连接截面承载力一半设计。

端板的厚度 t 应根据支承条件按《门式刚架轻型房屋钢结构技术规程》CECS 102：2002 中的 7.2.9 条公式计算，但不应小于 16mm。

在门式刚架斜梁与柱相交的节点域，应按《门式刚架轻型房屋钢结构技术规程》CECS 102：2002 中的 7.2.10 条公式验算剪应力，当不满足公式的要求时，应加厚腹板或设置斜加劲肋。

在端板设置螺栓处，应按《门式刚架轻型房屋钢结构技术规程》CECS 102：2002 中的 7.2.11 条公式验算构件腹板的强度。当不满足公式要求时，可设置腹板加劲肋或局部加厚腹板。

端板螺栓按受拉或拉、剪共同作用进行强度验算。螺栓的排列及间距应满足《门式刚架轻型房屋钢结构技术规程》CECS 102：2002 中 7.2 条的要求。

(2) 梁-梁节点

斜梁拼接时也可用高强度螺栓-端板连接，宜使端板与构件外边缘垂直(图 2-2*d*)。斜梁拼接节点的弯矩和剪力由端板和高强螺栓承受，构造和验算同梁柱节点。

(3) 柱脚

门式刚架轻型房屋钢结构的柱脚，宜采用平板式铰接柱脚(图 2-3*a*，图 2-3*b*)，当有桥式吊车或刚架侧向过弱时，也可采用刚接柱脚(图 2-3*c*、图 2-3*d*)。

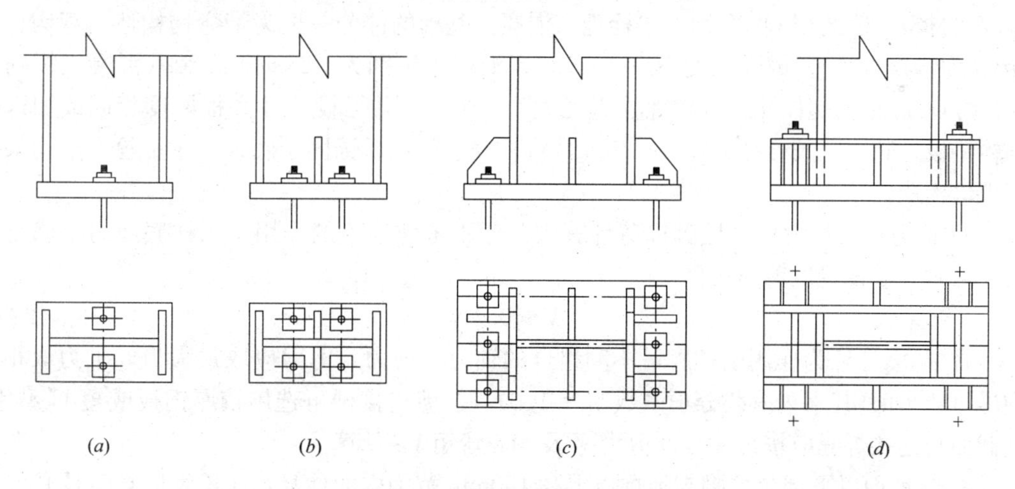

图 2-3 几种常见的柱脚形式

(*a*)铰接(一)；(*b*)铰接(二)；(*c*)刚接(一)；(*d*)刚接(二)

柱脚锚栓应采用 Q235 钢或 Q345 钢制作，锚栓端部应按规定设置弯钩或锚板。锚栓的直径不宜小于 24mm，且应采用双螺帽。计算有柱间支撑的柱脚锚栓在风荷载作用下的上拔力时，应计入柱间支撑产生的最大竖向分力，且不考虑活荷载(或雪荷载)、积灰荷载和附加荷载的影响，恒荷载分项系数应取 1.0。柱脚锚栓不宜用于承受柱脚底部的水平剪力，此水平剪力可由底板与混凝土基础间的摩擦力(摩擦系数可取 0.4)或设置抗剪键承受。计算柱脚锚栓的受拉承载力时，应采用螺纹处的有效截面面积。

下面以铰接柱为例来说明柱脚计算过程(刚接柱计算过程详见第 3 章)。

1) 确定柱底板尺寸。柱底板长、宽尺寸应满足下式要求：

$$\sigma_{max}=\frac{N_{max}}{BL}\leqslant f_c \tag{2-18}$$

式中 N_{max}——作用于柱脚的最大轴压力设计值；

B、L——柱底板的宽度和长度；

σ_{max}——底板基础底部压应力；

f_c——基础混凝土的抗压强度设计值。

底板下压应力较大时，宜设底板加劲肋，底板厚度 t_B按底板被加劲肋划分区格，由下式确定，同时不宜小于 16mm，并不小于柱肢的厚度。

$$t_B=\sqrt{\frac{6M_B}{f}} \tag{2-19}$$

式中 M_B——底板所计算区格的最大弯矩设计值。

底板与柱底端的连接焊缝厚度，应按传递柱身全部轴力计算确定。当柱底端为刨平顶紧传力时，焊缝厚度可按全部轴力的 15%计算，并不小于 $1.5\sqrt{t_B}$。当柱底板上设加劲肋时，应按加劲肋底部截面积与柱底总截面积的比例来分配各自所承担的轴力，再计算确定加劲肋与底板及与柱腹板相连接的焊缝尺寸，计算后者时尚应考虑轴力对连接焊缝的偏心。

2) 柱脚锚栓计算。铰接柱脚锚栓一般为构造设置，其直径不宜小于 20mm 及柱翼缘厚度，材料一般选用 Q235 钢。锚栓埋入混凝土基础的部分一般为带弯钩构造，弯钩长度 $4d$(d 为锚栓直径)，锚固长度不应小于 $25d$(混凝土级别为 C25 时)或 $20d$(混凝土级别为 C20 时)。底板上螺栓孔径应较螺栓直径大 6～8mm，并另设与柱底板厚度相同或相近的锚栓垫板，其孔径较栓径大 1.5～2mm，待柱安装就位后锚固于底板上。锚栓一般均采用双螺母构造。

3) 抗剪连接件设计。柱脚抗剪计算中一般不考虑锚栓的作用。当柱底剪力不满足下式要求时，应设置抗剪连接件。

$$V\leqslant 0.4N \tag{2-20}$$

式中 N 与 V 为作用于柱脚最不利组合的轴力与剪力，剪力应取最大值，轴力取相应的尽可能小值(其永久荷载分项系数 $\gamma_G=1.0$)。抗剪连接件可选用较厚钢板或短 H 型钢，其截面与连接焊缝应按传递全部剪力 V 及偏心弯矩 Ve 计算。

4) 在地面以下部分柱脚与地坪以上高 150mm 范围内的柱身，应连续以 C15 或 C20 混凝土包裹，保护层厚度不小于 150mm。

2.1.5 次要构件设计

1. 檩条设计

(1) 檩条截面形式

檩条的截面形式可分为实腹式和格构式两种。当檩条跨度不超过 9m 时，应优先选用实腹式檩条。实腹式檩条截面形式有热轧槽钢或轻型热轧槽钢截面、高频焊接 H 型钢截面、C型冷弯卷边槽钢和Z型带斜卷边或直卷边的冷弯薄壁型钢。其中冷弯薄壁型钢截面在工程中应用普遍。格构式檩条的截面形式有下撑式、平面桁架式和空腹式。

(2) 檩条的荷载和荷载组合

1) 檩条荷载

A. 永久荷载(恒载)：包括屋面围护材料重量(包括防水层、保温或隔热层)、支撑(当支撑连于檩条上时)及檩条结构自重。

B. 可变荷载(活载)：包括屋面均布活荷载、雪荷载、积灰荷载及风荷载等。

2) 荷载组合

檩条设计考虑的效应组合的原则是：屋面均布活荷载不与雪荷载同时作用，设计时取两者的最大值；积灰荷载应同雪荷载或屋面活荷载的最大值同时作用；施工荷载或检修集中荷载仅与屋面及檩条自重同时考虑。

A. 檩距小于1m的檩条，除考虑荷载基本组合，尚应验算有1.0kN(标准值)施工或检修集中荷载作用于檩条跨中时的构件强度。

B. 对轻型屋面檩条一般选用可变荷载控制的组合，即

S=1.2×恒载+1.4×活荷载(或雪荷载)×γ_{L_1}+1.4×积灰荷载×0.9×γ_{L_2}+1.4×正风压×0.6×γ_{L_3}；

或1.2×恒载+1.4×积灰荷载×γ_{L_1}+1.4×活荷载(或雪荷载)×ψ_c×γ_{L_2}+1.4×正风压×0.6×γ_{L_3}。

式中　ψ_c——组合值系数；

γ_{L_i}——第i个可变荷载考虑设计使用年限的调整系数。

C. 当验算在风吸力(或负风压)作用下檩条下翼缘受压稳定性时，应采用由可变荷载控制的组合，此时屋面永久荷载的分项系数取1.0，即

S=1.0×恒载+1.4×负风压×γ_{L_1}

(3) 实腹式冷弯薄壁型钢檩条的计算

檩条构件一般按简支考虑，当跨度较大时可采用连续檩条。檩条一般按双向受弯构件设计，当兼作支撑受压系杆时，应按压弯构件计算。

1) 内力计算：实腹式檩条应按在两个主平面内受弯构件进行计算。

2) 强度计算和稳定：冷弯薄壁构件受弯时其截面受压板件可能会局部失稳退出工作，故强度计算时截面模量应取为有效净截面模量W_{en}。

屋面能起阻止檩条侧向失稳和扭转作用的实腹式檩条，按式(2-21)进行强度计算：

$$\sigma=\frac{M_x}{W_{enx}}+\frac{M_y}{W_{eny}}\leqslant f \tag{2-21}$$

当屋面不能阻止檩条受压翼缘侧向失稳和扭转，或风吸力作用下使实腹式檩条下翼缘受压时，檩条稳定性可按下式计算：

$$\frac{M_x}{\varphi_{bx}W_{ex}}+\frac{M_y}{W_{ey}}\leqslant f \tag{2-22}$$

公式中各符号含义参见《门式刚架轻型房屋钢结构技术规程》CECS 102：2002的6.3.7条。

3）挠度验算

仅验算垂直于屋面的挠度。

对C形截面两端简支的檩条

$$v_y=\frac{5}{384}\frac{p_{ky}l^4}{EI_x}\leqslant[v] \tag{2-23}$$

对Z形截面两端简支的檩条

$$v_{y1}=\frac{5}{384}\frac{p_k\cos\alpha\cdot l^4}{EI_{x1}}\leqslant[v] \tag{2-24}$$

2. 墙梁设计

墙梁一般为简支梁，其截面宜选用冷弯C形截面。

（1）荷载和荷载组合

在墙梁截面上，由外荷载产生的内力有：水平风荷载 q_x产生的弯矩 M_y、剪力 V_x；竖向荷载 q_y产生的弯矩 M_x、剪力 V_y。

墙梁的荷载组合有两种：

1.2×竖向永久荷载＋1.4×水平风压力荷载

1.2×竖向永久荷载＋1.4×水平风吸力荷载

（2）墙梁计算

墙梁的设计公式和檩条相同，即按截面强度与稳定双控计算来确定。

当承受朝向面板的风压时，墙梁按与檩条相同的强度公式计算截面：

$$\sigma=\frac{M_x}{W_{enx}}+\frac{M_y}{W_{eny}}\leqslant f \tag{2-25}$$

当承受背向面板的风压时，墙梁无墙板支撑的翼缘(自由翼缘)受压，故应按与檩条相同的稳定公式验算截面：

$$\frac{M_x}{\varphi_{bx}W_{ex}}+\frac{M_y}{W_{ey}}\leqslant f \tag{2-26}$$

3. 支撑设计

门式刚架轻型房屋钢结构中的交叉支撑和柔性系杆可按拉杆设计，非交叉支撑中的受压杆件及刚性系杆应按压杆设计。

刚架斜梁上横向水平支撑的内力，应根据纵向风荷载按支承于柱顶的水平桁架计算，对于交叉支撑可不计压杆的受力。

刚架柱间支撑的内力，应根据该柱列所受纵向风荷载(如有吊车，还应计入吊车纵向制动力)按支承于柱脚基础上的竖向悬臂桁架计算；对于交叉支撑可不计压杆的受力。当同一柱列设有多道柱间支撑时，纵向力在支撑间可按均匀分布考虑。

4. 吊车梁设计

轻钢结构中吊车的起重量通常较小，一般做法为等截面或变截面的焊接工字形简支梁。吊车梁设计主要包括吊车荷载计算，吊车梁内力计算，吊车梁截面选择，吊车梁强度、整体稳定性、局部稳定性、挠度、疲劳验算和支座加劲肋及相关焊缝计算。需要注意的是吊车梁直接承受动荷载，因此需考虑动力系数。

（1）内力计算

计算吊车梁的内力时，由于吊车是移动荷载，因此首先应根据简支梁影响线确定吊车梁最不利截面，再按此求梁的最大弯矩及其相应的剪力、支座最大剪力，以及横向水平荷载作用下在水平方向所产生的最大弯矩 M_T。

（2）截面选择

简支等截面焊接工字形吊车梁的腹板高度可根据经济高度、容许挠度值及建筑净空条件来确定；腹板厚度按经验公式及剪力确定；翼缘尺寸按经验公式确定。

（3）强度计算

吊车梁应计算最大弯矩处或变截面处截面的上、下翼缘正应力、支座处截面的剪应力、腹板局部压应力、腹板计算高度边缘处的折算应力。

（4）稳定计算

1）整体稳定计算

焊接工字型吊车梁，当不设置制动结构时，梁的整体稳定性应按《钢结构设计规范》GB 50017—2003 的要求计算；当工字型吊车梁满足《钢结构设计规范》GB 50017—2003 中 4.2.1 条的要求时，可不计算梁的整体稳定性。

2）局部稳定计算

组合工字型截面吊车梁腹板的局部稳定由所设置的横向或纵向加劲肋来保证。其纵、横向加劲肋的设置、间距计算及加劲肋尺寸的确定均应满足《钢结构设计规范》GB 50017—2003 中 4.3 条的要求。

（5）挠度计算

吊车梁应验算竖向挠度，对等截面简支梁：

$$v=\frac{M_x l^2}{10EI_x}\leqslant[v] \tag{2-27}$$

此时只考虑作用一台起重量最大的吊车荷载标准值，并不计动力系数。对重级、特重级工作制吊车尚应验算制动结构的水平挠度。

（6）连接和构造

对于焊接吊车梁应计算上、下翼缘与腹板连接焊缝及支座加劲肋与腹板、翼缘板的连接焊缝。

（7）疲劳计算

中、重级工作制焊接工字型吊车梁受拉区应按容许应力幅的方法进行疲劳计算：

$$\alpha_f\Delta\sigma\leqslant[\Delta\sigma] \tag{2-28}$$

式中各符号含义见《钢结构设计规范》GB 50017—2003。

此时只考虑作用一台起重量最大的吊车荷载标准值，并不计动力系数。

5. 牛腿设计

当有桥式吊车时，需在刚架上设置牛腿，牛腿与柱焊接连接，其构造如图 2-4 所示。牛腿根部所受剪力 V、弯矩 M 根据下式确定：

$$V=1.2P_D+1.4D_{max} \tag{2-29}$$

$$M=Ve \tag{2-30}$$

式中　P_D——吊车梁及轨道在牛腿上产生的反力；

D_{max}——吊车最大轮压在牛腿上产生的最大反力。

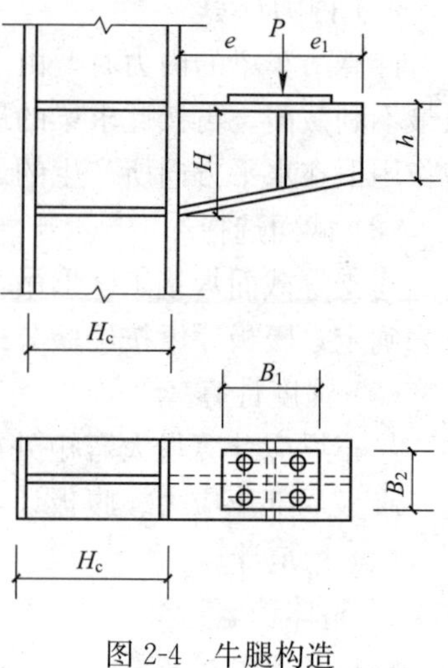

图 2-4　牛腿构造

牛腿一般采用工字型截面，根部截面尺寸根据 V 和 M 确定，做成变截面牛腿时，端部截面高度 h 不宜小于 $H/2$。在吊车梁下对应位置应设置加劲肋。吊车梁与牛腿的连接宜设置长圆孔。牛腿上翼缘及下翼缘与柱的连接焊缝均采用焊透的对接焊缝。牛腿腹板与柱的连接采用角焊缝，焊脚尺寸由剪力 V 确定。

2.1.6　基础设计

对于轻钢结构而言，由于柱网尺寸较大，上部结构传至柱脚的内力较小，一般以独立基础为主。若地质条件较差，可考虑采用条形基础。遇到暗浜等不良地质情况，可考虑采用桩基础。一般情况下不采用筏形基础和箱形基础。

轻钢结构常见的柱脚形式有刚接和铰接两种。对于铰接柱脚，只存在轴向力 N 和水平力 V；对于刚接柱脚，除存在轴向力 N 和水平力 V 之外，还存在一定的弯矩 M，从而使刚接柱脚的基础大于铰接柱脚。

基础设计一般包括基础底面积确定、基础高度确定和配筋计算，还应符合有关构造措施。基础底面积可根据地基承载力确定，同时还应考虑软弱下卧层存在；基础高度由冲切验算确定；在基础底面积和高度确定的情况下计算基础配筋，这里须注意伸缩缝双柱基础处理。双柱为基础提供了两个支点，在地基反力作用下，有可能出现负弯矩，即基础上部受拉的情况。此时除基础底部配置钢筋外，基础上部也应配筋，避免因上部受拉而出现开裂现象。轻钢结构基础除上述内容以外，还需进行柱底板设计和锚栓设计。

2.1.7　绘制结构施工图

钢结构设计制图分为钢结构设计施工图设计(简称设计图)和钢结构施工详图设计(详图深化设计)两阶段。

设计图是根据工艺、建筑要求及初步设计等，并经施工设计方案与计算等工作而编制的较高阶段施工设计图，其目的、深度及内容均仅为编制详图提供依据。图纸表示较简明，图纸量较少，其内容一般包括：设计总说明与结构布置图、构件图、节点图、钢材订货表。如门式刚架设计图主要包括基础平面布置图及详图、柱脚锚栓布置图、柱网布置图、主刚架施工图、屋盖结构布置图、屋盖支撑布置图、墙架布置图、支撑连接详图、构件详图、节点详图、吊车梁系统施工图等。

结构详图深化设计是从设计图纸转化为加工、安装图纸，并用于指导加工、安装，是钢结构工程从设计阶段到加工安装过程中一个重要的设计环节，有时也称为“二次设计”。它是根据钢结构设计规范的构造设计要求对节点构造进行补充设计。施工详图直接根据设计图编制工厂施工及安装详图(可含有少量连接、构造等计算)，只对深化设计负责，其设计既要符合原始设计要求，又能够直接用于加工，满足加工、安装的要求。其目的为直接供制造、加工及安装的施工用图，图纸表示详细，数量多，内容包括：构件安装布置图及构件详图(含材料表、螺栓表等)。

设计图一般由专业的、综合等级的设计单位完成。而详图一般应由制造厂、施工单位或详图设计公司完成。详图设计人员不仅要深刻理解设计图纸的意图，也需要熟悉钢结构生产、加工的工艺和过程。

设计图表达所需具体内容及注意事项详见第 3 章中的 3.1.10。

2.1.8 常用门式刚架软件介绍

钢结构设计相关软件包括结构设计软件和详图设计软件。

国外大部分与土木相关的有限元软件都能进行钢结构设计，如：Ansys，Sap2000，Staad/China，Etabs 等。国内结构设计软件主要有 PKPM-STS，3D3S，MTS，PS2000(门式刚架专用设计软件)、SS2000(多、高层钢结构设计软件)等。

钢结构详图设计主要有：国外如 Tekla Structures，ProSteel，StruCad 等，国内如 PKPM-STXT，3D3S 等。目前国外详图软件功能已日趋完善，能适用于各种钢结构，而国内详图软件刚刚起步，主要局限于门式刚架及多高层钢结构的详图设计。

目前市场上大多数钢结构设计软件都能进行门式刚架及多、高层钢结构设计。钢结构设计软件主要设计流程如图 2-5 所示。

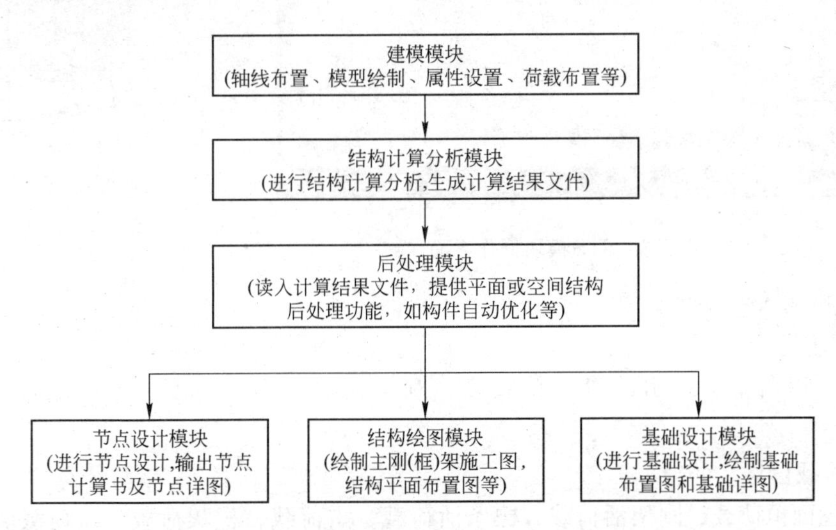

图 2-5　钢结构设计软件主要设计流程

建模模块涵盖多高层结构(包括空间多高层与平面多高层结构)、厂房结构(包括平面门式结构和空间厂房结构)等，一般方便用户针对不同类别的结构进行专项的设置和设计。并且软件采用多种快捷建模方式，提供更为参数化的设置模式，只需要简单的输入几个设置参数便可完成各类模型的自动绘制过程，大大缩短了复杂模型的建模时间，有效地提高了设计效率。

结构计算分析模块根据建模模块提供的计算准备文件进行分析，并由此得到相应的计算结果文件。

后处理模块根据计算结果文件中的数据对模型进行设计与验算，给出详细的内力位移与验算结果，并提供相应计算书与简图的输出功能。

节点设计模块通过对杆端内力的数据读入，经过各节点的内部识别工作，提供各节点的设计过程，并最终给出节点设计计算书，用户可以在此模块输出节点详图。

结构绘图模块可以绘制主刚架(框架)图、结构布置图、构件加工图以及构件图等。

基础设计模块作为相对独立的设计模块，可以灵活显示各工况下的基础反力，并通过内部计算选择最不利工况进行基础设计，最终提供基础计算书，并绘制基础布置图、基础详图等。

以下通过 PKPM-STS 软件来说明门式刚架的设计过程。

如图 2-6 双击“门式刚架三维设计”菜单进入操作界面，操作菜单如图 2-7 所示。

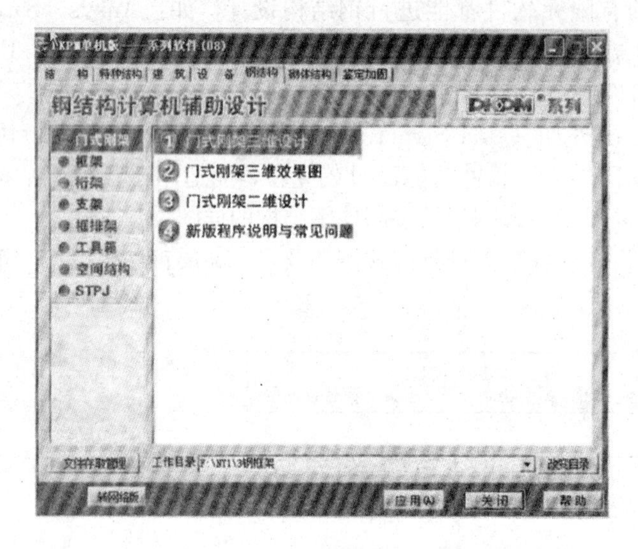

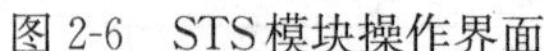

图 2-6　STS 模块操作界面

图 2-7　操作菜单界面

1. 网格输入

(1) 总信息

包括工程名称、厂房跨度、总长度、刚架榀数、檐口高度、屋面坡度、牛腿高度等。

(2) 荷载信息

包括屋面恒荷载、刚架活荷载、檩条活荷载、雪荷载、积灰荷载、风荷载取值规范、地面粗糙度、封闭形式、基本风压、风压调整系数。输入的荷载信息程序传递到“立面编辑”中的单榀刚架设计，导荷方式自动按刚架方向单向导荷。

(3) 平面网格编辑

包括数据输入、增加、插入、修改、删除等。

2. 模型输入

(1) 设标准榀

点击“设标准榀”进行厂房标准榀设置，用鼠标选择需定义为新的标准榀轴线，凡相同的刚架榀设为一个标准榀(两个端榀相同时，设为同一标准榀；中间榀相同时，也设为同一标准榀)，定义完一个，再点设另一个标准榀，直至设完为止。

(2) 改标准榀

可以对标准榀的设置信息进行修改，修改方式为：先点取目标标准榀，再点取需加入该标准榀的轴线。

(3) 立面编辑

选择需做立面编辑的轴线，进入门式刚架二维设计菜单，可用“网格建模”，进行平面的横向立面、纵向立面模型输入；也可以用“快速建模”。

(4) 立面复制

在轴线处用鼠标选择被复制的原立面，在轴线处用鼠标选择要复制的目标轴线，点取“仅更新选中立面”，则点一榀复制一榀。

(5) 系杆布置

定义系杆截面、布置系杆。系杆布置指纵向构件的输入，如柱间和屋面的纵向系杆、柱间支撑和屋面支撑、框架结构的纵向梁构件。

(6) 起重机布置

厂房中有起重机时，需进行起重机布置。起重机布置完成后，程序形成横向框架承担的起重机荷载，自动加载到各横向轴线立面。

3. 屋面、墙面设计

在图 2-7 所示界面中点取“屋面墙面”菜单，快速完成屋面、墙面围护结构构件的交互输入，并完成檩条、墙梁等构件的计算和绘图，以及所有围护构件详图绘制，形成整个结构的钢材统计和报价以及整体模型的三维透视和消隐。

4. 结构计算

(1) 形成数据

设置纵向受荷立面所在的轴线号，有柱间支撑的可作为纵向受荷立面，为结构计算准备数据。对于门式刚架结构程序采用三维建模二维计算的方法实现模型整体分析。

(2) 自动计算

根据荷载传递途径自动确定计算顺序，依次完成所有横向、纵向立面的二维计算。

(3) 详细结果

选择立面后，点取“详细结果”，用图形和文本的方式详细输出当前立面的内力分析结果和构件设计结果。

5. 刚架绘图

在图 2-7 中，点取“刚架绘图”，则可以进行门式刚架的节点设计和绘图。

(1) 设梁拼接

各榀刚架模型建立完成后，程序自动在梁连接位置设置拼接，在柱的几何位置设置柱类型。

(2) 绘施工图

设置好绘图参数后程序即可自动绘制整个门式刚架结构的施工图。为了使图样更加完善，用户还应该把这些施工图一一再调出来进行编辑，使图纸更加完善。

2.2 典　型　例　题

2.2.1 设计任务书

1. 提供条件

(1) 概况：单层双跨门式刚架钢结构厂房，跨度均为18m，长120m。吊车梁轨顶标高6m，每跨布置两台吊车，A5级工作制，起重量均为10t。

(2) 水文、地质条件

自地表向下依次为：耕植土，厚0.5m，重度为$\gamma=16\text{kN/m}^3$；粉质黏土，厚约5m，$\gamma=18\text{kN/m}^3$，黏粒含量$\rho_c \geqslant 10\%$，地基承载力特征值$f_{ak}=240\text{kPa}$；卵石层：骨架颗粒含量55%～65%，粒径2～5cm居多。地下水：场内地下水埋深5m，地下水质对钢筋混凝土无侵蚀性。

(3) 抗震设防要求：设防烈度7度，设计基本地震加速度为0.15g，设计地震分组为第一组，Ⅱ类建筑场地。

(4) 气象资料：基本风压为0.4kN/m^2，西北风为主导风向，地面粗糙程度为B类；基本雪压为0.5kN/m^2。

(5) 基本荷载条件：屋面恒荷载标准值：0.5kN/m^2，活荷载标准值：0.3kN/m^2，墙面荷载标准值：0.1kN/m^2。

2. 设计内容与要求

(1) 根据建筑施工图的要求确定结构方案和结构布置；

(2) 结构计算：在主体建筑部分选取一榀代表性刚架及其柱下基础进行计算，并完成部分非框架结构构件计算；

(3) 完成设计刚架的施工图。

2.2.2 主刚架设计

1. 结构选型与布置

本工程采用门式刚架结构，结构形式采用实腹式，刚架形式为18m+18m双跨双坡，榀间距为6m，屋面坡度为1/10，檐口高度为9m。厂房长度为120m，不设置温度区段，柱间支撑在端部的开间及跨中各设一道，在与有柱间支撑开间相应的屋盖位置均设置横向支撑，以形成几何不变体系。在端部的第一开间与端部支撑相应位置及刚架转折处(柱顶和屋脊处)设置刚性系杆。檩条和墙檩的间距一般取1.5m，间隔设置隅撑，间距为3m。在跨中设置一道拉条，在屋脊和侧墙的顶部，还设置斜拉条。由于本工程设有起重量大于5t的桥式吊车，柱脚设为刚接。

初选截面尺寸如下：刚架柱及斜梁均按等截面布置，材质为Q345B。截面尺寸为：边柱HM294×200×8×12；中柱HM390×300×10×16，斜梁HN546×199×9×14。

2. 刚架内力计算

(1) 荷载布置

自跨中取有代表性一榀刚架，其在恒载标准值、雪荷载标准值及吊车标准荷载作用下如图 2-8～图 2-16 所示。

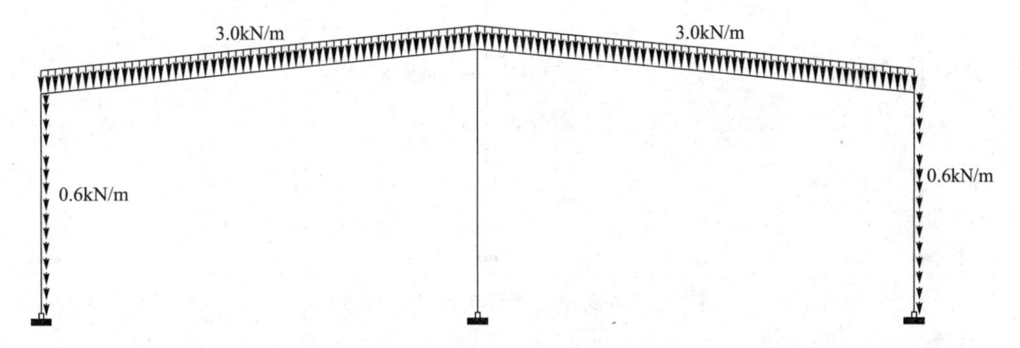

图 2-8　恒荷载布置图

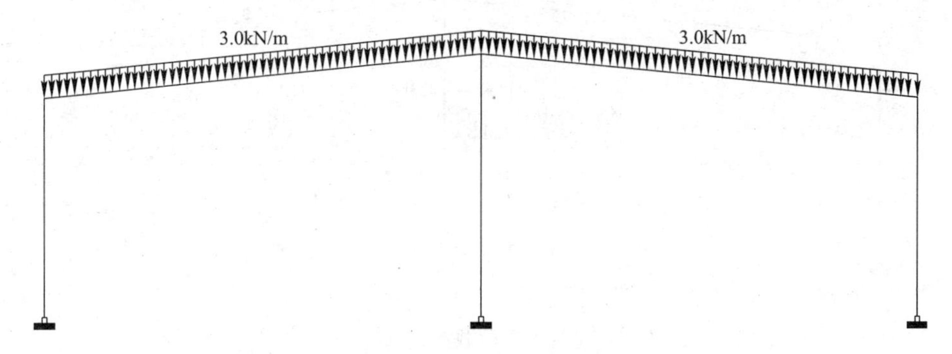

图 2-9　雪荷载布置图

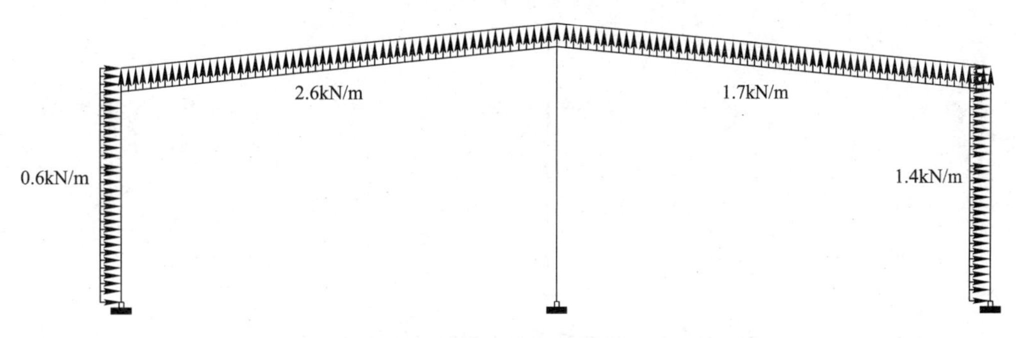

图 2-10　左风荷载布置图

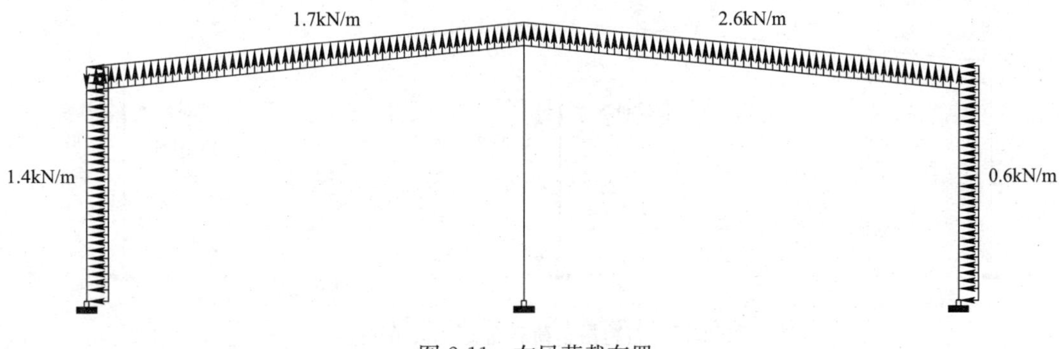

图 2-11　右风荷载布置

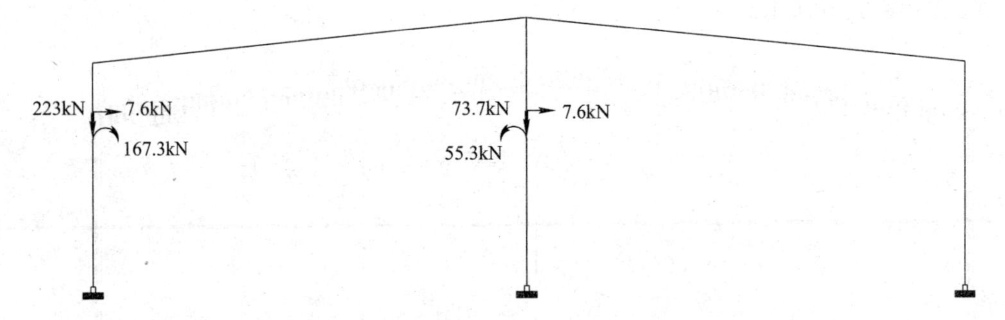

图 2-12　左跨吊车荷载布置(D_{max}在左柱)

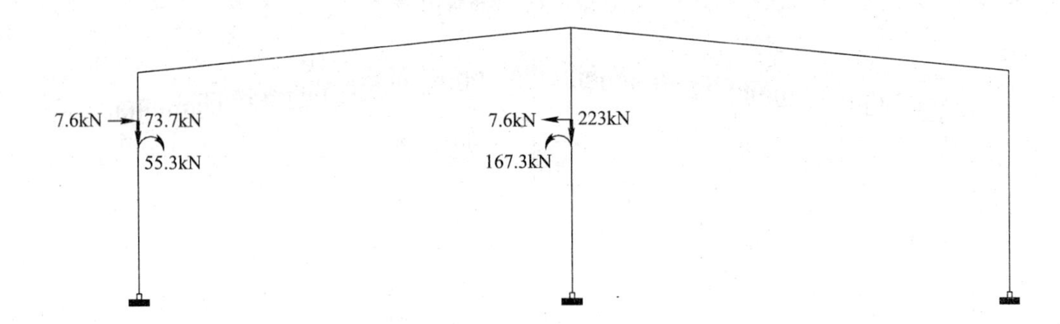

图 2-13　左跨吊车荷载布置(D_{max}在中柱)

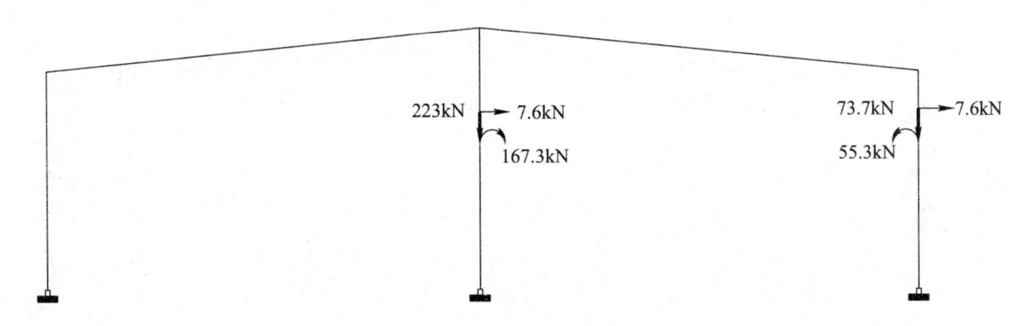

图 2-14　右跨吊车荷载布置(D_{max}在中柱)

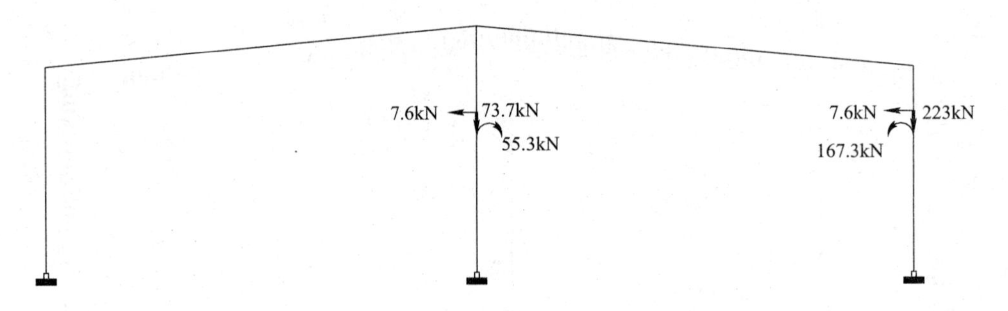

图 2-15　右跨吊车荷载布置(D_{max}在右柱)

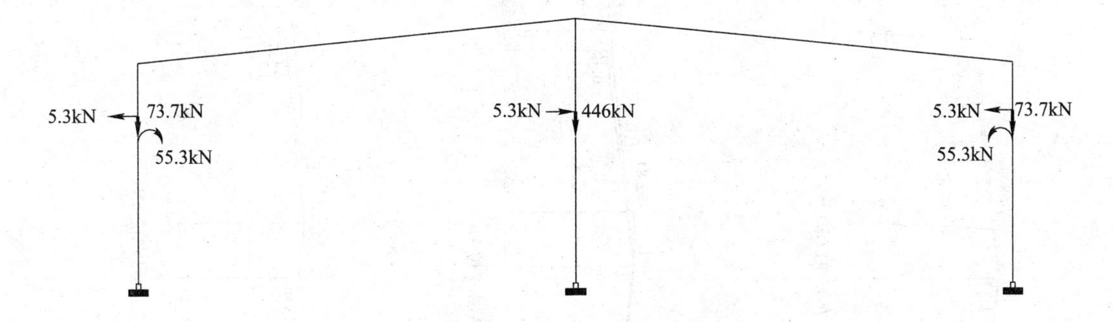

图 2-16 左右跨同时布置吊车

（2）内力计算

梁柱内力正号约定如图 2-17 所示。

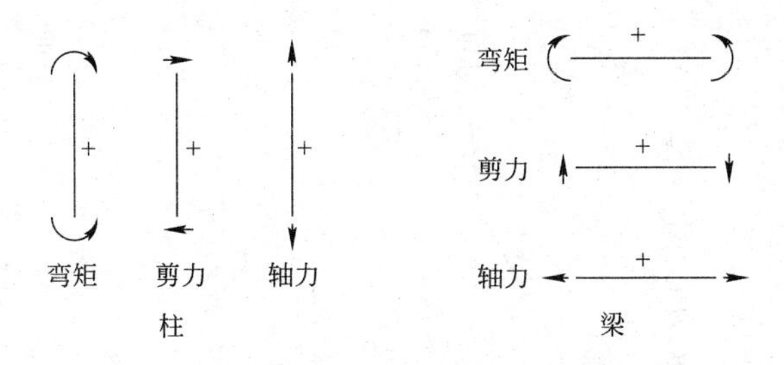

图 2-17 内力正负号约定

恒载标准值、雪荷载标准值及吊车标准荷载作用下刚架内力如图 2-19～图 2-27 所示。

（3）内力组合

梁柱控制截面位置如图 2-18 所示。

内力组合表见表 2-1～表 2-3 所示。

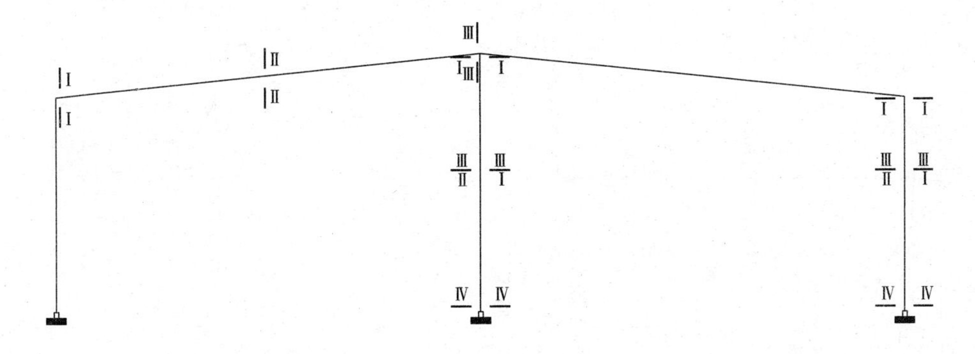

图 2-18 控制截面位置

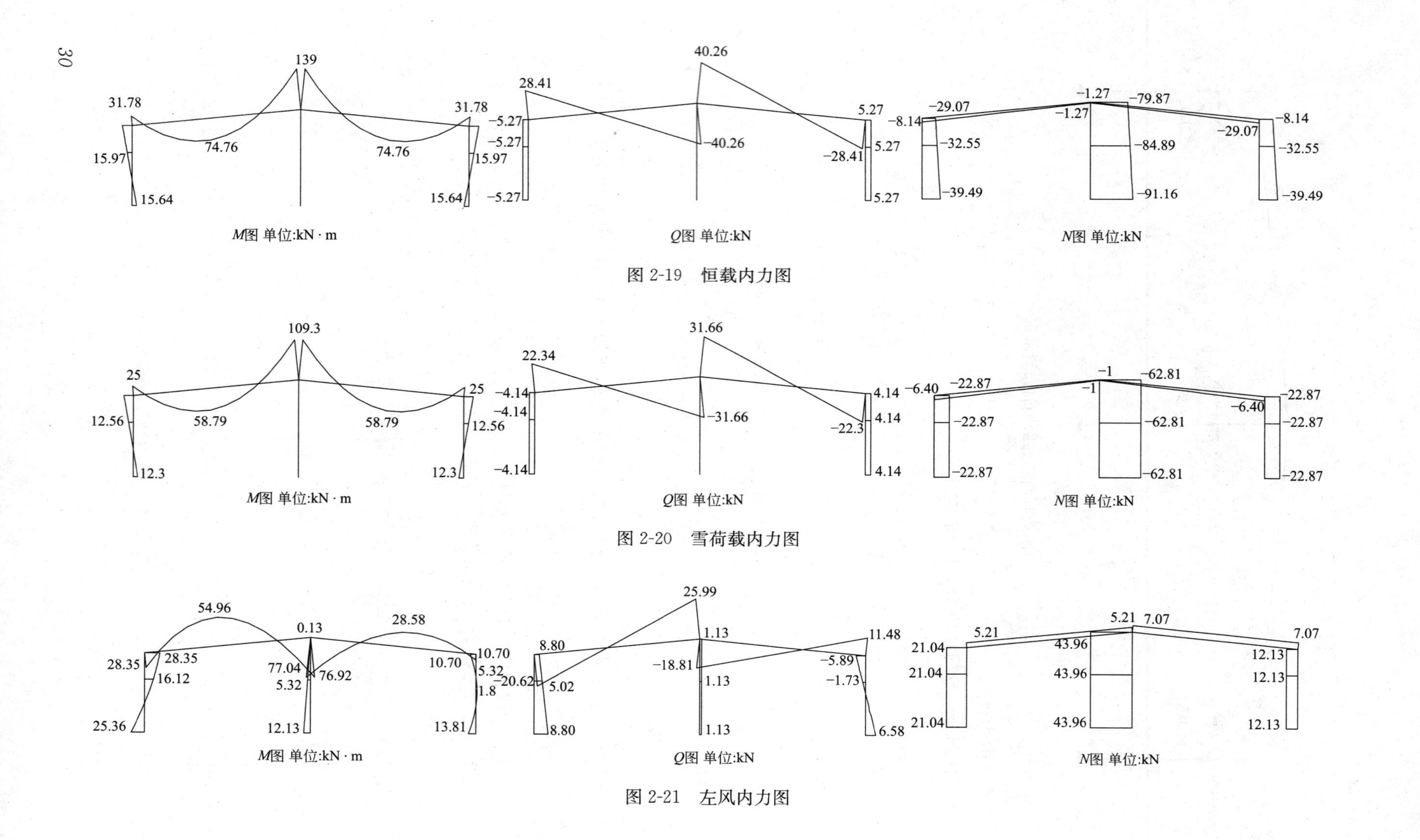

图 2-19　恒载内力图

图 2-20　雪荷载内力图

图 2-21　左风内力图

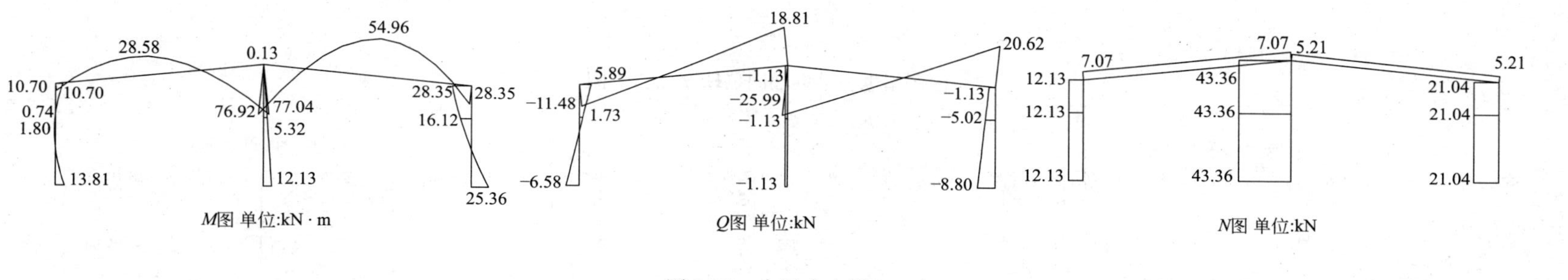

图 2-22　右风内力图

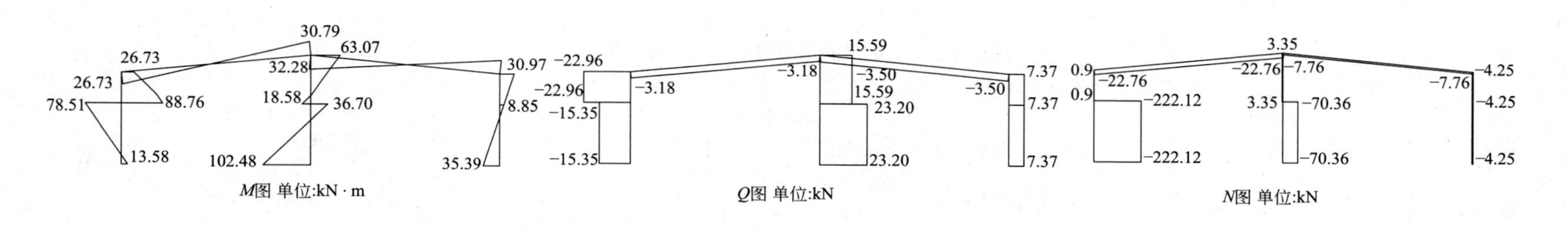

图 2-23　左跨吊车荷载布置(D_{max}在左柱)内力图

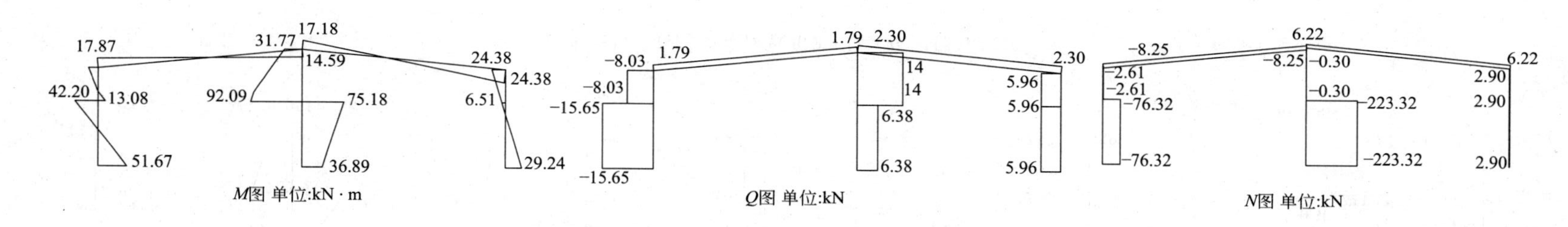

图 2-24　左跨吊车荷载布置(D_{max}在中柱)内力图

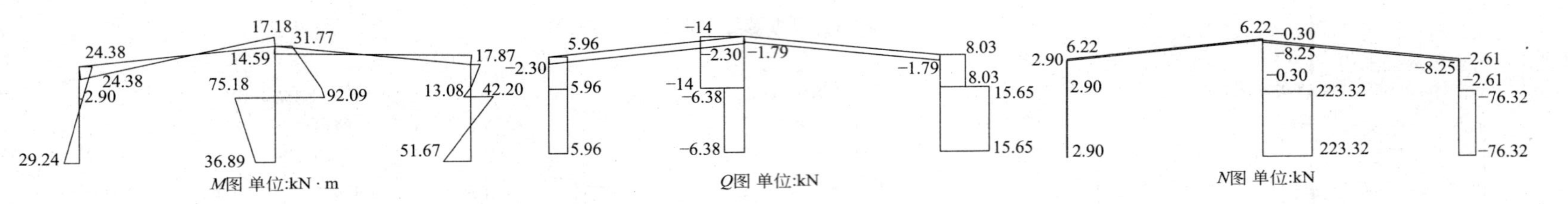

图 2-25 右跨吊车荷载布置(D_{max}在中柱)内力图

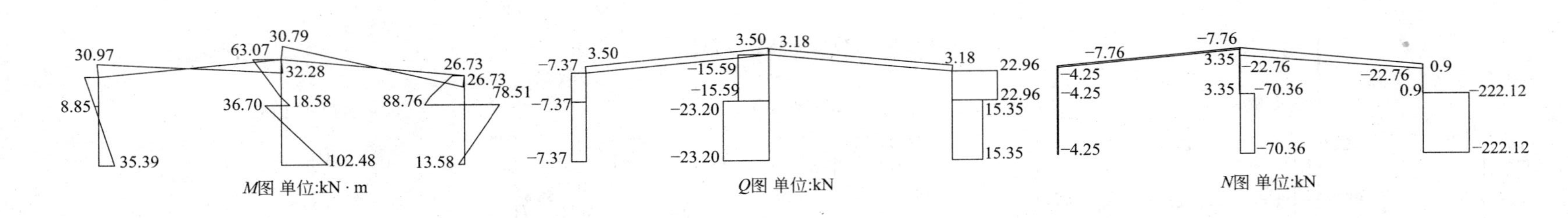

图 2-26 右跨吊车荷载布置(D_{max}在右柱)内力图

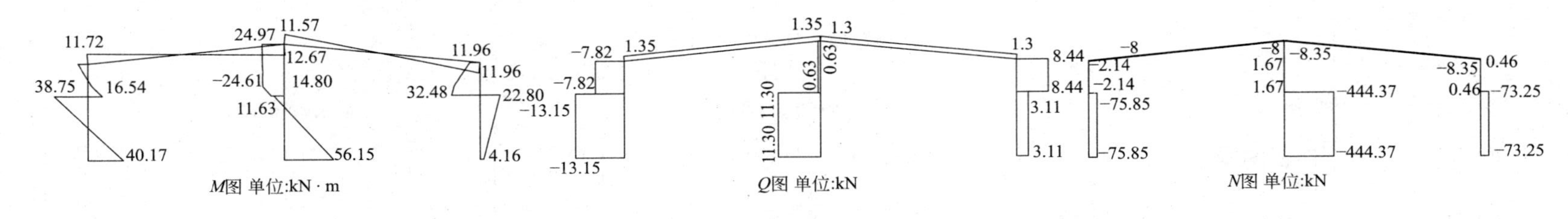

图 2-27 左右跨同时布置吊车内力图

左柱荷载组合表

表 2-1

荷载类型	① 恒载（包括自重）			② 雪荷载			吊车荷载															风荷载					
荷载编号							③ 左跨吊车荷载布置(D_{max}在左柱)			④ 左跨吊车荷载布置(D_{max}在中柱)			⑤ 右跨吊车荷载布置(D_{max}在中柱)			⑥ 右跨吊车荷载布置(D_{max}在右柱)			⑦ 左右跨同时布置吊车			⑧ 左风			⑨ 右风		
控制截面	M	V	N	M	V	N	M	V	N	M	V	N	M	V	N	M	V	N	M	V	N	M	V	N	M	V	N
Ⅰ	31.78	−5.27	−29.07	25	−4.14	−22.87	−26.73	−22.96	0.9	17.87	−8.03	−2.61	−24.38	5.96	2.9	30.97	−7.37	−4.25	11.72	−7.82	−2.14	−28.35	3.13	21.04	−10.7	5.89	12.13
Ⅱ	15.97	−5.27	−32.55	12.56	−4.14	−22.87	−88.76	−15.35	0.9	−13.08	−15.65	−2.61	−6.51	5.96	2.9	8.85	−7.37	−4.25	−16.54	−13.15	−2.14	−16.12	5.02	21.04	−0.74	1.73	12.13
Ⅲ	15.97	−5.27	−32.55	12.56	−4.14	−22.87	78.51	−15.3	−222.12	42.2	−15.65	−76.32	−6.51	5.96	2.9	8.85	−7.37	−4.25	38.75	−13.15	−75.85	−16.12	5.02	21.04	−0.74	1.73	12.13
Ⅳ	−15.64	−5.27	−39.49	−12.3	−4.14	−22.87	−13.58	−15.35	−222.12	−51.67	−15.65	−76.32	29.24	5.96	2.9	−35.39	−7.37	−4.25	−40.17	−13.15	−75.85	25.36	8.8	21.04	−13.81	−6.58	12.13

$$S_d=\sum_{j=1}^{m}\gamma_{G_j}S_{G_jk}+\gamma_{Q_1}\gamma_{L_1}S_{Q_1k}+\sum_{i=2}^{n}\gamma_{Q_i}\gamma_{L_i}\psi_{c_i}S_{Q_ik}$$

控制截面	控制项目	组合项目	M	V	N	组合项目	M	V	N
Ⅰ	N_{max}	1.2①+1.4②+0.98⑥	103.49	−19.34	−71.07				
	$\lvert M\rvert_{max}$	1.2①+1.4⑥+0.98②	105.99	−20.70	−63.25				
	N_{min}	1.0①+1.4⑧+0.98⑤	−31.80	4.95	3.23				
Ⅱ	N_{max}	1.2①+1.4②+0.98⑥	45.42	−19.34	−75.24				
	$\lvert M\rvert_{max}$	1.0①+1.4③+0.84⑧	−121.83	−33.20	−13.62				
	N_{min}	1.0①+1.4⑧+0.98⑤	−12.98	7.60	−0.25				
Ⅲ	N_{max}	1.2①+1.4③+0.98②	141.39	−31.87	−372.44				
	$\lvert M\rvert_{max}$	1.2①+1.4③+0.98②	141.39	−31.87	−372.44				
	N_{min}	1.0①+1.4⑧+0.98⑤	−12.98	7.60	−0.25				
Ⅳ	N_{max}	1.2①+1.4③+0.98②	−49.83	−31.87	−380.77				
	$\lvert M\rvert_{max}$	1.2①+1.4④+0.98②+0.84⑨	−114.76	−37.82	−166.46				
	N_{min}	1.0①+1.4⑧+0.98⑤	48.52	12.89	−7.19				

注：组合值系数ψ_{c_i}，雪荷载、吊车荷载取0.7，风荷载取0.6。

中柱荷载组合表

表 2-2

荷载类型	①恒载（包括自重）			②雪荷载			吊车荷载															风荷载					
荷载编号							③左跨吊车荷载布置(D_{max}在左柱)			④左跨吊车荷载布置(D_{max}在中柱)			⑤右跨吊车荷载布置(D_{max}在中柱)			⑥右跨吊车荷载布置(D_{max}在右柱)			⑦左右跨同时布置吊车			⑧左风			⑨右风		
控制截面	M	V	N	M	V	N	M	V	N	M	V	N	M	V	N	M	V	N	M	V	N	M	V	N	M	V	N
Ⅰ	0	0	−79.87	0	0	−62.81	−63.07	15.59	3.35	31.77	14	−0.3	−31.77	−14	−0.3	63.07	−15.59	3.35	24.97	−0.63	4.67	−0.13	1.13	43.36	0.13	−1.13	43.36
Ⅱ	0	0	−84.89	0	0	−62.81	18.58	23.20	3.35	92.09	6.38	−0.3	−92.09	−6.38	−0.3	−18.58	−23.20	3.35	14.80	−11.30	1.67	5.32	1.13	43.36	−5.32	−1.13	43.36
Ⅲ	0	0	−84.89	0	0	−62.81	−36.70	23.20	−70.36	−75.18	6.38	−223.32	75.18	−6.38	−223.32	36.70	−23.20	−70.36	11.63	−11.30	−444.37	5.32	1.13	43.36	−5.32	−1.13	43.36
Ⅳ	0	0	−91.16	0	0	−62.81	102.48	23.20	−70.36	−36.89	6.38	−223.32	36.89	−6.38	−223.32	102.48	−23.20	−70.36	−56.15	−11.30	−444.37	12.13	1.13	43.36	−12.13	−1.13	43.36

控制截面	控制项目	$S_d = \sum_{j=1}^{m}\gamma_{G_j}S_{G_j k}+\gamma_{Q_1}\gamma_{L_1}S_{Q_1 k}+\sum_{i=2}^{n}\gamma_{Q_i}\gamma_{L_i}\psi_{c_i}S_{Q_i k}$							
		组合项目	M	V	N	组合项目	M	V	N
Ⅰ	N_{max}	1.2①+1.4②+0.98④	31.13	13.72	−184.07				
	$\|M\|_{max}$	1.2①+1.4③+0.84⑧	−88.41	22.78	−54.73				
	N_{min}	1.0①+1.4⑧+0.98⑦	24.29	0.96	−14.59				
Ⅱ	N_{max}	1.2①+1.4②+0.98④	90.25	13.72	−190.10				
	$\|M\|_{max}$	1.2①+1.4④+0.84⑧	133.39	20.55	−65.87				
	N_{min}	1.0①+1.4⑧+0.98③	25.66	16.86	−20.90				
Ⅲ	N_{max}	1.2①+1.4⑦+0.98②	16.28	−15.82	−785.54				
	$\|M\|_{max}$	1.2①+1.4④+0.84⑨	−109.72	7.98	−378.09				
	N_{min}	1.0①+1.4⑧+0.98③	−28.52	24.32	−93.14				
Ⅳ	N_{max}	1.2①+1.4⑦+0.98②	−78.61	−15.82	−793.06				
	$\|M\|_{max}$	1.2①+1.4⑧+0.98③	117.41	24.32	−117.64				
	N_{min}	1.0①+1.4⑧	16.98	1.58	−30.46				

左梁荷载组合表

表 2-3

荷载类型	① 恒载（包括自重）			② 雪荷载			吊车荷载															风荷载					
荷载编号							③ 左跨吊车荷载布置(D_{max}在左柱)			④ 左跨吊车荷载布置(D_{max}在中柱)			⑤ 右跨吊车荷载布置(D_{max}在中柱)			⑥ 右跨吊车荷载布置(D_{max}在右柱)			⑦ 左右跨同时布置吊车			⑧ 左风			⑨ 右风		
控制截面	M	V	N	M	V	N	M	V	N	M	V	N	M	V	N	M	V	N	M	V	N	M	V	N	M	V	N
Ⅰ	−31.78	28.41	−8.14	−25	22.34	−6.4	26.73	−3.18	−22.76	−17.87	1.79	−8.25	24.38	−2.30	6.22	−30.97	3.50	−7.76	−11.72	1.35	−8	28.35	−20.62	5.21	10.70	−11.48	7.07
Ⅱ	74.76	−5.93	−4.7	58.79	−4.66	−3.7	0.58	−3.18	−22.76	−3.12	1.79	−8.25	5.49	−2.30	6.22	−2.22	3.50	−7.76	−0.63	1.35	−8	−54.96	2.68	5.21	−28.58	−0.46	7.07
Ⅲ	−139	−40.26	−1.27	−109.30	−31.66	−1	−30.79	−3.18	−22.76	14.59	1.79	−8.25	−17.18	−2.30	6.22	32.28	3.50	−7.76	12.60	1.35	−8	76.92	25.99	5.21	77.04	18.81	7.07

控制截面	控制项目	$S_d=\sum_{j=1}^{m}\gamma_{G_j}S_{G_j k}+\gamma_{Q_1}\gamma_{L_1}S_{Q_1 k}+\sum_{i=2}^{n}\gamma_{Q_i}\gamma_{L_i}\psi_{c_i}S_{Q_i k}$							
		组合项目	M	V	N	组合项目	M	V	N
Ⅰ	$+M_{max}$	1.0①+1.4⑧+0.98③	34.11	−3.57	−23.15	1.0①+1.4③+0.84⑧	29.46	6.64	−35.63
	$-M_{max}$	1.2①+1.4⑥+0.98②	−105.99	60.89	−26.90				
	$\|V\|_{max}$	1.2①+1.4②+0.98⑥	−103.49	68.80	−26.33				
Ⅱ	$+M_{max}$	1.2①+1.4②+0.98⑤	177.40	−15.89	−4.72				
	$-M_{max}$	1.0①+1.4⑧+0.98④	−5.24	−0.42	−5.49				
	$\|V\|_{max}$	1.2①+1.4② +0.98③+0.84⑨	148.58	−17.14	−27.19				
Ⅲ	$+M_{max}$	1.0①+1.4⑨+0.98⑥	0.49	−10.50	1.02				
	$-M_{max}$	1.2①+1.4②+0.98③	−349.99	−95.75	−25.23				
	$\|V\|_{max}$	1.2①+1.4②+0.98③	−349.99	−95.75	−25.23				

3. 刚架水平位移验算

在恒载标准值+左跨吊车荷载(D_{max}在左柱)标准值+左风作用标准值作用下，柱顶侧移最大，为 29.98mm$<h/180=9000/180=50$mm，满足要求。

4. 构件验算

刚架斜梁、柱材料为 Q345B，截面特性：

边柱：$A=71.05\text{cm}^2$，$I_x=10858\text{cm}^4$，$W_x=738\text{cm}^3$，$i_x=12.36\text{cm}$；$I_y=1602\text{cm}^4$，$W_y=160.2\text{cm}^3$，$i_y=4.75\text{cm}$；

中柱：$A=133.25\text{cm}^2$，$I_x=37363\text{cm}^4$，$W_x=1916\text{cm}^3$，$i_x=16.75\text{cm}$，$I_y=7203\text{cm}^4$，$W_y=480.2\text{cm}^3$，$i_y=7.5\text{cm}$；

斜梁：$A=103.79\text{cm}^2$，$I_x=49245.2\text{cm}^4$，$W_x=1803.9\text{cm}^3$，$i_x=21.78\text{cm}$，$I_y=1842\text{cm}^4$，$W_y=185.2\text{cm}^3$，$i_y=4.21\text{cm}$。

(1) 刚架柱验算

1) 边柱：

最不利内力组合为：$M=141.39\text{kN}\cdot\text{m}$，$V=-31.87\text{kN}$，$N=-372.44\text{kN}$。

A. 计算长度

平面内按有侧移刚架计算，$K_2=10$，$K_1=\frac{\sum i_b}{\sum i_c}=\frac{49245.2/18}{10858/9}=2.27$，则 $\mu=1.09$，$l_{0x}=\mu l_x=1.09\times9000=9810\text{mm}$。平面外取隅撑间距 $l_{0y}=3000\text{mm}$。

B. 强度验算(不考虑屈曲后的强度)

$$\sigma=\frac{N}{A_n}+\frac{M_x}{\gamma_x W_{nx}}=\frac{372.44\times10^3}{71.05\times10^2}+\frac{141.39\times10^6}{1.05\times738\times10^3}=234.88\text{N/mm}^2<f=310\text{N/mm}^2$$

满足要求。

C. 整体稳定性验算

弯矩作用平面内：

$\beta_{mx}=1.0$，$\lambda_x=\frac{l_{ox}}{i_x}=\frac{9810}{123.6}=79.4$，A 类，则 $\varphi_x=0.667$

$N'_{EX}=\pi^2EA/(1.1\lambda_x^2)=\pi^2\times2.06\times10^8\times71.05\times10^{-4}/(1.1\times79.4^2)=2080.93\text{kN}$

$$\frac{N}{\varphi_x A}+\frac{\beta_{mx}M_x}{\gamma_x W_{1x}\left(1-0.8\frac{N}{N'_{EX}}\right)}=\frac{372.44\times10^3}{0.667\times71.05\times10^2}+\frac{1.0\times141.39\times10^6}{1.05\times738\times10^3\times\left(1-0.8\times\frac{372.44}{2080.93}\right)}$$

$$=291.54\text{N/mm}^2<f=310\text{N/mm}^2$$

满足要求。

弯矩作用平面外：

$\lambda_y=\frac{l_{0y}}{i_y}=\frac{3000}{47.5}=63.16$，B 类，则 $\varphi_y=0.710$，$\beta_{tx}=1.0$

$$\varphi_b=1.07-\frac{\lambda_y^2}{44000}\times\frac{f_y}{235}=1.07-\frac{63.16^2}{44000}\times\frac{345}{235}=0.94$$

$$\frac{N}{\varphi_y A}+\eta\frac{\beta_{tx}M_x}{\varphi_b W_{1x}}=\frac{372.44\times10^3}{0.710\times71.05\times10^2}+1.0\times\frac{1.0\times141.39\times10^6}{0.94\times738\times10^3}=277.64\text{N/mm}^2$$
$$<f=310\text{N/mm}^2$$

满足要求。

D. 局部稳定性验算

翼缘：

$$\frac{b}{t}=\frac{200-8}{12\times 2}=8<13\sqrt{\frac{235}{f_y}}=10.7$$

满足要求。

腹板

$$\sigma_{max}=\frac{N}{A}+\frac{M}{W_x}=\frac{372.44\times 10^3}{7105}+\frac{141.39\times 10^6}{738\times 10^3}=244.0N/mm^2$$

$$\sigma_{min}=\frac{N}{A}-\frac{M}{W_x}=\frac{372.44\times 10^3}{7105}-\frac{141.39\times 10^6}{738\times 10^3}=-139.17N/mm^2$$

$$\alpha_0=\frac{\sigma_{max}-\sigma_{min}}{\sigma_{max}}=\frac{244.0+139.17}{244.0}=1.57$$

$$1.6<\alpha_0<2.0$$

$$\frac{h_0}{t_w}=\frac{294-24}{8}=33.75<(48\alpha_0+0.5\lambda-26.2)\sqrt{\frac{235}{f_y}}=(48\times 1.57+0.5\times 79.4-26.2)\sqrt{\frac{235}{345}}$$
$$=73.34$$

满足要求。

E. 刚度验算

$$\lambda_x=\frac{l_{ox}}{i_x}=\frac{9810}{123.6}=79.4<180$$

$$\lambda_y=\frac{l_{oy}}{i_y}=\frac{3000}{47.5}=63.16<180$$

满足要求。

2）中柱：

最不利内力组合为：$M=-78.61kN\cdot m$，$V=-15.82kN$，$N=-793.06kN$。

A. 计算长度

平面内按有侧移刚架计算，$K_1=\frac{\sum i_b}{\sum i_c}=\frac{49245.2\times 2/18}{37363/10.8}=1.58$，则 $\mu=1.13$，$K_2=10$，$l_{0x}=\mu l_x=1.13\times 10800=12204mm$。平面按无侧移刚架计算，$K_1=1.58$，$K_2=0$，$\mu=0.843$，$l_{0y}=0.843\times 10800=9104mm$。

B. 强度验算(不考虑屈曲后的强度)

$$\sigma=\frac{N}{A_n}+\frac{M_x}{\gamma_x W_{nx}}=\frac{793.06\times 10^3}{133.25\times 10^2}+\frac{78.61\times 10^6}{1.05\times 1916\times 10^3}=98.59<f=310N/mm^2$$

满足要求。

C. 整体稳定性验算

弯矩作用平面内：

$\beta_{mx}=1.0$，$\lambda_x=\frac{l_{ox}}{i_x}=\frac{12204}{167.5}=72.86$，A 类，则 $\varphi_x=0.727$，

$N'_{EX}=\pi^2 EA/(1.1\lambda_x^2)=\pi^2\times 2.06\times 10^8\times 133.25\times 10^{-4}/(1.1\times 72.82^2)=4639.8kN$

$$\frac{N}{\varphi_x A}+\frac{\beta_{mx}M_x}{\gamma_x W_{1x}\left(1-0.8\frac{N}{N'_{EX}}\right)}=\frac{793.06\times10^3}{0.727\times133.25\times10^2}+\frac{1.0\times78.61\times10^6}{1.05\times1916\times10^3\times\left(1-0.8\times\frac{793.06}{4639.8}\right)}$$

$$=127.13\text{N/mm}^2<f=310\text{N/mm}^2$$

满足要求。

弯矩作用平面外：

$\lambda_y=\frac{l_{0y}}{i_y}=\frac{9104}{73.5}=123.86$，B类，则 $\varphi_y=0.308$，$\beta_{tx}=1.0$

$$\varphi_b=1.07-\frac{\lambda_y^2}{44000}\times\frac{f_y}{235}=1.07-\frac{123.86^2}{44000}\times\frac{345}{235}=0.558$$

$$\frac{N}{\varphi_y A}+\eta\frac{\beta_{tx}M_x}{\varphi_b W_{1x}}=\frac{793.06\times10^3}{0.308\times133.25\times10^2}+1.0\times\frac{1.0\times78.61\times10^6}{0.558\times1916\times10^3}=266.76\text{N/mm}^2$$

$$<f=310\text{N/mm}^2$$

满足要求。

D. 局部稳定性验算

翼缘：

$$\frac{b}{t}=\frac{300-10}{16\times2}=9.06<13\sqrt{\frac{235}{f_y}}=10.7$$

满足要求。

腹板

$$\sigma_{max}=\frac{N}{A}+\frac{M}{W_x}=\frac{793.06\times10^3}{13325}+\frac{78.61\times10^6}{1916\times10^3}=100.54\text{N/mm}^2$$

$$\sigma_{min}=\frac{N}{A}-\frac{M}{W_x}=\frac{793.06\times10^3}{13325}-\frac{78.61\times10^6}{1916\times10^3}=18.49\text{N/mm}^2$$

$$\alpha_0=\frac{\sigma_{max}-\sigma_{min}}{\sigma_{max}}=\frac{100.54-18.49}{100.54}=0.816$$

$$0<\alpha_0<1.6$$

$$\frac{h_0}{t_w}=\frac{390-32}{10}=35.8<(16\alpha_0+0.5\lambda+25)\sqrt{\frac{235}{f_y}}=(16\times0.816+0.5\times72.82+25)\sqrt{\frac{235}{345}}$$

$$=61.46$$

满足要求。

E. 刚度验算

$$\lambda_x=\frac{l_{ox}}{i_x}=\frac{12204}{167.5}=72.86<180$$

满足要求。

（2）刚架斜梁验算

最不利内力组合为：$M=-349.99\text{kN}\cdot\text{m}$，$V=-95.75\text{kN}$，$N=-25.23\text{kN}$。

1）强度验算

$$\sigma=\frac{N}{A_n}+\frac{M_x}{\gamma_x W_{nx}}=\frac{25.23\times10^3}{103.79\times10^2}+\frac{349.99\times10^6}{1.05\times1803.9\times10^3}=187.21\text{N/mm}^2<f=310\text{N/mm}^2$$

满足要求。

2）整体稳定性验算

当刚架坡度不超过 1∶5 时，因轴力很小可按压弯构件计算其强度和刚架平面外的稳定，不计算平面内稳定。

弯矩作用平面外：$l_{0y}=3000\text{mm}$

$\lambda_y=\frac{l_{0y}}{i_y}=\frac{3000}{42.1}=71.26$，B类，则 $\varphi_y=0.646$，$\beta_{tx}=1.0$

$$\varphi_b=1.07-\frac{\lambda_y^2}{44000}\times\frac{f_y}{235}=1.07-\frac{71.26^2}{44000}\times\frac{345}{235}=0.9$$

$$\frac{N}{\varphi_y A}+\eta\frac{\beta_{tx}M_x}{\varphi_b W_{1x}}=\frac{25.23\times10^3}{0.646\times103.79\times10^2}+1.0\times\frac{1.0\times349.99\times10^6}{0.9\times1803.9\times10^3}=219.34\text{N/mm}^2$$
$$<f=310\text{N/mm}^2$$

满足要求。

3）局部稳定性验算

翼缘：

$$\frac{b}{t}=\frac{199-10}{14\times2}=6.8<13\sqrt{\frac{235}{f_y}}=10.7$$

满足要求。

腹板

$$\sigma_{max}=\frac{N}{A}+\frac{M}{W_x}=\frac{25.23\times10^3}{10379}+\frac{349.99\times10^6}{1803.9\times10^3}=196.45\text{N/mm}^2$$

$$\sigma_{min}=\frac{N}{A}-\frac{M}{W_x}=\frac{25.23\times10^3}{10379}-\frac{349.99\times10^6}{1803.9\times10^3}=-191.59\text{N/mm}^2$$

$$\alpha_0=\frac{\sigma_{max}-\sigma_{min}}{\sigma_{max}}=\frac{196.45+191.59}{196.45}=1.98$$

$$1.6<\alpha_0<2.0$$

$$\frac{h_0}{t_w}=\frac{546-28}{9}=57.56<(48\alpha_0+0.5\lambda-26.2)\sqrt{\frac{235}{f_y}}=(48\times1.98+0.5\times71.26-26.2)\sqrt{\frac{235}{345}}$$
$$=86.22$$

满足要求。

4）挠度验算

在恒荷载标准值及活荷载标准值作用下，梁竖向挠度容许值$[v]=18000/180=100\text{mm}$，其中跨中最大绝对位移为 32.488mm，跨中整体位移为 0.4573mm，跨中最大相对位移绝对值为 32.488−0.4573=32.03mm<100mm，满足要求。

5. 节点设计

梁柱节点均采用 Q345B 钢，10.9 级 M16 高强度螺栓摩擦型连接，构件接触面采用喷砂，摩擦面抗滑移系数 $\mu=0.5$。

（1）梁柱节点设计

1）边柱

柱与梁采用端板竖放连接方式，节点形式如图 2-28 所示。

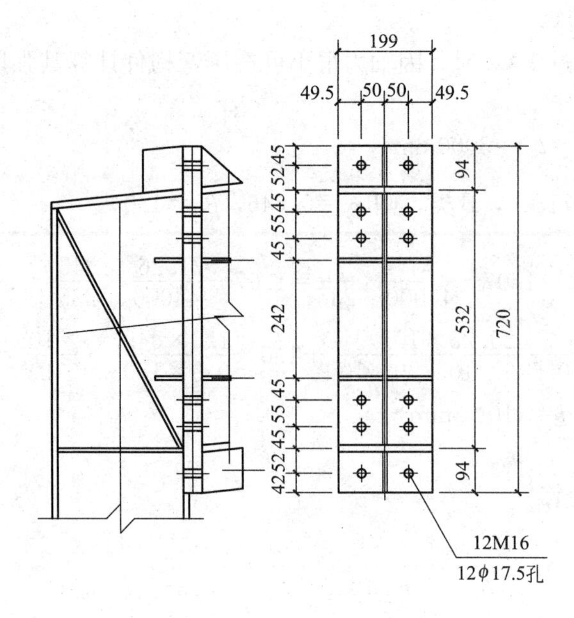

图 2-28 边柱-梁节点图

连接处的组合内力值：

$$M=-105.99\text{kN}\cdot\text{m},\ V=60.89\text{kN},\ N=-26.90\text{kN}。$$

A. 高强度螺栓取值

一个高强度螺栓的预拉力 $P=100\text{kN}$，传力摩擦面数目 $n_f=1$。

则承载力设计值：

$$[N_t^b]=0.8P=0.8\times100=80\text{kN}$$

$$[N_v^b]=0.9n_f\mu P=0.9\times0.5\times100=45\text{kN}$$

B. 高强度螺栓验算

总螺栓数 $n=12$，每个螺栓设计剪力：

$$N_v=V/12=60.89/12=5.07\text{kN}$$

外排螺栓最大拉力：

$$N_t=\frac{N}{n}+\frac{My_1}{\sum y_i^2}=\frac{-26.90}{12}+\frac{105.99\times318\times1000}{4\times(166^2+221^2+318^2)}=45.22\text{kN}$$

按《钢结构设计规范》GB 50017—2003 中式(7.2.2-2)可知：

$$\frac{N_v}{N_v^b}+\frac{N_t}{N_t^b}\leqslant1$$

代入相应的数据有：

$$\frac{5.07}{45}+\frac{45.22}{80}=0.68\leqslant1$$

满足设计要求。

C. 节点端板验算：

依据《门式刚架轻型房屋钢结构技术规程》CECS 102：2002 中 7.2.9 条规定：端板的厚度 t 应根据支撑条件按照下面的几种公式验算，但不应小于 16mm。但是端板也有几种形式：①伸臂类端板；②无加劲肋类端板；③两边支撑类端板；④三边支撑类端板；在这里只考虑第3和第4种情况。

两边支撑类端板：

$$e_f=45\text{mm}，e_w=45.5\text{mm}，N_t=45.22\text{kN}，b=199\text{mm}，f=310\text{N/mm}^2$$

按《门式刚架轻型房屋钢结构技术规程》CECS 102：2002 中式(7.2.9-3a)：

$$t \geqslant \sqrt{\frac{6e_f e_w N_t}{[e_w b+2e_f(e_w+e_f)]f}}=\sqrt{\frac{6\times45\times45.5\times45220}{[45.5\times199+2\times45\times(45.5+45)]\times310}}=10.21\text{mm}$$

三边支撑类端板：

$$t \geqslant \sqrt{\frac{6e_f e_w N_t}{[e_w(b+2b_s)+4e_f^2]f}}=\sqrt{\frac{6\times38\times45.5\times45220}{[45.5\times(199+2\times95)+4\times38^2]\times310}}=8.03\text{mm}$$

综上结果，最大为10.21mm。按照《门式刚架轻型房屋钢结构技术规程》CECS 102：2002 构造要求，端板的厚度最小要大于16mm。选端板厚度为 $t=16$mm。

D. 梁柱相交节点域验算

由《门式刚架轻型房屋钢结构技术规程》CECS 102：2002 中式(7.2.10-2)：

$$\tau=\frac{M}{d_b d_c t_c}$$

式中：$M=105.99\text{kN}\cdot\text{m}$，$d_b=546\text{mm}$，$d_c=270\text{mm}$，$t_c=8\text{mm}$

所以：

$$\tau=\frac{M}{d_b d_c t_c}=\frac{105.99\times10^6}{546\times270\times8}=89.87\text{N/mm}^2<f_v=180\text{N/mm}^2$$

节点域的剪应力满足规程要求，按构造在两边设置图示 $t=8$mm 的加劲肋。

E. 构件腹板强度验算

$$N_{t2}=\frac{N}{n}+\frac{My_1}{\sum y_i^2}=\frac{-26.90}{12}+\frac{105.99\times166\times1000}{4\times(166^2+221^2+318^2)}=22.54\text{kN}<0.4P=40\text{kN}$$

按《门式刚架轻型房屋钢结构技术规程》CECS 102：2002 式(7.2.11-2)：

$$\frac{N_{t2}}{e_w t_w}=\frac{40000}{45.5\times9}=97.68\text{N/mm}^2<f=310\text{N/mm}^2$$

满足要求。

2）中柱

柱与梁采用端板竖放连接方式，节点形式如图2-29所示。

连接处的组合内力值：

$$M=-349.99\text{kN}\cdot\text{m}，V=-95.75\text{kN}，N=-25.23\text{kN}。$$

A. 高强度螺栓取值

一个高强度螺栓的预拉力 $P=290$kN，传力摩擦面数目 $n_f=1$。

则承载力设计值：

$$[N_t^b]=0.8P=0.8\times290=232\text{kN}$$

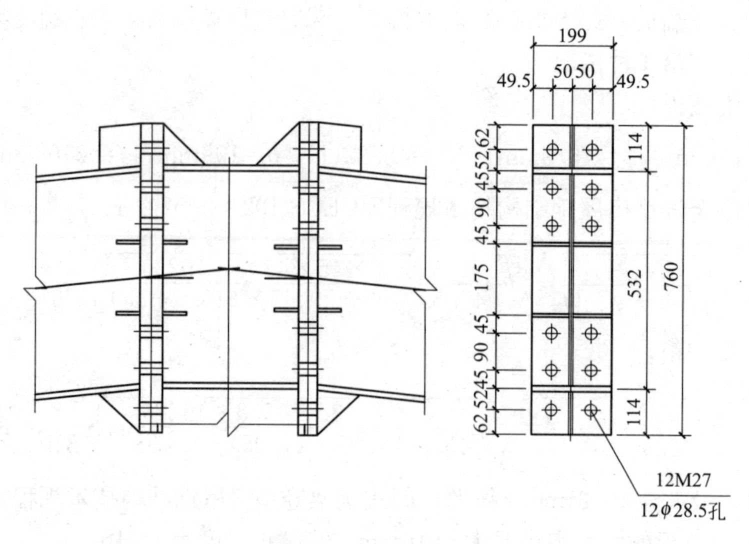

图 2-29　中柱-梁节点图

$$[N_v^b]=0.9n_f\mu P=0.9\times0.5\times290=130.5\text{kN}$$

B. 高强度螺栓验算

总螺栓数 $n=12$，每个螺栓设计剪力：

$$N_v=95.75/12=92.21/12=7.80\text{kN}$$

外排螺栓最大拉力：

$$N_t=\frac{N}{n}+\frac{My_1}{\sum y_i^2}=\frac{-25.23}{12}+\frac{349.99\times318\times1000}{4\times(131^2+221^2+318^2)}=164.38\text{kN}$$

按《钢结构设计规范》GB 50017—2003 式(7.2.2-2)：

$$\frac{N_v}{N_v^b}+\frac{N_t}{N_t^b}\leqslant1$$

代入相应的数据有：

$$\frac{7.80}{130.5}+\frac{164.38}{232}=0.77\leqslant1$$

满足设计要求。

C. 节点端板验算

两边支撑类端板：

端板构件的详细尺寸如下：

$e_f=45\text{mm}$，$e_w=45.5\text{mm}$，$N_t=164.38\text{kN}$，$b=199\text{mm}$，$f=310\text{N/mm}^2$。

按《门式刚架轻型房屋钢结构技术规程》CECS 102：2002 式(7.2.9-3*a*)：

$$t\geqslant\sqrt{\frac{6e_fe_wN_t}{[e_wb+2e_f(e_w+e_f)]f}}=\sqrt{\frac{6\times45\times45.5\times164380}{[45.5\times199+2\times45\times(45.5+45)]\times310}}=19.46\text{mm}$$

三边支撑类端板：

$$t \geqslant \sqrt{\frac{6e_f e_w N_t}{[e_w(b+2b_s)+4e_f^2]f}}=\sqrt{\frac{6\times45\times45.5\times164380}{[45.5\times(199+2\times95)+4\times45^2]\times310}}=15.89\text{mm}$$

综上结果，端板最大厚度为 19.46mm。选端板厚度 t=20mm。

D. 梁柱相交节点域验算

按《门式刚架轻型房屋钢结构技术规程》CECS 102：2002 式(7.2.10-2)：

$$\tau=\frac{M}{d_b d_c t_c}$$

式中 M=349.991kN·m，d_b=546mm，d_c=270mm，t_c=8mm

所以：

$$\tau=\frac{M}{d_b d_c t_c}=\frac{349.99\times10^6}{546\times270\times8}=296.76\text{N/mm}^2>f_v=180\text{N/mm}^2$$

通过上面的计算知道：节点域的剪应力不满足规程要求，按构造在两边设置图示 t=16mm 的加劲肋。

E. 构件腹板强度验算

$$N_{t2}=\frac{N}{n}+\frac{My_1}{\sum y_i^2}=\frac{-25.23}{12}+\frac{349.99\times131\times1000}{4\times(131^2+221^2+318^2)}=66.48\text{kN}<0.4P=116\text{kN}$$

按《门式刚架轻型房屋钢结构技术规程》CECS 102：2002 式(7.2.11-2)：

$$\frac{N_{t2}}{e_w t_w}=\frac{116000}{45.5\times9}=283.3\text{N/mm}^2<f=310\text{N/mm}^2$$

满足要求。

(2) 柱脚设计

本工程柱脚采用刚性连接。设计过程参考第 3 章相关章节，本处从略。

2.2.3 次要构件设计

1. 檩条设计

本建筑为封闭式建筑，屋面排水坡度为 1/10(α =5.71°)，檩条跨度为 6m，采用简支连接方式，水平檩距为 1.5m，于跨中设置拉条一道，檩条及拉条钢材均为 Q235B，焊条采用 E43 型。

(1) 荷载标准值：永久荷载：0.50kN/m^2；可变荷载：屋面均布活荷载或雪荷载最大值 0.50kN/m^2；基本风压：0.5kN/m^2。

(2) 内力计算：

1) 永久荷载与屋面均布活(雪)荷载组合

檩条线荷载：

$$P_k=(0.50+0.50)\times1.5=1.5\text{kN/m}$$

$$P=(0.50\times1.2+0.50\times1.4)\times1.5=1.95\text{kN/m}$$

$$P_x=P\sin5.71°=0.194\text{kN/m}$$

$$P_y=P\cos5.71°=1.94\text{kN/m}$$

弯矩设计值：

$$M_x=\frac{P_y l^2}{8}=\frac{1.94\times36}{8}=8.73\text{kN}\cdot\text{m}$$

$$M_y=\frac{P_x l^2}{32}=\frac{0.194\times36}{32}=0.22\text{kN}\cdot\text{m}$$

2）永久荷载与风荷载吸力组合：

按《建筑结构荷载规范》GB 50009—2012 风荷载高度变化系数 $\mu_z=1.0$，按《门式刚架轻型房屋钢结构技术规程》CECS 102：2002 附录 A 风荷载体型系数：檩条有效受风面积为：$A=1.5\times6=9\text{m}^2$，边缘带风荷载体型系数为：

$$\mu_s=1.5\log A-2.9=1.5\times\lg9.0-2.9=-1.47$$

中间区风荷载体型系数为：

$$\mu_s=1.5\log A-1.3=1.5\times\lg9.0-1.3=0.13$$

取 $\mu_s=0.13$

所以，垂直屋面的风荷载标准值为：

$$w_k=\mu_s\mu_z w_0=(-1.47)\times1.0\times(0.4\times1.05)=-0.62\text{kN/m}^2$$

檩条线荷载：

$$P_{ky}=(0.62-0.50\times\cos5.71^\circ)\times1.5=0.18\text{kN/m}^2$$

$$P_x=0.5\times\sin5.71^\circ\times1.5=0.08\text{kN/m}^2$$

$$P_y=1.4\times0.62\times1.5-0.50\times1.5\times\cos5.71^\circ=0.56\text{kN/m}^2$$

$$M_x=\frac{P_y l^2}{8}=\frac{0.56\times36}{8}=2.52\text{kN}\cdot\text{m}$$

$$M_y=\frac{P_x l^2}{82}=\frac{0.08\times36}{8}=0.36\text{kN}\cdot\text{m}$$

（3）截面选择及特性

1）选用 C 形檩条 $160\times70\times20\times3.00$（图 2-30），截面特性为 $I_x=373.64\text{cm}^4$，$I_y=60.42\text{cm}^4$，$A=9.45\text{cm}^2$，$W_x=46.71\text{cm}^3$，$W_{ymax}=27.17\text{cm}^3$，$W_{ymin}=12.65\text{cm}^3$，$i_x=6.29\text{cm}$，$i_y=2.53\text{cm}$，$x_0=2.22\text{cm}$。

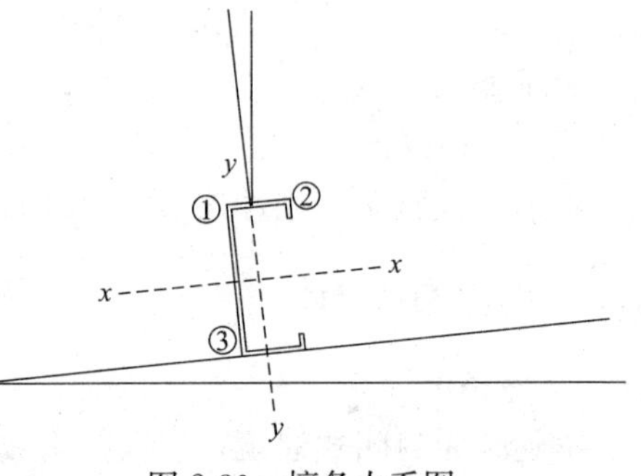

图 2-30 檩条力系图

先按毛截面计算的截面应力为：

$$\sigma_1=\frac{M_x}{W_x}+\frac{M_y}{W_{ymax}}=\frac{8.73\times10^6}{46.71\times10^3}+\frac{0.22\times10^6}{27.17\times10^3}=195\text{N/mm}^2\text{（压）}$$

$$\sigma_2=\frac{M_x}{W_x}+\frac{M_y}{W_{yminx}}=\frac{8.73\times10^6}{46.71\times10^3}-\frac{0.22\times10^6}{12.65\times10^3}=169.51\text{N/mm}^2\text{（压）}$$

$$\sigma_2=-\frac{M_x}{W_x}+\frac{M_y}{W_{ymax}}=-\frac{8.73\times10^6}{46.71\times10^3}+\frac{0.22\times10^6}{27.17\times10^3}=-178.80\text{N/mm}^2\text{（拉）}$$

2）受压板件的稳定系数

腹板：

腹板为加劲板件，$\psi=\sigma_{min}/\sigma_{max}=-178.80/195=-0.916>-1$，所以：

$$k=7.8-6.29\psi+9.78\psi^2=7.8-6.29\times(-0.916)+9.78\times(-0.916)^2=21.77$$

上翼缘板：

上翼缘板为最大压应力作用于部分加劲肋板件的支承边

$$\psi=\sigma_{\min}/\sigma_{\max}=169.51/195=0.869>-1$$

$$k=5.89-11.59\psi+6.68\psi^2=5.89-11.59\times0.869+6.68\times0.869^2=0.863$$

3）受压板件的有效宽度

腹板：

$$k=21.77,\ k_c=0.863,\ b=160\text{mm},\ c=70\text{mm},\ t=3.0\text{mm},\ \sigma_1=195\text{N/mm}^2$$

$$\xi=\frac{c}{b}\sqrt{\frac{k}{k_c}}=\frac{70}{160}\sqrt{\frac{21.77}{0.863}}=2.2>1.1$$

板组约束系数为：

$$k_1=0.11+0.93/(\xi-0.05)^2=0.11+0.93/(2.2-0.05)^2=0.312$$

$$\rho=\sqrt{205kk_1/\sigma_1}=\sqrt{205\times21.77\times0.863/195}=4.444$$

由于 $\psi<0$，则 $\alpha=1.15$，$b_c=b/(1-\psi)=160/(1+0.916)=83.50\text{mm}$

由于，$b/t=160/3=53.3<18\alpha\rho=18\times1.15\times4.44=91.91$，则

$$b_e=b_c=83.50\text{mm},\ b_{e1}=0.4b_e=0.4\times83.50=33.4\text{mm},\ b_{e2}=0.6b_e=0.6\times83.4=50.1\text{mm}$$

上翼缘板：

$$k=0.863,\ k_c=21.77,\ b=70\text{mm},\ c=160\text{mm},\ t=3.0\text{mm},\ \sigma_1=195\text{N/mm}^2$$

$$\xi=\frac{c}{b}\sqrt{\frac{k}{k_c}}=\frac{160}{70}\sqrt{\frac{0.863}{21.77}}=0.455<1.1$$

板组约束系数为：

$$k_1=1/\sqrt{\xi}=1/\sqrt{0.455}=1.482$$

$$\rho=\sqrt{205kk_1/\sigma_1}=\sqrt{205\times0.863\times1.482/195}=1.16$$

由于 $\psi>0$，则 $\alpha=1.15-0.15\psi=1.15-0.15\times0.869=1.020$，$b_c=b=70\text{mm}$。

由于

$$38\alpha\rho=38\times1.020\times1.16=44.96>b/t=70/3=23.3>18\alpha\rho=18\times1.020\times1.16=21.30$$

所以

$$b_e\left(\sqrt{\frac{21.8\alpha\rho}{b/t}}-0.1\right)b_c=\left(\sqrt{\frac{21.8\times1.02\times1.16}{23.3}}-0.1\right)\times70=66.65\text{mm。}$$

$$b_{e1}=0.4b_e=0.4\times66.65=26.66\text{mm}$$

$$b_{e2}=0.6b_e=0.6\times66.65=39.99\text{mm}$$

下翼缘：

下翼缘为受拉板件，板件截面全部有效。

（4）强度验算

1）有效净截面模量

上腹板和上翼缘板全截面有效，在腹板的计算截面有一拉条 $\phi13$ 连接孔（距上翼缘边距为 35mm）。

有效净截面模量：

$$W_{enx}=\frac{373.64\times10^4-13\times3.0\times(80-35)^2}{80}=4.572\times10^4\text{mm}^3$$

$$W_{enymax}=\frac{60.42\times10^4-13\times3.0\times(22.2-3/2)^2}{22.5}=2.646\times10^4\text{mm}^3$$

$$W_{enymin}=\frac{60.42\times10^4-13\times3.0\times(22.2-3/2)^2}{70-22.5}=1.229\times10^4\text{mm}^3$$

2）屋面系压型钢板与檩条牢固连接，能阻止檩条侧向失稳和扭转，对檩条①、②点进行强度验算：

$$\sigma_1=\frac{M_x}{W_{enx}}+\frac{M_y}{W_{enymax}}=\frac{8.73\times10^6}{4.572\times10^4}+\frac{0.22\times10^6}{2.646\times10^4}=199.26\text{N/mm}^2<205\text{N/mm}^2$$

$$\sigma_2=\frac{M_x}{W_{enx}}-\frac{M_y}{W_{enymin}}=\frac{8.73\times10^6}{4.572\times10^4}-\frac{0.22\times10^6}{1.229\times10^4}=173.04\text{N/mm}^2<205\text{N/mm}^2$$

（5）稳定性验算

永久荷载与风荷载吸力组合下的弯矩小于永久荷载与屋面均布活荷载组合下的弯矩，根据前面的计算结果判断，截面全部有效，不计孔洞削弱，则：

$$W_{ex}=W_x=46.71\text{cm}^3,\quad W_{ey}=W_{ymin}=12.65\text{cm}^3$$

1）受弯构件的整体稳定系数 φ_{bx} 计算：

由于跨中无侧向支承。所以有：

$$\mu_b=1.0,\ \xi_1=1.13,\ \xi_2=0.46$$

$$e_a=e_0-x_0+b/2=5.25-2.22+3.5=6.53\text{mm}$$

$$\eta=2\xi_2 e_a/h=2\times0.46\times6.53/16=0.375$$

$$\xi=\frac{4I_w}{h_2 I_y}+\frac{0.156I_t}{I_y}\left(\frac{u_b l}{h}\right)^2$$

$$=\frac{4\times3070.5}{16^2\times60.42}+\frac{0.156\times0.2836}{60.42}\left(\frac{600}{16}\right)^2=1.824$$

$$\lambda_y=600/2.53=237.15$$

$$\varphi_{bx}=\frac{4320Ah}{\lambda_y^2 W_x}\xi_1(\sqrt{\eta^2+\xi}+\eta)\left(\frac{235}{f_y}\right)$$

$$=\frac{4320\times9.45\times16}{237.15^2\times45.72}\times1.13\times(\sqrt{0.375^2+1.824}+0.375)\times(235/215)=0.499<0$$

2）稳定性验算

风吸力作用使檩条下翼缘受压，则计算它的稳定性：

$$\sigma=\frac{M_x}{\varphi_{bx}W_{ex}}+\frac{M_y}{W_{ey}}=\frac{2.52\times10^6}{0.499\times4.671\times10^4}+\frac{0.36\times10^6}{2.717\times10^4}=121.36\text{N/mm}^2<205\text{N/mm}^2$$

（6）挠度验算：

$$v_y=\frac{5P_{ky}\cdot l^4}{384EI_x}=\frac{5\times1.5\times\cos5.71°\times6000^4}{384\times2.06\times10^5\times373.64\times10^4}=32.72\text{mm}<[w]=\frac{l}{150}=6000/150$$

$$=40\text{mm}$$

满足要求。

（7）构造要求：

$$\lambda_x=6000/62.9=95<200$$

$$\lambda_y=3000/25.3=119<200$$

因此檩条在平面内、平面外均满足要求。

2. 墙梁构件设计

（1）设计资料

本建筑为封闭式建筑，墙面材料为夹心板，墙梁跨度为 6m，间距 1.5 m，跨中设置拉条一道，外侧挂墙板，墙梁与拉条材料均为 Q235B，焊条采用 E43 型，墙梁初选截面为 C 形冷弯槽钢 160×70×20×3.0。

（2）荷载计算

1）竖向荷载标准值：墙体自重　　0.25×1.5=0.375kN/m

　　　　　　　　　墙梁自重　　0.074kN/m

水平荷载标准值：

风荷载

$$w_k=\mu_s\mu_z w_o=(0.15\log 9-1.3)\times 1.0\times(1.05\times 0.4)=-0.486\text{kN/m}^2$$

2）水平荷载设计值：$q_x=1.5\times 0.486\times 1.4=1.021$kN/m

竖向荷载设计值：$q_y=0.074\times 1.2=0.089$kN/m（夹心板为自承重墙，墙重直接传给基础）

3）竖向荷载 q_y 产生的弯矩 M_x

墙梁跨中竖向设有一道拉条，可视墙梁支承点，则

$$M_x=\frac{1}{32}q_y l^2=\frac{1}{32}\times 0.089\times 6^2=0.10\text{kN}\cdot\text{m}$$

4）水平荷载 q_x 产生的弯矩 M_y

墙梁承担水平方向荷载作用下，按单跨简支梁计算内力，则：

$$M_y=\frac{1}{8}q_x l^2=\frac{1}{8}\times 1.021\times 6^2=4.595\text{kN}\cdot\text{m}$$

（3）截面选择

由初选墙梁截面 C 形槽钢 160×70×20×3.0，查表知其截面特性：

$A=9.45\text{cm}^2$，$I_y=373.64\text{cm}^4$，$W_y=47.12\text{cm}^3$，$I_x=60.42\text{cm}^4$，$W_{xmax}=27.17\text{cm}^3$，$W_{xmin}=12.65\text{cm}^3$。

（4）强度验算

$$\sigma=\frac{M_x}{W_{enx}}+\frac{M_y}{W_{eny}}=\frac{0.10\times 10^6}{0.9\times 12.65\times 10^3}+\frac{4.595\times 10^6}{0.9\times 47.12\times 10^3}=117.13\text{N/mm}^2<205\text{N/mm}^2$$

注：0.9 为参照檩条取用的有效截面模量系数。

满足强度要求。

在风吸力作用下拉条设在墙梁内侧，此时夹心板与墙梁外侧牢固相连，可不验算墙梁的整体稳定性。

(5) 挠度验算

$$v=\frac{5q_{kx}l^4}{384EI_y}=\frac{5\times0.729\times6000^4}{384\times2.06\times10^5\times373.64\times10^4}=16\text{mm}<\frac{l}{200}=\frac{6000}{200}=30\text{mm}$$

满足挠度要求。

3. 拉条计算

拉条所受力即为檩条跨中侧向支点的支座反力，则：

$$N=0.625q_xl\times n=0.625\times1.95\times\sin5.71°\times6\times11=8\text{kN}$$

而拉条所需面积：

$$A_{min}=\frac{N}{f}=\frac{8000}{210}=38\text{mm}^2$$

按构造取 $\phi10$ 拉条($A=50.8\text{mm}^2$)。

以上均满足要求。

4. 吊车梁设计

吊车梁跨度为 6m，简支，无制动结构，支承于牛腿，采用平板支座，设有两台 10t 软钩中级工作制(A5)吊车，吊车跨度 16.5m。钢材采用 Q235B，焊条为 E43 型。

(1) 吊车荷载计算

吊车荷载的动力系数 μ 取 1.05，吊车荷载的分项系数 γ_Q 取 1.4。所以吊车竖向计算轮压荷载设计值为：

$$P=\mu\gamma_QP_{max}=1.05\times1.40\times118=173.46\text{kN}$$

$$H=\gamma_Q\frac{0.05(Q+g)}{n}=1.40\times\frac{0.06\times(10+3.424)\times9.8}{2}=5.53\text{kN}$$

(2) 内力计算：

1) 吊车梁的最大弯矩及其相应的剪力计算

产生最大弯矩的荷载位置如图 2-31 所示，梁上所有吊车荷载的合力 $\sum P$ 位置为：

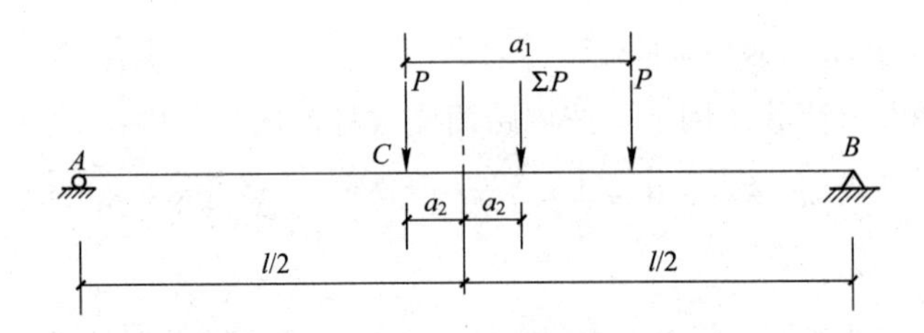

图 2-31 吊车梁最大弯矩计算简图

$$a_1=B-B_Q=5700-4050=1650\text{mm}$$

$$a_2=\frac{a_1}{4}=\frac{1650}{4}=412.5\text{mm}$$

自重影响系数 β_w 取 1.03，则 C 点的最大弯矩为：

$$M_{max}=\beta_W\frac{\sum P\left(\frac{l}{2}-a_2\right)^2}{L}=1.03\times\frac{2\times173.46\times(6/2-0.4125)^2}{6}=398.73\text{kN}\cdot\text{m}$$

在 M_{max} 处相应的剪力为：

$$V=\beta_W\frac{\sum P\left(\frac{l}{2}-a_2\right)}{L}=1.03\times\frac{2\times173.46\times(6/2-0.4125)}{6}=154.10\text{kN}$$

2）最大剪力计算

荷载位置如图 2-32 所示。

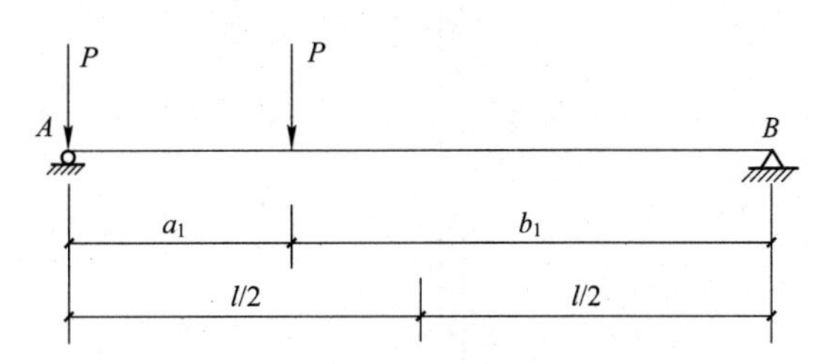

图 2-32　吊车梁最大剪力计算简图

$$V_{max}=R_A=1.03\times\left(\frac{173.46\times4.35}{6}+173.5\right)=308.24\text{kN}$$

3）由水平荷载产生的最大弯矩计算

$$M_H=\frac{H}{P}M_{max}=\frac{5.53}{173.46}\times\frac{398.73}{1.03}=12.34\text{kN}\cdot\text{m}$$

（3）截面选择

1）梁高确定

按经济要求确定梁高：

$$W=1.2\cdot\frac{M_{max}}{f}=\frac{1.2\times398.73\times10^6}{215}=2225.47\text{mm}^3$$

$$h_{ec}=7\sqrt[3]{W}-300=7\sqrt[3]{2225470}-300=613.9\text{mm}$$

按刚度要求确定梁高：

容许相对挠度取$\frac{l}{1000}$，所以：$\left[\frac{l}{v}\right]=1000$，

$$h_{min}=0.6\times f\times l\times\left[\frac{l}{v}\right]\times10^{-6}=0.6\times215\times6000\times1000\times10^{-6}=774\text{mm}$$

采用 750mm。

2）腹板尺寸确定

按经验公式确定腹板厚度：

$$t_w=\frac{1}{3.5}\sqrt{h_0}=\frac{1}{3.5}\sqrt{750-2\times16}=7.7\text{mm}$$

按剪力确定公式腹板厚度：

$$t_w=\frac{1.2V_{max}}{h_0f_V}=\frac{1.2\times308.4\times10^3}{718\times125}=4.12\text{mm}$$

考虑到腹板厚度不应该小于上面两者的较大值：所以取 $t_w=8\text{mm}$。

3）翼缘尺寸确定

根据经验公式

$$A_1=\frac{W}{h_0}-\frac{1}{6}h_0t_w=\frac{2225470}{718}-\frac{1}{6}\times718\times8=2142\text{mm}^2$$

采用 420×16。截面初选如图 2-33 所示。

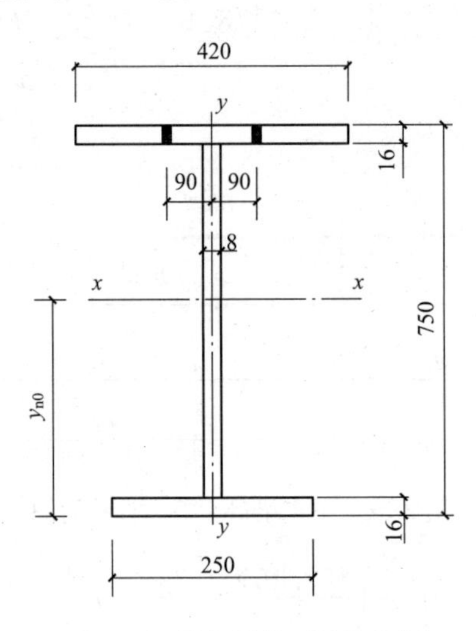

图 2-33 吊车梁截面计算简图

(4) 截面特征

1) 毛截面特征

$$A=42\times1.6+25\times1.6+71.8\times0.8=164.64\text{cm}^2$$

$$y_0=\frac{42\times1.6\times74.2+25\times1.6\times0.8+71.8\times0.8\times37.5}{164.64}=43.6\text{cm}$$

$$I_x=\frac{1}{12}\times42\times1.6^3+42\times1.6(75-43.6-0.8)^2+\frac{1}{12}\times25\times1.6^3+25\times1.6\times(43.6-0.8)^2$$

$$+\frac{1}{12}\times0.8\times71.8^3+71.8\times0.8\left(43.6-\frac{75}{2}\right)^2=163\times10^3\text{cm}^4$$

$$S=42\times1.6(75-43.6-0.8)+(75-43.6-1.6)^2\times0.4=2.41\times10^3\text{cm}^3$$

$$W_x=\frac{163\times10^3}{75-43.6}=5.19\times10^3\text{cm}^3$$

2) 净截面特性

$$A_n=(42-2\times2.35)\times1.6+25\times1.6+(75-3.2)\times0.8=157.12\text{cm}^2$$

$$y_{n0}=\frac{37.3\times1.6\times74.2+25\times1.6\times0.8+71.8\times0.8\times37.5}{157.12}=42.1\text{cm}$$

$$I_{nx}=\frac{1}{12}(37.3)(1.6)^3+37.3\times1.6(75-42.1-0.8)^2+\frac{1}{12}\times25\times1.6^3+25\times1.6(42.1-0.8)^2$$

$$+\frac{1}{12}\times0.8\times71.8^3+71.8\times0.8(42.1-37.5)^2$$

$$=155.7\times10^3\text{cm}^4$$

$$W_{nx}^{上}=\frac{155.7\times10^3}{32.9}=4734\text{cm}^3$$

$$W_{nx}^{下}=\frac{155.7\times10^{3}}{42.1}=3698\text{cm}^{3}$$

上翼缘对 y 轴的特性：

$$A_{上}=42\times1.6=67.2\text{cm}^{2}$$

$$A_{n}^{上}=(42-2\times2.35)\times1.6=59.7\text{cm}^{2}$$

$$I_{y}=\frac{1}{12}\times1.6\times42^{3}=9878\text{cm}^{4}$$

$$I_{ny}=9878-2\times2.35\times1.6\times9=9268\text{cm}^{4}$$

$$W_{ny}=\frac{9268}{21}=441\text{cm}^{3}$$

$$W_{ny}=\frac{9878}{21}=470\text{cm}^{3}$$

(5) 强度计算

1) 正应力

上翼缘正应力为：

$$\sigma=\frac{M_{max}}{W_{nx}^{上}}+\frac{M_{H}}{W_{ny}}=\frac{398.73\times10^{6}}{4734\times10^{3}}+\frac{12.34\times10^{6}}{441\times10^{3}}=112.215\text{N/mm}^{2}<215\text{N/mm}^{2}$$

下翼缘正应力为：

$$\sigma=\frac{M_{max}}{W_{nx}^{上}}=\frac{398.73\times10^{6}}{4734\times10^{3}}=84.23\text{N/mm}^{2}<215\text{N/mm}^{2}$$

2) 剪应力

平板支座的剪应力：

$$\tau=\frac{V_{max}S}{I_{x}t_{w}}=\frac{308.24\times10^{3}\times2.41\times10^{3}\times10^{3}}{163\times10^{3}\times10^{4}\times8}=56.97\text{N/mm}^{2}<125\text{N/mm}^{2}$$

3) 腹板的局部压应力

采用 43kg/m 钢轨，轨高为 140mm。所以：

$$l_{Z}=a+5h_{y}+2h_{R}=50+5\times16+2\times140=410\text{mm}$$

这里集中荷载增大系数 $\psi=1.0$，$F=P=173.46\text{kN}$。

$$\sigma_{c}=\frac{\psi F}{t_{w}l_{z}}=\frac{1\times173.46\times10^{3}}{8\times410}=52.88\text{N/mm}^{2}<215\text{N/mm}^{2}$$

4) 腹板计算高度边缘处的折算应力

$$\begin{aligned}\sqrt{\sigma^{2}+\sigma_{c}^{2}-\sigma\sigma_{c}+3\tau^{2}}&=\sqrt{84.23^{2}+52.88^{2}-84.23\times52.88+3\times56.97^{2}}\\&=123.18\text{N/mm}^{2}\leqslant\beta_{1}f=215\text{N/mm}^{2}\end{aligned}$$

满足要求。

(6) 稳定计算

1) 梁的整体稳定性

$l_1/b=6000/420=14.2>13$，应计算梁的整体稳定性

$$\xi_1=\frac{l_1 t}{b_1 h}=\frac{6000\times16}{420\times750}=0.305<2.0$$

$$\beta_b=0.73+0.18\times0.305=0.785$$

$$I_1=\frac{1}{12}\times1.6\times42^3=9878\text{cm}^4$$

$$I_2=\frac{1}{12}\times1.6\times25^3=2083\text{cm}^4$$

$$\alpha_b=\frac{I_1}{I_1+I_2}=\frac{9878}{9878+2083}=0.826>0.80$$

由于：

$$\xi=0.305<0.5,\ \beta_b=0.785\times0.9=0.707$$

$$\eta_b=0.8(2\alpha_b-1)=0.8\times(2\times0.826-1)=0.522$$

$$i_y=\sqrt{\frac{I_1+I_2}{A}}=\sqrt{\frac{9878+2083}{164.54}}=8.52\text{cm}$$

$$\lambda_y=l/i_y=600/8.52=70.4$$

按照下列公式计算整体稳定系数为：

$$\varphi_b=\beta_b\frac{4320}{\lambda_y^2}\cdot\frac{AH}{W_x}\left[\sqrt{1+\left(\frac{\lambda_y t_1}{4.4h}\right)^2}+\eta_b\right]$$

$$=0.707\frac{4320}{70.4^2}\times\frac{164.64\times75}{5.19\times10^3}\left[\sqrt{1+\left(\frac{70.4\times1.6}{4.4\times75}\right)^2}+0.522\right]$$

$$=2.4>0.6$$

$$\varphi_b'=1.07-0.282/2.4=0.95$$

按照下列公式计算整体稳定性：

$$\sigma=\frac{M_x}{\varphi_b W_x}+\frac{M_y}{W_y}=\frac{398.73\times10^6}{0.95\times5.19\times10^3\times10^3}+\frac{12.34\times10^6}{470\times10^3}$$

$$=107.13\text{N/mm}^2<215\text{N/mm}^2$$

2) 腹板的局部稳定性：

因为 $80<h_0/t_w=71.8/0.8=89.75<170$，所以应配置相应的横向加劲肋，这里取加劲肋间距 $a=1000$mm，加劲肋宽 $b_s=90$mm，则 $t_s=b_s/15=6$mm。

计算跨中处，吊车梁腹板计算高度边缘的弯曲压应力为：

$$\sigma=\frac{Mh_c}{I}=\frac{398.73\times10^6\times(75-43.6-1.6)\times10}{163\times10^3\times10^4}=72.90\text{N/mm}^2$$

腹板的平均剪应力为：

$$\tau=\frac{308.24\times10^3}{71.8\times0.8\times10^2}=53.66\text{N/mm}^2$$

腹板边缘的局部压应力为：

$$\sigma_c=\frac{0.9\times173.46\times10^3}{8\times410}=47.60\text{N/mm}^2$$

A. 计算 σ_{cr}

$$\lambda_b=\frac{C_f h_c/t_w}{153}=\frac{1\times2(75-43.6-1.6)/0.8}{153}=0.487<0.85$$

$$C_f=\sqrt{\frac{235}{f_y}}=1\ \text{所以：}\sigma_{cr}=f=215\text{N/mm}^2$$

B. 计算 τ_{cr}

$$a/h_0=1000/718=1.393>1.0$$

$$\lambda_s=\frac{C_f h_c/t_w}{41\sqrt{5.34+4(h_0/a)^2}}=\frac{1\times71.8/0.8}{41\times\sqrt{5.34+4\times(71.8/100)^2}}=0.805>0.8$$

$$\tau_{cr}=[1-0.59(\lambda_s-0.8)]f_r=124.63\text{N/mm}^2$$

C. 计算 σ_{ccr}

$$a/h_0=1000/718=1.393>0.50$$

$$\lambda_c=\frac{C_f h_0/t_w}{28\sqrt{10.9+13.4(1.83-a/h_0)^3}}=\frac{1\times71.8/0.8}{428\sqrt{10.9+13.4\times(1.83-100/71.8)^3}}=0.925>0.9$$

所以：

$$\sigma_{ccr}=[1-0.79(\lambda_c-0.9)]f=211\text{N/mm}^2$$

跨中区格的局部稳定性按下式验算：

$$\left(\frac{\sigma}{\sigma_{cr}}\right)^2+\left(\frac{\tau}{\tau_{cr}}\right)^2+\frac{\sigma_c}{\sigma_{ccr}}\leqslant1$$

$$\left(\frac{72.90}{215}\right)^2+\left(\frac{53.66}{124.63}\right)^2+\frac{47.60}{211}=0.526<1$$

满足要求。

(7) 挠度计算

按一台吊车计算挠度，因一台轮距为4.05m，所以求一台吊车的最大弯矩只能是一个吊车轮压作用在梁上。

$$M_0=\frac{1}{4}P_{max}l\beta_w=\frac{1}{4}\times118\times6\times1.03=182.31\text{kN}\cdot\text{m}$$

则有：

$$v=\frac{M_0 l}{10EI_x}=\frac{182.31\times10^6\times6000^2}{10\times2.06\times10^5\times163\times10^3\times10^4}=1.95\text{mm}$$

$$\frac{v}{l}=\frac{1.95}{6000}=\frac{l}{3077}<[v]=\frac{l}{1000}$$

(8) 支座加劲肋计算：

取支座加劲肋为 2×110mm×10mm，支座构造如图 2-34 所示。

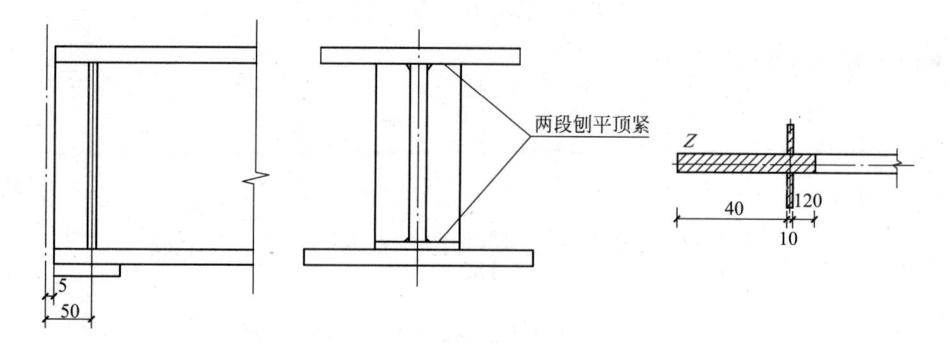

图 2-34　吊车梁支座构造简图

支座加劲肋的端面承压应力为：

$$\sigma_{ce}=\frac{R_{max}}{A_{ce}}=\frac{308.24\times10^3}{2(110-15)\times10}=162.23\text{N/mm}^2<f_{ce}=325\text{N/mm}^2$$

稳定计算：

$$A=(40+10+120)\times8+2\times110\times10=3560\text{mm}^2$$

$$I_z=\frac{1}{12}\times10\times(2\times110+8)^3+\frac{1}{12}\times(40+120)\times8^3$$

$$=9.88\times10^6\text{mm}^4$$

$$i_z=\sqrt{\frac{I_z}{A}}=\sqrt{\frac{9.88\times10^6}{3560}}=52.6\text{mm}$$

$$\lambda_z=\frac{h_0}{i_z}=\frac{718}{52.6}=13.6$$

属 b 类截面，查表得 $\varphi=0.985$，所以按照下列公式来计算支座加劲肋在腹板平面外的稳定性：

$$\sigma_{ce}=\frac{R_{max}}{\varphi A}=\frac{308.24\times10^3}{0.985\times3560}=87.90\text{N/mm}^2<215\text{N/mm}^2$$

(9) 焊缝计算

1) 上翼缘与腹板的连接焊缝：

$$h_f=\frac{1}{2\times0.7f_t^w}\sqrt{\left(\frac{VS_1}{I}\right)^2+\left(\frac{\psi P}{l_z}\right)^2}$$

$$=\frac{1}{2\times0.7\times160}\sqrt{\left(\frac{308.24\times10^3\times42\times1.6\times(75-43.6-0.8)\times10^3}{163\times10^3\times10^4}\right)^2+\left(\frac{1\times173.46\times1000}{410}\right)^2}$$

$$=2.57\text{mm}$$

取 $h_f=8$mm。

2) 下翼缘板与腹板的连接焊缝：

$$h_f=\frac{VS_1}{2\times0.7f_t^wI_x}=\frac{308.24\times25\times1.6\times(43.6-0.8)\times10^3}{2\times0.7\times160\times163\times10^7}=1.44\text{mm}$$

取 $h_f=6$mm。

3）支座加劲肋与腹板的连接焊缝：

设 $h_f=8\text{mm}$，则有：

$$h_f=\frac{R_{max}}{0.7n\cdot l_w f_t^w}=\frac{308.24\times10^3}{0.7\times4(71.8-2\times1.5-2\times0.8)\times160\times10}=1.02\text{mm}$$

取 $h_f=8\text{mm}$。

5．牛腿设计

牛腿钢材采用Q235B，采用E43系列焊条，手工焊。连接焊缝采用沿周边围焊，转角处连续施焊，没有起弧落弧所引起的焊口缺焊，且假定剪力仅由牛腿腹板焊缝承受。并对工字形翼缘端部绕转部分焊缝忽略不计。牛腿尺寸如图2-35所示。

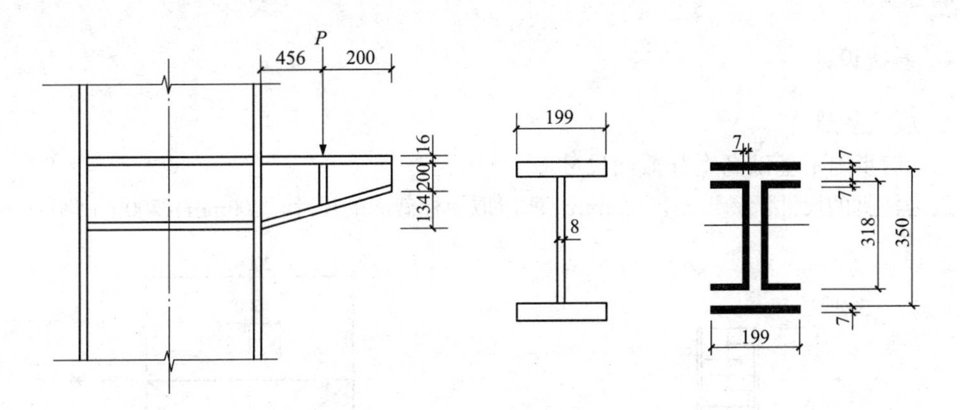

图2-35　牛腿焊接连接简图

内力值计算：

$$V=P=1.2P_D+D_{max}$$
$$=1.2\times(129.4\times6+43\times6)\times9.8/1000+308.24=320.40\text{kN}$$
$$M=V\cdot e=320.40\times0.456=146.10\text{kN}\cdot\text{m}$$

式中　P_D——吊车梁和轨道重。

(1) 焊缝特征：

取焊脚 $h_f=10\text{mm}$，$h_e=0.7h_f=7\text{mm}$，所以，腹板连接焊缝的有效截面面积为：

$$A_w=7\times318\times2=4452\text{mm}^2$$

全部焊缝对 x 轴的惯性矩为：

$$I_w=2\times7\times300\times178.5^2+4\times7\times(95.5-7)\times155.5^2+\frac{7\times318^3\times2}{12}$$
$$=2.31\times10^8\text{mm}^4$$

焊缝在最外边缘的抵抗矩为：

$$W_{w1}=2.31\times10^8/182=1.27\times10^6\text{mm}^3$$

焊缝在翼缘和腹板顶部连接处的抵抗矩为：

$$W_{w2}=2.31\times10^8/159=1.45\times10^6\text{mm}^3$$

(2) 强度验算

在偏心弯矩作用下角焊缝最大应力为：

$$\sigma_1^{M}=\frac{M}{W_{w1}}=\frac{146.10\times10^6}{1.27\times10^6}=115.04\text{N/mm}^2<\beta_f f_f^w=1.22\times160=195.2\text{N/mm}^2$$

牛腿翼缘和腹板交接处在弯矩引起的应力 σ_2^M 和剪力引起的应力 τ_2^V 同作用下的应力为：

$$\sigma_2^{M}=\frac{M}{W}=\frac{146.10\times10^6}{1.45\times10^6}=100.76\text{N/mm}^2$$

$$\tau_2^{V}=\frac{V}{A_w}=\frac{320.4\times10^3}{4452}=71.96\text{N/mm}^2$$

$$\sqrt{\left(\frac{\sigma_2^m}{\beta_f}\right)^2+(\tau_2^V)^2}=\sqrt{\left(\frac{100.76}{1.22}\right)^2+71.96^2}=109.54\text{N/mm}^2<f_f^w=160\text{N/mm}^2$$

满足要求。

2.2.4 基础设计

1. 边柱基础

(1) 初步确定基础高度和截面尺寸

因为柱脚的尺寸：594mm×500mm，所以取短柱截面的尺寸：600mm×500mm(图 2-36)。

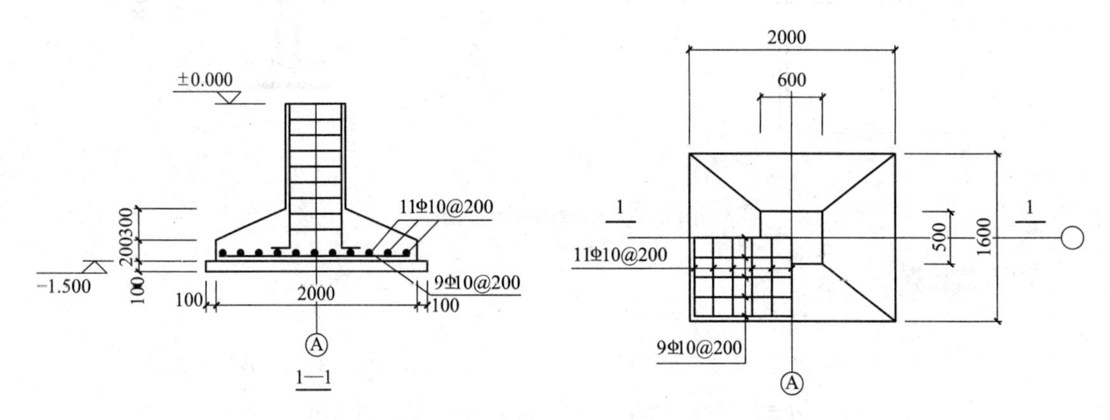

图 2-36 基础尺寸简图

(2) 确定基础底面尺寸

基础顶面以上土及基础容重：$\gamma_G=20\text{kN/m}^3$，选用强度等级为 C25 混凝土，$f_c=12.5\text{N/mm}^2$ $f_t=1.10\text{N/mm}^2$，钢筋强度设计值：$f_y=300\text{N/mm}^2$。

内力基本组合取值：$M=-49.83\text{kN}\cdot\text{m}$，$V=-31.87\text{kN}$，$F=-380.77\text{kN}$

内力标准组合取值：$M_k=-41.52\text{kN}\cdot\text{m}$，$V_k=-24.76\text{kN}$，$F_k=-294.48\text{kN}$

地基承载力设计值：按照《建筑地基基础设计规范》GB 50007—2011 计算公式(5.2.4)计算地基承载力设计值：

$$f_a=f_{ak}+\eta_b\gamma(b-3)+\eta_d\gamma_m(d-0.5)$$

上式中：$f_{ak}=240\text{kPa}$，$\eta_b=0.30$，$\eta_d=1.50$，$\gamma_m=\frac{16\times0.5+18+1}{1.5}=17.3\text{kN/m}^3$

$\gamma=18\text{kN/m}^3$，$b=1.6\text{m}$，$d=1.5\text{m}$。

因为 $b<3\text{m}$，所以取 $b=3\text{m}$。

$$f_a=240+0.3\times18\times(3-3)+1.5\times17.3\times(1.5-0.5)=265.95\text{kPa}$$

$$A \geqslant \frac{N_k}{f_a-\gamma_m d}=\frac{294.48}{265.95-17.3\times 1.5}=1.227\text{m}^2$$

按其增大 20%～40%，初步选定底面尺寸为 $b=2000\text{mm}$，$l=1600\text{mm}$，$A=3.20\text{m}^2>1.227\text{m}^2$。

$$W=\frac{lb^2}{6}=\frac{1.6\times 2^2}{6}=1.07\text{m}^3$$

$$G=\gamma_G bld=20\times 2\times 1.6\times 1.5=96\text{kN}$$

(3) 基础底边缘的最大和最小压力计算

$$p_{kmax}=\frac{F_k+G_k}{A}+\frac{M_k+V_K h}{W}=\frac{294.48+96}{3.2}+\frac{41.52+24.76\times 1.5}{1.07}=195.54\text{kN/m}^2$$

$$p_{kmin}=\frac{F_k+G_k}{A}-\frac{M_k+V_K h}{W}=\frac{294.48+96}{3.2}-\frac{41.52+24.76\times 1.5}{1.07}=48.51\text{kN/m}^2$$

(4) 荷载偏心距验算

偏心距为：

$$e=\frac{M_k+V_k h}{F_k+G_k}=\frac{41.52+24.76\times 1.5}{294.48+96}=0.20\text{m}<2/6=0.333\text{m}$$

(5) 地基承载力验算

当轴心荷载作用时：

$$P_k=(F_k+G_k)/A=(294.48+96)/3.2=122.03\text{kN/m}^2<f=257.3\text{kPa}$$

当偏心荷载作用时：

$$P_{max}=195.54\text{kPa}<1.2f_a=1.2\times 257.3=308.76\text{kPa}$$

所以由上满足地基承载力要求。

(6) 抗冲切验算

按冲切承载力验算公式：

$$F_l \leqslant 0.7\beta_{hp} f_t a_m h_0$$

上式中：$F_l=P_j A_l$，$\beta_{hp}=1.0$，$a_m=(a_t+a_b)/2$

计算地基净反力为：

$$P_{jmax}=\frac{F}{bl}+\frac{M+Vh}{W}=\frac{380.77}{1.6\times 2}+\frac{49.83+31.87\times 1.5}{1.07}=210.24\text{kPa}$$

$$P_{jmin}=\frac{F}{bl}-\frac{M+Vh}{W}=\frac{380.77}{1.6\times 2}-\frac{19.83+31.87\times 1.5}{1.07}=27.74\text{kPa}$$

$a=500\text{mm}$，$h_0=h-a_s=500-45=455\text{mm}$，$a_m=a+h_0=500+455=955\text{mm}$

$l=1600\text{mm}>a+2h_0=500+2\times 455=1410\text{mm}$

$$A_l=\left(\frac{b}{2}-\frac{b_t}{2}-h_0\right)l-\left(\frac{l}{2}-\frac{a}{2}-h_0\right)^2=\left(\frac{2000}{2}-\frac{600}{2}-455\right)\times 1600-\left(\frac{1600}{2}-\frac{500}{2}-455\right)^2$$

$$=382975\text{mm}^2$$

$$F_l=P_{jmax}A_l=210.24\times 0.382975=80.52\text{kN}$$

$0.7\beta_{hp} f_t a_m h_0=0.7\times 1.0\times 1.10\times 0.955\times 0.455\times 10^3=334.58\text{kN}>F_l=80.52\text{kN}$

满足要求。

(7) 基础底板配筋计算

1) 弯矩计算

$$P_{j\max}=210.24\text{kN};\quad P_{j\min}=27.74\text{kN};$$

$$P_{jI}=P_{\min}+(P_{\max}-P_{\min})\frac{b+h}{2b}=27.74+(210.24-27.74)\times\frac{2000+600}{2\times2000}=146.37\text{kPa}$$

$$M_I=\frac{1}{24}\left(\frac{p_{j,\max}+p_{j,I}}{2}\right)(b-h)^2(2l+a)$$

$$=\frac{1}{24}\left(\frac{210.24+146.37}{2}\right)\times(2.0-0.60)^2\times(2\times1.6+0.50)=53.88\text{kN}\cdot\text{m}$$

$$M_{\text{II}}=\frac{1}{24}\left(\frac{p_{j,\max}+p_{j\min}}{2}\right)(l-a)^2(2b+h)$$

$$=\frac{1}{24}\left(\frac{210.24+27.74}{2}\right)\times(1.6-0.5)^2\times(2\times2+0.6)=27.60\text{kN}\cdot\text{m}$$

2) 基础底板配筋计算：

沿长边方向的受拉钢筋截面面积可近似按下式计算：

$$A_{s\text{I}}=\frac{M_\text{I}}{0.9f_yh_0}=\frac{53.88\times10^6}{0.9\times300\times455}=438.58\text{mm}^2$$

配 11Φ10@200，$A_s=863.5\text{mm}^2$。

沿短边方向的受拉钢筋截面面积可近似按下式计算：

$$A_{s\text{I}i}=\frac{M_{\text{II}}}{0.9f_y(h_0-d)}=\frac{27.60\times10^6}{0.9\times300\times(455-10)}=229.71\text{mm}^2$$

配 9Φ10@200，$A_s=706.5\text{mm}^2$。

2. 中柱基础

(1) 初步确定基础高度和截面尺寸

取短柱截面的尺寸为：600mm×700mm。详见图 2-37。

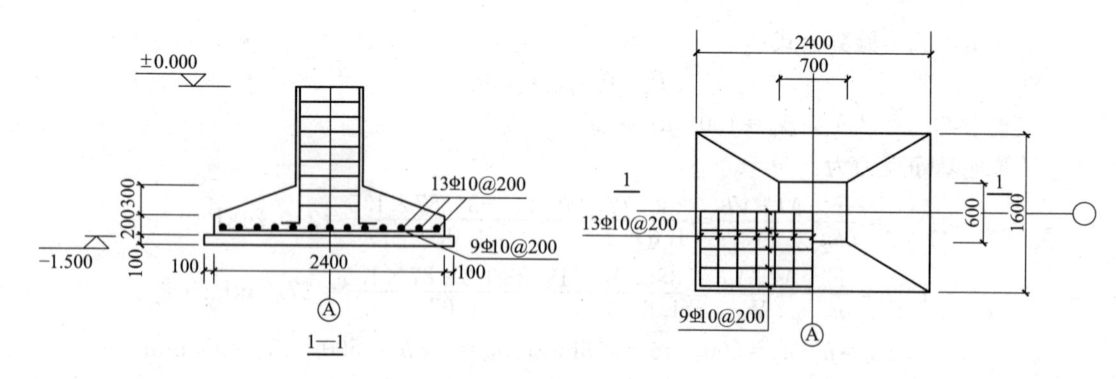

图 2-37　基础尺寸简图

(2) 确定基础底面尺寸

基础顶面以上土及基础容重：$\gamma_G=20\text{kN/m}^3$。选用强度等级为 C25 混凝土，基础混凝土的容重 $\gamma_c=25.0\text{kN/m}^3$，$f_c=12.5\text{N/mm}^2$，$f_t=1.10\text{N/mm}^2$，钢筋强度设计值：$f_y=300\text{N/mm}^2$。

内力基本组合取值：$M=-78.61\text{kN}\cdot\text{m}$，$V=-15.82\text{kN}$，$F=-793.06\text{kN}$

内力标准组合取值：$M_k=-56.15\text{kN}\cdot\text{m}$，$V_k=-11.30\text{kN}$，$F_k=-608.34\text{kN}$

地基承载力设计值：

按照《建筑地基基础设计规范》GB 50007—2011 计算公式(5.2.4)计算地基承载力设计值：

$$f_a=f_{ak}+\eta_b\gamma(b-3)+\eta_d\gamma_m(d-0.5)$$

上式中：$f_{ak}=240\text{kPa}$，$\eta_b=0.30$，$\eta_d=1.50$，$\gamma=18\text{kN/m}^3$

$$\gamma_m=\frac{16\times0.5+18+1}{1.5}=17.3\text{kN/m}^3,\ b=1.6\text{m},\ d=1.5\text{m}$$

因为 $b<3\text{m}$，所以取 $b=3\text{m}$。

$$f_a=240+0.3\times18\times(3-3)+1.5\times17.3\times(1.5-0.5)=265.95\text{kPa}$$

$$A\geqslant\frac{N_k}{f_a-\gamma_m d'}=\frac{608.34}{265.95-20\times1.5}=2.58\text{m}^2$$

按其增大 20%～40%，初步选定底面尺寸为 $b=2400\text{mm}$，$l=1600\text{mm}$，$A=3.84\text{m}^2>2.58\text{m}^2$。

$$W=\frac{lb^2}{6}=\frac{1.6\times2.4^2}{6}=1.536\text{m}^3$$

$$G=\gamma_G bld=20\times1.6\times2.4\times1.5=115.2\text{kN}$$

(3) 基础底边缘的最大和最小压力计算

$$p_{kmax}=\frac{F_k+G_k}{A}+\frac{M_k+V_Kh}{W}=\frac{608.34+115.2}{3.84}+\frac{56.15+11.3\times1.5}{1.536}=236.01\text{kN/m}^2$$

$$p_{kmin}=\frac{F_k+G_k}{A}-\frac{M_k+V_Kh}{W}=\frac{608.34+115.2}{3.84}-\frac{56.15+11.3\times1.5}{1.536}=140.83\text{kN/m}^2$$

(4) 荷载偏心距验算

偏心距为：

$$e=\frac{M_k+V_kh}{F_k+G_k}=\frac{56.15+11.3\times1.5}{608.34+115.2}=0.10\text{m}<b/6=0.4\text{m}$$

(5) 地基承载力验算

当轴心荷载作用时：

$$P_k=(F_k+G_k)/A=(608.34+115.2)/3.84=188.42\text{kN/m}^2<f=257.3\text{kPa}$$

当偏心荷载作用时：

$$P_{max}=236.01\text{kPa}<1.2f_a=1.2\times257.3=308.76\text{kPa}$$

地基承载力满足要求。

(6) 抗冲切验算：

按冲切承载力验算公式：

$$F_l\leqslant0.7\beta_{hp}f_ta_mh_0$$

上式中：$F_l=P_jA_l$，$\beta_{hp}=1.0$，$a_m=(a_t+a_b)/2$

计算地基净反力为：

$$P_{jmax}=\frac{F}{bl}+\frac{M+Vh}{W}=\frac{793.06}{1.6\times2.4}+\frac{78.61+15.82\times1.5}{1.536}=273.15\text{kPa}$$

$$P_{jmin}=\frac{F}{bl}-\frac{M+Vh}{W}=\frac{793.06}{1.6\times2.4}-\frac{78.61+15.82\times1.5}{1.536}=139.90\text{kPa}$$

$$a=600\text{mm},\quad h_0=h-a_s=500-45=455\text{mm}$$

$$l=1600\text{mm}>a+2h_0=600+2\times455=1510\text{mm}$$

$$a_m=a+h_0=600+455=1055\text{mm}$$

$$A_l=\left(\frac{b}{2}-\frac{b_t}{2}-h_0\right)l-\left(\frac{l}{2}-\frac{a}{2}-h_0\right)^2=\left(\frac{2400}{2}-\frac{700}{2}-455\right)\times1600-\left(\frac{1600}{2}-\frac{600}{2}-455\right)^2$$

$$=629975\text{mm}^2$$

$$F_l=P_{j\max}A_l=273.15\times0.629975=172.08\text{kN}$$

$$0.7\beta_{hp}f_t a_m h_0=0.7\times1.0\times1.10\times1.055\times0.455\times10^3=369.62\text{kN}>F_l=172.08\text{kN}$$

满足要求。

（7）基础底板配筋计算

1）弯矩计算

$$P_{j\max}=273.15\text{kN};\quad P_{j\min}=139.90\text{kN};$$

$$P_{j\text{I}}=P_{\min}+(P_{\max}-P_{\min})\frac{b+h}{2b}=139.90+(273.15-139.90)\times\frac{2400+700}{2\times2400}=225.89\text{kPa}$$

$$M_\text{I}=\frac{1}{24}\left(\frac{p_{j,\max}+p_{j,\text{I}}}{2}\right)(b-h)^2(2l+a)$$

$$=\frac{1}{24}\left(\frac{273.15+225.89}{2}\right)\times(2.4-0.70)^2\times(2\times1.6+0.60)=114.18\text{kN}\cdot\text{m}$$

$$M_\text{II}=\frac{1}{24}\left(\frac{p_{j,\max}+p_{j\min}}{2}\right)(l-a)^2(2b+h)$$

$$=\frac{1}{24}\left(\frac{273.15+139.9}{2}\right)\times(1.6-0.6)^2\times(2\times2.4+0.7)=47.33\text{kN}\cdot\text{m}$$

2）基础底板配筋计算：

沿长边方向的受拉钢筋截面面积可近似按下式计算：

$$A_{s\text{I}}=\frac{M_\text{I}}{0.9f_y h_0}=\frac{114.18\times10^6}{0.9\times300\times455}=929.43\text{mm}^2$$

配 13Φ10@200，$A_s=1020.5\text{mm}^2$。

沿短边方向的受拉钢筋截面面积可近似按下式计算：

$$A_{s\text{II}}=\frac{M_\text{II}}{0.9f_y(h_0-d)}=\frac{47.33\times10^6}{0.9\times300\times(455-10)}=393.92\text{mm}^2$$

配 9Φ10@200，$A_s=706.5\text{mm}^2$。

第 3 章　多层钢框架结构设计

多层钢框架结构主要适用于不超过 12 层或高度不超过 40m 的钢结构民用房屋(如办公楼、商场、旅馆及住宅等)及单跨、多跨的多层钢结构厂房(如矿井地面建筑、石油焦化结构、电子工业及机械工业厂房)。

3.1　多层钢框架结构设计要点及步骤

3.1.1　结构体系的选用

多层钢结构体系主要包括纯框架体系、框架-支撑体系、框架-剪力墙体系。一般来说，框架-支撑体系、框架-剪力墙体系抗侧能力强于纯框架体系。在选择结构体系时，首先要考虑房屋荷载，尤其是风荷载和地震作用。随着房屋高度的增加和抗震设防等级的提高，需要的抗侧刚度也随之增大。对于层数不多，设防等级不高的房屋，应先采用框架体系。设防等级较高时，宜优先考虑框架-支撑体系。其次，要考虑房屋的尺寸和形状，包括平面形状、立面要求、房屋高度和高宽比等。建筑平面简单规则时，风荷载体型系数较小，水平荷载作用下也不易发生扭转振动，需要的抗侧刚度就低。如果立面不规则，如立面有突变或结构存在薄弱层，则结构刚度存在突变，不利于抗震，需要调整对应层的抗侧刚度，此时往往采用混合结构体系。当房屋高宽比增大时，倾覆力矩作用下结构侧移增大，也需要较大的抗侧刚度。再者，还应考虑房屋材料、工程造价、施工条件等。

1. 纯框架体系

纯框架结构体系一般由同一平面内的水平横梁和竖直柱以刚性或半刚性节点连接在一起的连续矩形网格组成，如图 3-1 所示。中、低层民用钢结构房屋多采用空间框架结构体系，即沿房屋的横向(图 3-1*b*)和纵向(图 3-1*c*)均采用刚接钢框架作为主要承重构件和抗侧力构件，也可采用平面框架体系，但必须注意加强各榀框架之间的连接与支撑。

纯框架结构的主要优点是平面布置灵活，刚度分布较均匀，延性较大，自振周期较长，对地震作用不敏感。由于侧向刚度比较小，一般不超过 30 层时比较经济。

纯框架结构的抗侧刚度小，侧向位移大，容易引起非结构构件的破坏。在水平荷载作用下，钢框架因截面尺寸小，侧移值较大，其上的竖向荷载作用于几何形状发生显著变化的结构上，产生 P-Δ 效应。P-Δ 效应的大小，主要取决于房屋的总层数、柱的轴压比和杆件的长细比。

2. 框架-支撑结构体系

当纯框架体系在风荷载或地震作用等水平作用下的侧移不符合要求时，可考虑在框架中沿竖向设置支撑，即框架-支撑体系。支撑杆件与框架梁、柱铰接形成抗剪桁架结构，在整个体系中起着剪力墙的作用，承担大部分水平侧力。

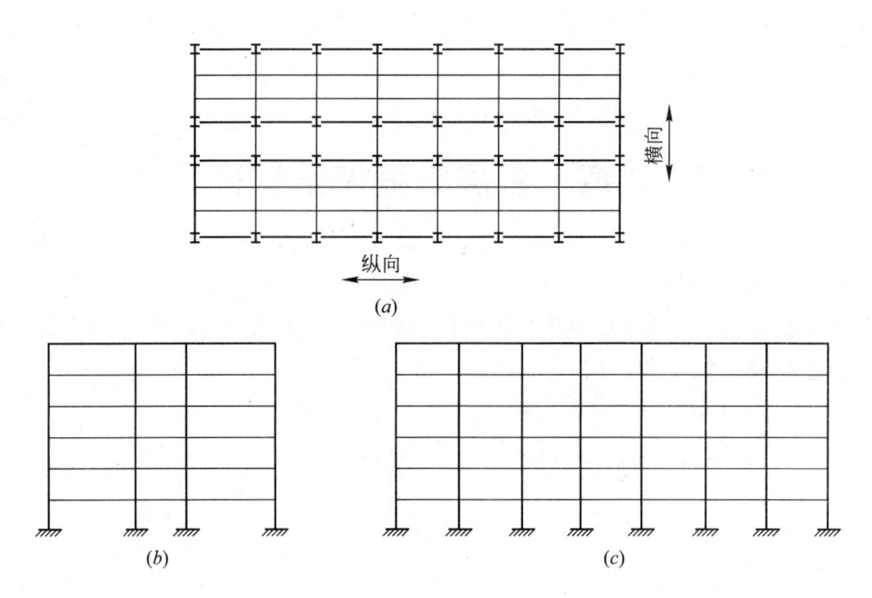

图 3-1　纯框架结构体系
(a)结构平面图；(b)横向刚接框架；(c)纵向刚接框架

支撑沿房屋的两个方向布置，以抵抗两个方向的侧向力。由于支撑占据空间的影响，在内部设置支撑时，应尽量将其与永久墙体结合。支撑在平面上一般布置在核心区周围；在矩形平面建筑中则规则布置在结构的短边框架平面内。

从竖向布置来看，支撑一般沿同一竖向柱距内连续布置，这能使抗震建筑较好地满足关于层间刚度变化均匀的要求。

根据支撑杆件在框架梁、柱间布置的形式不同，分为中心支撑和偏心支撑两种。一般而言，地震区不超过 12 层的房屋，可采用中心支撑；超过 12 层的房屋，8、9 度时宜采用偏心支撑等耗能支撑，但顶层可采用中心支撑。

在框架-支撑体系中，框架是剪切型构件，底部层间位移大；支撑桁架为弯曲型构件，底部层间位移小，两者并联，可以明显减小建筑物下层的层间位移。

3.1.2　结构布置

1. 平面布置

建筑平面宜简单、规则、对称，并具有良好的完整性。建筑的开间、进深宜统一，使结构构件、隔墙、楼盖等均可形成有规则的标准尺寸。进行结构布置时，应结合建筑的平、立面形状，将抗侧力构件沿房屋纵、横主轴方向布置，尽量做到“分散、均匀、对称”，使结构各层的抗侧力中心与水平作用力合力的中心重合或接近，以避免或减小扭转振动。当建筑平面不规则时，需要在抗震计算和构造方面采取相应的措施。

柱网形式根据建筑使用功能确定，有矩形、方形、圆形、梯形、三角形以及不规则柱网等多种。柱网尺寸一般根据建筑要求、荷载大小、钢梁经济跨度及结构受力特点等确定，使结构成为布置有序、承载可靠的工作体系，并与楼梯等有特殊功能的隔间相配合，一般柱距宜控制在 6～9m 范围内。当柱网确定后，梁格可自然按柱网分格来布置，框架主梁应按框架方向布置于框架柱间，与柱刚接或半刚接。就工字钢而言，主梁的经济跨度为 6～12m。主梁间按楼板或承载要求设置次梁，当为压型钢板组合楼板时，其经济跨度为 3～4m。

多层钢结构建筑物的最大伸缩区段长度一般可在 150m 左右，若外墙为连续墙，区段长度可取 60～90m。

2. 立面布置

建筑立面和竖向剖面宜规则，结构的侧向刚度宜均匀变化，竖向抗侧力构件的截面尺寸和材料强度宜自下而上逐步减小，避免抗侧力结构的侧向刚度和承载力突变。立面布置时应使柱沿建筑物全高贯通而不致中途切断，避免出现悬空柱和高度不一致的错层。

在同一多层建筑物中，若高度相差较多或重量相差较大，为了避免不均匀沉降的影响，可自上而下设置沉降缝(兼作防震缝)来分隔建筑物。当房屋纵向高低相差较大或刚度相差较大时，宜设防震缝将其分隔为两个结构单元，房屋横向高差较大时，宜设置传递水平力的体系。

强风地区的小高层建筑宜采用有利于减小风荷载的立面造型，如无棱角的流线形、沿高度均匀变化的简单几何图形，如上小下大的三角形或梯形，同时还可以降低质心，减小地震倾覆力矩。

3. 抗侧力体系的布置

对于框架-支撑结构体系，垂直支撑宜沿房屋高度方向连续布置。如果无法连续贯通时，应移到相邻柱间，此时为了更可靠地传力，下部支撑与上部支撑至少搭接一层(如图 3-2)。

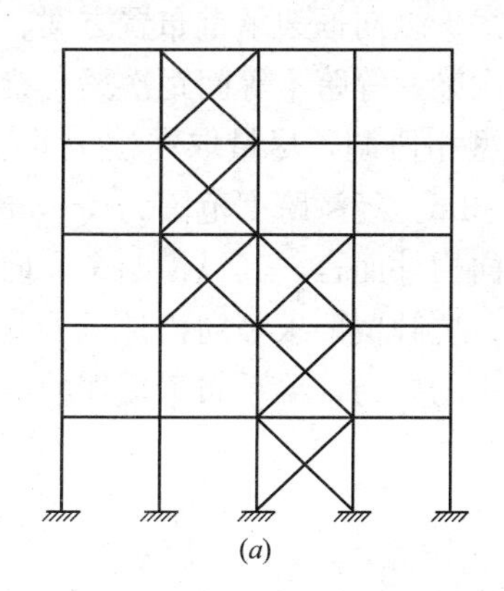
(a)

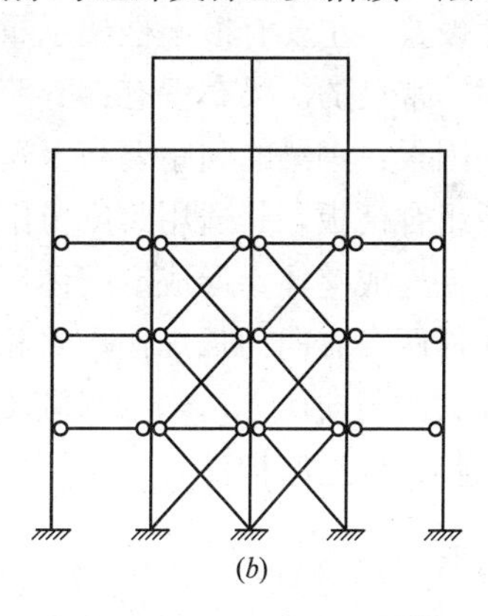
(b)

图 3-2　垂直支撑的立面布置

(a)错位贯通垂直支撑；(b)非贯通垂直支撑

柱网平面为方形或接近方形时，柱间垂直支撑可布置在四角及其中间部分，如图 3-3(a)所示，以避免结构刚度中心的偏移。当柱网为狭长时，宜在横向的两端及中间布置支撑，纵向宜布置在柱网中部如图 3-3(b)所示，纵向宜布置在柱网中部，以避免在纵向端部布置而限制温度变形。支撑之间楼盖长宽比不宜大于 3，不满足要求时，需增设支撑。

当房屋设有地下室时，框架-支撑结构中竖向连续布置的支撑体系应延伸至基础，框架柱应至少延伸至地下一层。

垂直支撑为中心支撑时，优先选用交叉支撑，并布置在荷载较大的柱间。

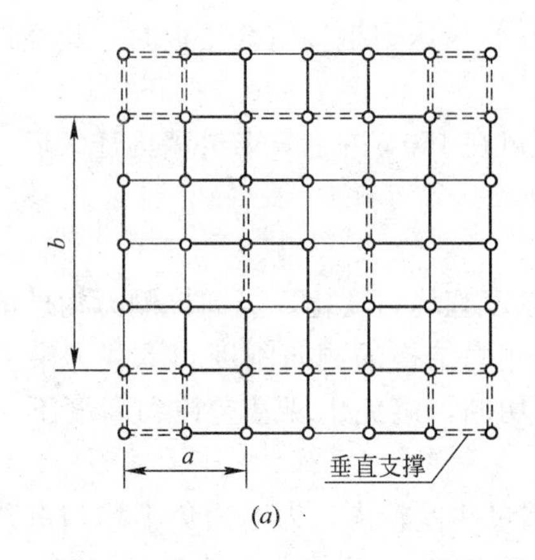

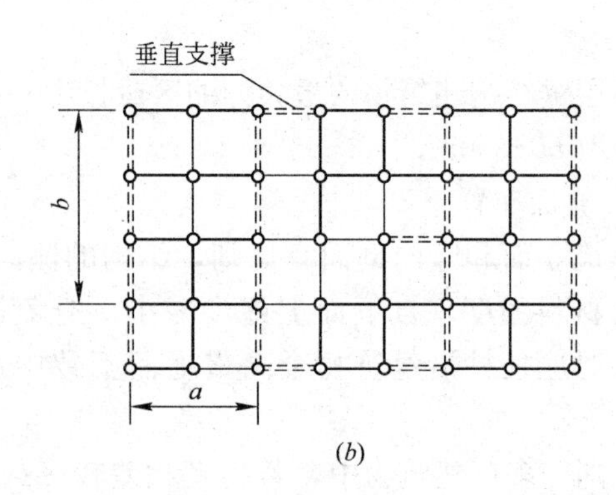

图 3-3 柱网及垂直支撑平面布置

4. 楼盖布置

多层钢结构楼盖结构包括楼板和梁系，楼板和梁系的连接不仅仅起固定作用，还要可靠地传递水平剪力。楼板常用做法有：现浇钢筋混凝土楼板、带压型钢板的混凝土组合楼板、叠合板上有现浇层的钢筋混凝土楼板、装配式楼板等，目前常用的是压型钢板组合楼板。楼盖结构的方案选择除了要遵循满足建筑设计要求、较小自重以及便于施工等一般性原则外，还要有足够的整体刚度、保证楼板与钢梁有可靠的连接。梁系由主梁和次梁组成。结构体系包含框架时，一般以框架梁为主梁，次梁以主梁为支承，间距小于主梁。主梁通常等间距设置，主要有横向框架承重布置方案、纵向框架承重布置方案、纵横向框架承重布置方案。常见的次梁布置有：等跨等间距次梁、等跨不等间距次梁。梁系布置还要考虑以下一些因素：钢梁的间距要与上覆楼盖类型相协调，尽量取在楼板的经济跨度内。对于压型钢板组合楼板，其适用跨度范围为 1.5～3m，经济跨度范围为 2～3m；钢梁宜将竖向抗侧力构件连成整体，形成空间体系；就竖向构件而言，其纵横两个方向均应有梁与之相连，以保证两个方向的长细比不致相差悬殊；抗倾覆要求竖向构件，尤其是外层竖向构件应具有较大的竖向压力，来抵消倾覆力矩产生的拉力。梁系布置应能使尽量多的楼面重力荷载份额传递到这些构件。

3.1.3 截面预估

多层结构一般是多次超静定结构，结构中的内力分布不仅与结构所承担的荷载大小及形式有关，还与构件的刚度有关。因此，结构布置结束后，需对构件截面作初步估算，主要是梁柱和支撑等的截面形状与尺寸的假定。根据估算的截面尺寸求出结构内力，再对结构进行强度和稳定性验算。如果估算的截面尺寸不能满足受力要求，则需要选择截面尺寸并重新计算内力。

钢梁可选择槽钢、轧制或焊接 H 型钢等截面。根据荷载、跨度与支座情况，其截面高度应考虑建筑高度、刚度条件和经济条件，通常在跨度的 1/20～1/12 之间选择。翼缘宽度根据梁间侧向支撑的间距按梁高的 1/6～1/2 确定时，可回避钢梁的整体稳定的复杂计算。确定了截面高度和翼缘宽度后，其板件厚度可按规范中局部稳定的构造规定预估。

钢框架柱通常采用实腹式截面形式，主要有轧制或焊接 H 型钢截面、箱型截面、钢管截面等。在确定框架柱截面形式，并确定了其长细比之后，可根据内力分析结构，参考已有类似设计并做必要的估算。当没有类似设计可以参考时，可采用如下方法估算：将框架柱中粗略分析得到的轴力放大 1.2 倍，然后按轴心受压柱来估算截面，即如果 1.2N≤1500kN，取 $\lambda=80\sim100$；如果 3000kN≤1.2N≤3500kN，可假定 $\lambda=60\sim70$。确定了柱的长细比后，按两个主轴方向等稳定原则确定计算长度、截面面积及回转半径，根据轴心受压、双向受弯或单向受弯的不同，可选择钢管或 H 型钢等截面。

支撑构件的初始截面可以通过满足其长细比限值来实现。

确定构件截面尺寸时，还应考虑到板件宽(高)厚比来实现。

3.1.4 荷载及荷载组合

1. 荷载

(1) 永久荷载

永久荷载包括建筑物自重、楼(屋)盖上工艺设备荷载等。永久荷载分项系数根据不同效应组合，按《建筑结构荷载规范》GB 50009—2012 规定取不同值。

(2) 可变荷载

1) 楼面均布活荷载

楼面均布活荷载标准值按《建筑结构荷载规范》GB 50009—2012 规定取值。其分项系数一般取 1.4，但对标准值大于 $4kN/m^2$ 的工业房屋楼面结构的活荷载应取 1.3。当楼面活荷载面积超过一定的数值，则应在进行楼面梁、墙、柱、基础设计时，对楼面活荷载进行折减。

2) 屋面活荷载

对不同类别的屋面，其水平投影上的均布活荷载标准值按《建筑结构荷载规范》GB 50009—2012 规定取值，且不应与雪荷载同时考虑。

3) 积灰荷载

对于生产中有大量排灰的厂房及其邻近建筑，当具有一定除尘设施和保证清灰制度的各类厂房屋面，其水平投影面上的屋面积灰荷载，可按《建筑结构荷载规范》GB 50009—2012 规定取值。

4) 雪荷载

屋面水平投影面上的雪荷载，可按《建筑结构荷载规范》GB 50009—2012 规定取值。

5) 风荷载

作用在多层框架结构围护墙面上的风荷载标准值，可按《建筑结构荷载规范》GB 50009—2012 规定取值。

(3) 地震作用

1) 水平地震作用

水平地震作用下，结构抗震计算方法有底部剪力法、振型分解反应谱法及时程分析法。其中底部剪力法适用于高度不超过 40m、以剪切变形为主且质量和刚度沿高度分布均匀的结构，此法公式简单，适合手算。

2) 竖向地震作用

8、9度时大跨度桁架、长悬臂以及托柱梁等结构，需考虑竖向地震作用。

2. 荷载组合

多层框架设计时，采用按荷载类别分别计算其所产生的荷载效应，即结构构件的内力和位移，然后进行组合，求得其最不利效应，依次进行设计。

（1）承载能力极限状态

按承载能力极限状态设计钢结构时，应考虑荷载效应的基本组合，必要时尚应考虑荷载效应的偶然组合。

1）无震组合

A. 由可变荷载效应控制的组合

$$\gamma_0 S_d = \gamma_0 \left(\sum_{j=1}^{m} \gamma_{G_j} S_{G_j k} + \gamma_{Q_1} \gamma_{L_1} S_{Q_1 k} + \sum_{i=2}^{n} \gamma_{Q_i} \gamma_{L_i} \psi_{c_i} S_{Q_i k} \right) \leqslant R_d \tag{3-1}$$

B. 由永久荷载效应控制的组合

$$\gamma_0 S_d = \gamma_0 \left(\sum_{j=1}^{m} \gamma_{G_j} S_{G_j K} + \sum_{i=1}^{n} \gamma_{Qi} \gamma_{L_i} \psi_{ci} S_{QiK} \right) \leqslant R_d \tag{3-2}$$

相关符号含义及取值见《建筑结构荷载规范》GB 50009—2012。

2）有震组合

多层钢结构的地震作用效应和其他荷载效应的基本组合，按下式计算：

$$S = \gamma_G S_{GE} + \gamma_{Eh} S_{EhK} + \gamma_{EV} S_{EvK} \leqslant R_d / \gamma_{RE} \tag{3-3}$$

相关符号含义及取值见《建筑抗震设计规范》GB 50011—2010。

（2）正常使用极限状态

对于正常使用极限状态，应根据不同的要求，采用荷载的标准组合、频遇组合或准永久组合。钢结构的正常使用极限状态一般仅考虑荷载效应的标准组合，但对于钢与混凝土组合梁，尚应考虑准永久组合。

1）标准组合

$$S_d = \sum_{j=1}^{m} S_{G_j K} + S_{Q_1 K} + \sum_{i=2}^{n} \psi_{ci} S_{Q_i k} \leqslant C \tag{3-4}$$

2）准永久组合

$$S_d = \sum_{j=1}^{m} S_{G_j K} + \sum_{i=1}^{n} \psi_{q_i} S_{Q_i k} \leqslant C \tag{3-5}$$

相关参数含义及取值见《建筑结构荷载规范》GB 50009—2012。

3.1.5 结构分析

1. 结构分析原则

（1）结构的计算模型和基本假定应尽量与构件连接的实际性能相符合。框架结构中，梁与柱的刚性连接应符合受力过程中梁柱夹角不变的假定，同时连接应具有充分的承受交汇构件端部所传递的所有最不利内力。梁与柱铰接时，应使连接具有充分的转动能力，且能有效地传递剪力和轴力。采用半刚性连接时，必须事先确定连接的弯矩-转角关系。

(2) 多层钢结构的内力一般按静力学方法进行弹性分析，并考虑各种抗侧力结构的协同工作，且构件截面允许有塑性变形的发展。对于不直接承受动力荷载的固端梁、连续梁以及由实腹式构件组成的单层和两层框架，可以采用塑性分析。当有抗震设防要求时，应考虑在罕遇烈度的地震作用下结构可能进入弹塑性状态，此时应采用弹塑性方法计算。

(3) 多层钢框架的结构分析，应根据其抗侧力体系的类型分别按不同方法进行计算。对纯框架体系，应根据《钢结构设计规范》GB 50017—2003 的规定采用一阶弹性或二阶弹性进行计算。对于框架-支撑体系，应确定其支撑体系属于强支撑体系还是弱支撑体系，然后按不同方法进行计算。

(4) 抗震设防的结构，除进行多遇地震作用下的弹性效应计算外，对甲类建筑和 9 度设防的乙类建筑的钢结构，尚应计算结构在罕遇地震作用下进入弹塑性状态的变形。

(5) 钢框架结构通常采用现浇组合楼盖。因此，在进行内力和位移计算时，采取能保证楼面整体刚度的构造措施(如设梁板抗剪键、非刚性楼面加铺整浇层等)后，可假定楼面在其自身平面内为绝对刚性。当不能保证楼板的整体刚性时，应采用楼板平面内的实际刚度计算。

(6) 在框架梁上采用压型钢板组合楼板的结构，在进行框架弹性分析时，梁截面特性中应计入混凝土楼板的协同作用：钢梁两侧有楼板时取 $1.5I_b$，仅一侧有楼板时取 $1.2I_b$，I_b为钢梁的惯性矩。在塑性分析阶段，因混凝土可能已经开裂，不应再考虑共同工作。

2. 提取计算模型，确定计算简图

一般情况下，多层建筑钢结构是一个空间的受力体系，应建立空间模型，采用有限单元法进行计算。如果结构比较规则，且楼板的平面内刚度近似为无穷大，在水平力作用下结构的扭转效应很小，为了简化计算，可以不考虑纵向构件和横向构件的共同作用，提取平面结构进行计算。如图 3-4(*b*)所示即从图 3-4(*a*)中的阴影部分提取的一个横向框架单元和纵向框架单元的空间关系，图 3-4(*c*)和图 3-4(*d*)分别为纵向框架和横向框架的简图。

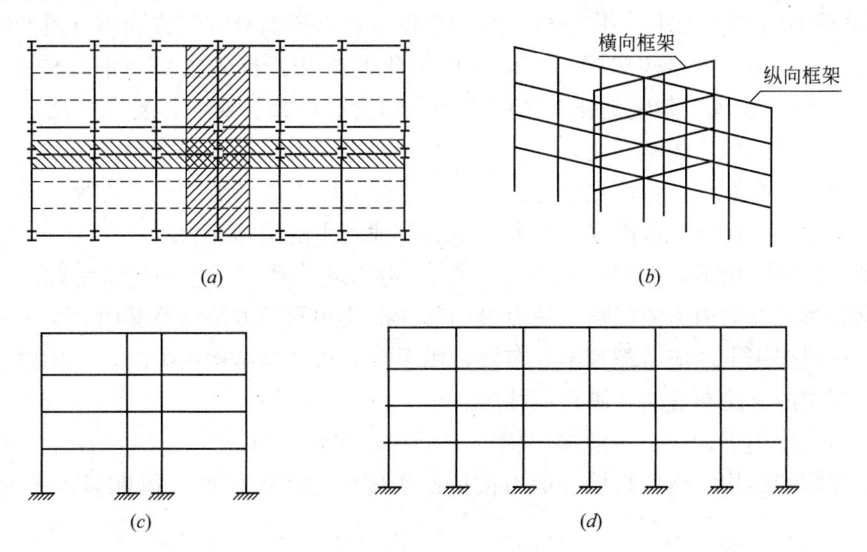

图 3-4　平面计算单元的提取

(*a*)平面图；(*b*)框架单元；(*c*)横向框架；(*d*)纵向框架

对于平面结构计算模型，各类荷载作用的计算均以一榀框架来考虑，一般取该榀框架与相邻框架中线间的范围作为该荷载的统计范围，这一范围内的所有荷载将由该榀框架承担。

确定计算简图时，各个构件均用单线表示，竖直线条代表各柱构件的形心轴。柱高可取楼面板顶标高的距离，底层柱高可以取基础顶面至二层标高处，顶层柱高度则取顶层楼面顶板至屋面板顶的距离。

对于手算方法，尚需确定框架梁、柱线刚度及梁、柱计算长度。

对于空间结构计算模型，一般均采用专业的设计软件进行计算，因此作用的统计和计算可由计算机自动完成。只要正确建立结构的几何模型，并按软件的提示输入相应的荷载计算参数，计算机将会按预先设定好的程序，自动将荷载导算到结构杆件单元上，进一步进行有限元计算。

3. 内力计算

在对多层建筑钢结构进行静、动力分析时，一般都借助于计算机并采用有限元法来完成，计算速度快且精度较高。对于层数不多且可以简化成平面结构模型的框架结构体系，也可以采用手工计算方法来完成，主要方法如下：

对纯框架结构，计算竖向地震作用下框架内力的简化方法有：力矩分配法、分层法、迭代法；计算水平荷载作用下框架内力的简化方法有：反弯点法、改进的反弯点法（D 值法）、迭代法、门架法以及无剪力分配法等。

对双重抗侧力结构体系，如框架-支撑体系、框架-剪力墙体系，在水平荷载作用下，可将同一方向所有框架合并为总框架，所有支撑（或剪力墙）合并为总支撑（或剪力墙），然后在每一层楼盖处设置一根刚性水平链杆，将总框架与总支撑（或剪力墙）连接，形成框架-支撑并联计算模型或框架-剪力墙并联计算模型，然后按协同工作进行内力和位移计算。为准确计算框架-支撑（剪力墙）在水平荷载作用下的内力和变形，需要对总框架和总支撑（或总剪力墙）进行协同工作分析。协同工作分析需要微分方程或利用有限元法借助计算机求解。对于多层钢结构房屋，可以采用简化的方法：首先根据《钢结构设计规范》GB 50017—2003 的规定判定是强支撑框架还是弱支撑框架。对于强支撑框架，可以按照框架与支撑（或剪力墙）的刚度比来分配各自承受的水平力；对于弱支撑框架，框架柱在竖向荷载作用下按有侧移计算，水平力按框架和支撑的刚度进行分配。支撑除了承受由刚度分配来的剪力外，尚应计入因水平位移由重力荷载产生的附加剪力。

在竖向荷载作用下，框架-支撑体系、框架-剪力墙体系可以忽略竖向荷载作用下支撑（或剪力墙）对于框架内力的影响，从而采用与纯框架相同的方法计算其内力。

在活荷载作用下，应考虑其不利布置，用手算方法计算结构内力时，可用以下两种近似方法：分层或分跨布置法或满布荷载法。

水平地震作用下，对于一般多层钢框架结构，可用底部剪力法将剪力分配给每一楼层，对于规则的结构，然后将楼层剪力按抗侧刚度分配给所取的一榀框架，再用 D 值法计算。

4. 侧移计算

水平荷载作用下框架侧移计算包括：风荷载作用下的框架侧移计算和地震作用下框架的侧移计算。

多层框架结构的总侧移由梁柱弯曲变形引起的侧移及由柱轴向变形引起的侧移，在层数不多的框架中，柱轴向变形引起的侧移很小，常常可以忽略。在近似计算中，只考虑由柱弯曲引起的变形，即剪切变形。其层间位移及顶点侧移(所有层层间侧移总和)可由 D 值法求得。

多层框架在风荷载作用下，顶点的横向水平位移不宜大于 $H/500$(H 为框架柱总高)，层间相对水平位移不宜大于 $h/400$(h 为层高)，对无隔墙的多层框架，可不验算其层间位移。

按多遇地震进行抗震设计时，多层框架的层间侧移不应大于层高的 1/250；按罕遇地震进行变形验算时，结构薄弱层弹塑性层间位移应小于层高的 1/50。

3.1.6 主结构设计

1. 构件设计验算

多层框架结构的内力组合应按梁、柱两端或最不利截面计算确定，当各截面的最不利内力组合确定后，应进行整体稳定性验算及板件局部稳定验算、正常使用极限状态下构件挠度验算、长细比验算。如果需要调整截面尺寸且调整后的截面惯性矩与原假定惯性矩差幅超过 30%时，宜对原框架的计算内力进行相应修正，或重新进行结构内力计算。对 7 度和 7 度以上的地震区的多层钢结构，应进行多遇地震作用下的截面抗震验算。

(1) 框架梁验算

多层钢框架的框架梁一般采用实腹式截面形式，主要有工字型截面、窄翼缘 H 型截面、焊接组合截面和箱型截面及钢与混凝土组合截面等。框架梁的设计可以采用弹性设计，对于非抗震的静定梁，可以采用塑性设计方法。非抗震设防的框架结构，还可以考虑腹板的屈曲后强度。

框架梁控制截面一般取跨中及两端，主要进行强度(抗弯、抗剪、局部压应力及折算应力)验算、刚度验算、整体稳定性验算及局部稳定性验算。

1) 强度验算

一般来说，梁构件应验算跨中截面在最大正弯矩作用下的抗弯强度、两端截面在最大负弯矩作用下的抗弯强度和最大剪力作用下的抗剪强度。

A. 梁主平面内受弯抗弯强度计算公式(不考虑腹板屈曲后强度)：

$$\sigma=\frac{M_{\mathrm{x}}}{\gamma_{\mathrm{x}}W_{\mathrm{nx}}}+\frac{M_{\mathrm{y}}}{\gamma_{\mathrm{y}}W_{\mathrm{ny}}}\leqslant f \tag{3-6}$$

式中相关符号含义见《钢结构设计规范》GB 50017—2003，其中 f 为钢材的设计强度，抗震设防时应除以承载力抗震调整系数 γ_{RE}，7 度及以上的抗震设防时，塑性发展系数取 1.0。

B. 梁主平面内抗剪强度计算公式(不考虑腹板屈曲后强度)：

$$\tau=\frac{VS}{It_{\mathrm{w}}}\leqslant f_{\mathrm{v}} \tag{3-7}$$

框架梁端部截面抗剪强度计算公式：

$$\tau=\frac{V}{A_{\mathrm{nw}}}\leqslant f_{\mathrm{v}} \tag{3-8}$$

其中 A_{nw} 为腹板扣除扇形切口和各螺栓孔后的受剪净截面面积。

C. 在腹板计算高度边缘处，若同时有较大的正应力和剪应力(如连续梁中部支座处或梁的翼缘截面改变处)时，应验算折算应力：

$$\sqrt{\sigma^2+3\tau^2}\leqslant 1.1f \tag{3-9}$$

式中：$\tau=\dfrac{V}{A_{nw}}\leqslant f_v$，$\sigma=\dfrac{M}{I_n}y_1$。

D. 梁在承受固定集中荷载处无加劲肋或承受移动荷载(如轮压)，应计算腹板高度边缘上的局部压应力：

$$\sigma_c=\frac{\psi F}{t_w l_z}\leqslant f \tag{3-10}$$

2) 整体稳定性验算

框架梁的整体稳定性通常通过梁上的刚性铺板或支撑体系加以保证。压型钢板组合楼板及钢筋混凝土楼板都可视为刚性楼板。

当梁上设有支撑体系并符合《钢结构设计规范》GB 50017—2003 4.2.1 条规定的受压翼缘自由长度与其宽度之比的限值时，可不计其稳定性。当不符合上述条件时，应验算梁的整体稳定性：

单个平面内受弯构件：

$$\frac{M_x}{\varphi_b W_x}\leqslant f \tag{3-11}$$

两个主平面内受弯的 H 型钢截面或工字形截面：

$$\frac{M_x}{\varphi_b W_x}+\frac{M_y}{\gamma_y W_y}\leqslant f \tag{3-12}$$

3) 梁的板件的局部稳定性验算

轧制 H 型钢的翼缘和腹板一般比较厚，能够保证板件在构件达到承载能力前不发生局部屈曲，可不验算板件的局部稳定。而对焊接组合梁要采取措施保证翼缘的局部稳定。

A. 梁翼缘的局部稳定

对于梁翼缘的局部稳定，通常采用限值梁翼缘宽厚比的方法，保证梁翼缘达到设计强度前不会发生局部屈曲。

B. 梁腹板的局部稳定性

对于不考虑腹板屈曲后强度的梁，应验算腹板的局部稳定。为了提高腹板的局部屈曲荷载，通常设置加劲肋予以加强。加劲肋有横向、纵向及短加劲肋。腹板在设置加劲肋以后，被划分为不同的区格，此时应对各区格腹板局部稳定进行验算。

4) 梁的挠度和变形

应该分别验算框架梁在永久荷载和可变荷载标准值作用下的挠度以及梁在可变荷载标准值作用下的挠度。梁的挠度可用结构力学方法计算。

(2) 框架柱验算

多层框架结构的框架柱一般采用实腹式截面，主要有工字型、H 型、箱型及圆管型截面。

框架柱一般为压弯构件，其控制截面一般选在柱底、柱顶，截面验算主要包括：强度验算、刚度验算(长细比验算)、弯矩作用平面内整体稳定性验算、弯矩作用平面外整体稳定性验算及局部稳定性验算。非抗震设防的框架柱可以考虑截面局部进入塑性；当抗震设防时，钢材的设计强度还应除以承载力抗震调整系数 γ_{RE}。

1）强度验算

弯矩作用在主平面内的框架柱，其强度验算公式：

$$\frac{N}{A_n} \pm \frac{M_x}{\gamma_x W_{nx}} \pm \frac{M_y}{\gamma_y W_{ny}} \leqslant f \tag{3-13}$$

2）整体稳定性验算

A. 单向受弯框架柱的稳定性

弯矩作用平面内的稳定性

$$\frac{N}{\varphi_x A} \pm \frac{\beta_{mx} M_x}{\gamma_x W_{1x}\left(1-0.8\frac{N}{N'_{Ex}}\right)} \leqslant f \tag{3-14}$$

弯矩作用平面外的稳定性

$$\frac{N}{\varphi_y A} \pm \eta \frac{\beta_{tx} M_x}{\varphi_b W_{1x}} \leqslant f \tag{3-15}$$

B. 双向受弯框架柱的稳定性

弯矩作用在两个主平面内的双轴对称实腹式工字型（含 H 型钢）和箱型截面（闭口）的压弯构件，其稳定性计算公式：

$$\frac{N}{\varphi_x A} + \frac{\beta_{mx} M_x}{\gamma_x W_x\left(1-0.8\frac{N}{N'_{Ex}}\right)} + \eta \frac{\beta_{ty} M_y}{\varphi_{by} W_y} \leqslant f \tag{3-16}$$

$$\frac{N}{\varphi_y A} + \eta \frac{\beta_{tx} M_x}{\varphi_{bx} W_x} + \frac{\beta_{my} M_y}{\gamma_y W_y\left(1-0.8\frac{N}{N'_{Ey}}\right)} \leqslant f \tag{3-17}$$

3）框架柱板件的局部稳定验算

框架柱翼缘、腹板等受压板件的局部稳定主要通过控制板件的宽厚比来实现，对于非抗震设防和抗震设防的结构板件的宽厚比应分别满足《钢结构设计规范》GB 50017—2003 及《建筑抗震设计规范》GB 50011—2010 的要求。

（3）支撑设计

在框架-支撑结构体系中，支撑也是结构中一种重要的构件。支撑按两端铰接的轴心受力构件计算，主要验算项目有轴心受压承载力计算、长细比及板件宽厚比验算。偏心支撑中的耗能梁段在大震时将首先屈服，由于它的受力性能不同，通常利用有限元进行分析，在建模时应将耗能梁段作为独立的梁单元处理。

在多遇地震作用效应组合下，中心支撑斜杆的受压应按下式验算：

$$\frac{N}{\varphi A_{br}} \leqslant \frac{\eta f}{\gamma_{RE}} \tag{3-18}$$

2. 连接及节点设计

多层钢框架结构中的基本构件是梁、柱和支撑，因此结构体系中包括的主要节点类型有：梁柱连接节点、柱与基础连接节点（即柱脚）、主梁与次梁连接节点、梁-梁拼接节点、柱-柱拼接节点以及支撑与梁柱连接节点等。

多层钢结构的连接节点，按其构造形式及其力学特性，可以分为铰接连接节点、半刚性连接节点和刚性连接节点。从连接形式和连接方法来看，主要有焊接连接和高强螺栓连接。

多层钢框架结构中各类节点设计时，一般遵循以下原则：节点受力应传力简洁、明确，使计算分析与节点的实际受力情况相一致。保证节点连接有足够的强度，使结构不致因连接薄弱而破坏。节点连接应具有良好的延性。构件的拼接一般应按等强度原则设计。尽量简化节点构造，以便于加工及安装时容易就位和调整。

（1）梁-柱节点连接设计

在多层钢框架结构中，梁-柱连接点是关键的节点。当梁-柱连接点为铰接点时，只能传递梁端剪力，而不能传递梁端弯矩，这时一般仅将梁的腹板与柱翼缘或腹板相连；梁与柱的半刚性连接，除能传递梁端剪力外，还能传递一定数量的梁端弯矩；梁与柱的刚性连接，除能传递梁端剪力外，还能传递梁端截面的弯矩。在设计中，为简化计算，通常假定梁与柱的连接节点为完全刚性或完全铰接。

梁与柱的铰接连接和半刚性连接，在实际上多应用于一些比较次要的连接上，对于多层框架钢结构的主要连接，特别是地震区的钢框架，应采用刚性连接。

梁与柱的连接通常是采用柱贯通形的连接形式。梁与 H 形截面柱的连接，还可分为在强轴方向的连接和在弱轴方向的连接。

梁-柱刚性连接常用有三种形式：全焊节点，即梁的上下翼缘坡口全熔透焊缝，腹板用角焊缝与柱翼缘相连(图 3-5*a*)；栓焊混合节点，即仅在梁上下翼缘用全熔透焊缝，腹板则用高强螺栓与柱翼缘上的剪力板相连(图 3-5*b*)；全栓接节点，梁翼缘与腹板借助 T 形连接件用高强螺栓与柱翼缘相连(图 3-5*c*)。

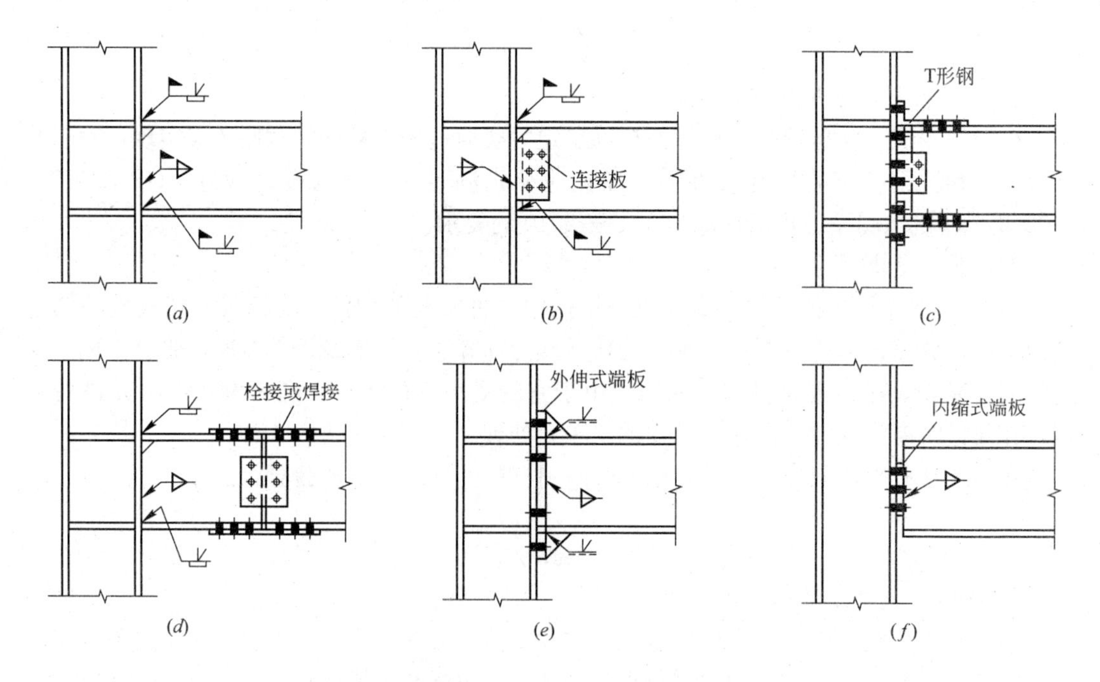

图 3-5　框架梁柱连接节点的常见类型(一)

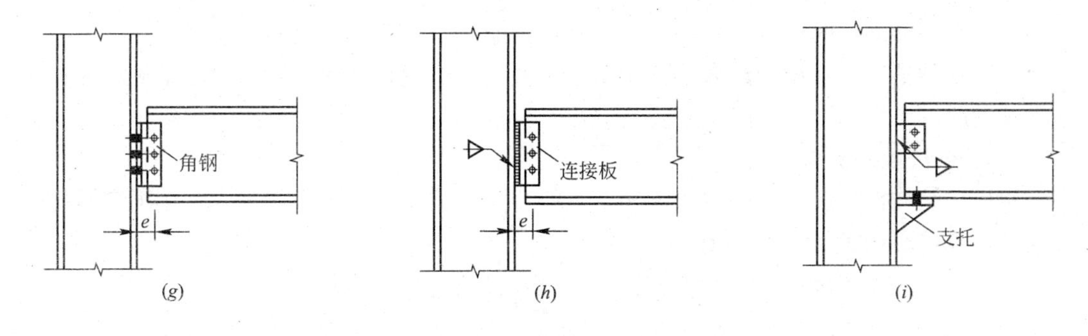

图 3-5　框架梁柱连接节点的常见类型(二)

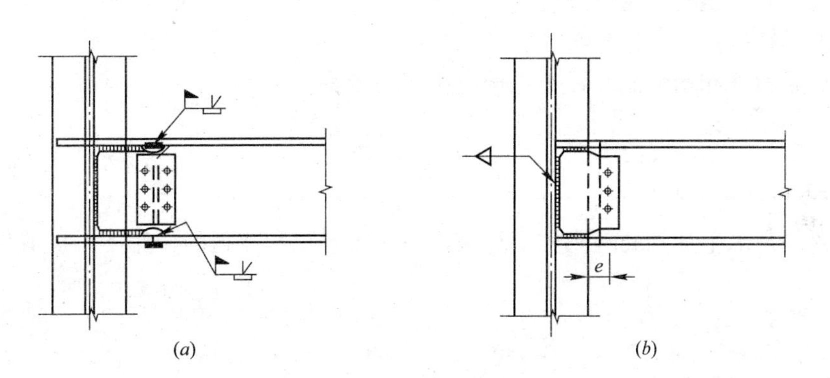

图 3-6　弱轴方向梁柱连接

(a)刚性连接；(b)铰接连接

主梁与柱刚接时，应验算以下内容：主梁与柱的连接承载力；校核梁翼缘和腹板与柱的连接在弯矩和剪力作用下的强度；柱腹板的抗压承载力；在梁受压翼缘引起的压力作用下，柱腹板由于屈曲而破坏；节点板域的抗剪承载力。

1）主梁与柱的连接承载力验算

主梁与柱的刚接，可按常用设计方法或全截面受弯设计方法进行连接承载力设计。当主梁翼缘的抗弯承载力大于主梁整个截面的承载力的 70%时(即 $b_f t_f (h-t_f) > 0.7 W_p f_y$)，可采用常用设计方法进行连接承载力设计，否则，应考虑全截面的承载力。

常用设计方法采用梁翼缘和腹板分别承担弯矩和剪力的原则，计算简便，对高跨比适中或较大的大多数情况，是偏于安全的；全截面受弯设计方法中梁腹板除承担剪力外，还按梁翼缘和腹板的刚度比例承担相应的弯矩。

2）腹板抗压承载力验算

梁的上下翼缘与柱连接处，由于梁端弯矩在梁的上下翼缘中产生的内力作为柱的水平集中力，将产生局部应力，并可能带来两类破坏：在梁受压翼缘引起的压力作用下，柱腹板由于屈曲而破坏；梁受拉翼缘传来的荷载，使柱翼缘与相邻腹板处的焊缝拉开，导致柱翼缘过大弯曲。

对于第一种情况，欲使柱腹板在梁受压翼缘传来的压力作用下保持稳定，则应满足下式要求：

$$A_f f_y \leqslant t_{wc} b_e f_y \tag{3-19}$$

若上式不能满足时，应设置柱腹板水平加劲肋。

对第二种情况，在梁受拉翼缘作用下，一般均按构造在柱腹板对应梁上下翼缘处设置水平加劲肋。

3）节点板域的抗剪承载力验算

钢框架结构在抗震设计中要求梁柱节点符合“强柱弱梁”的设计准则，则框架梁柱构件及节点连接必须满足下列要求：

A. 节点左右梁端和上下柱端的全塑性承载力应符合下式要求：

$$\sum W_{pc}(f_{yc} - N/A_c) \geqslant \eta \sum W_{pb} f_{yb} \tag{3-20}$$

当柱满足《建筑抗震设计规范》GB 50011—2010要求时，可不按上式验算。

B. 节点域稳定

工字型截面柱和箱型截面柱节点域应按下式验算：

$$\frac{h_b + h_c}{90} \leqslant t_w \tag{3-21}$$

C. 节点域的抗剪强度

由柱翼缘与水平加劲肋包围的节点域，在周边弯矩和剪力的作用下，抗剪强度按下式计算：

无震

$$\tau = \frac{M_{b1} + M_{b2}}{V_p} \leqslant \frac{4}{3} f_v \tag{3-22}$$

有震

$$\tau = \psi \frac{M_{b1} + M_{b2}}{V_p} \leqslant \frac{4}{3} \frac{f_v}{\gamma_{RE}} \tag{3-23}$$

节点域的屈服承载力应符合下式要求：

$$\psi \frac{M_{pb1} + M_{pb2}}{V_p} \leqslant \frac{4}{3} f_v \tag{3-24}$$

上述公式符号可参图3-7及《建筑抗震设计规范》GB 50011—2010。

（2）主梁与次梁连接

次梁与主梁一般相互正交，主梁可以看作是次梁的支撑点。为方便铺设楼板，多层民用钢结构房屋的主、次梁连接宜采用平接连接，即主、次梁的上翼缘平齐或基本平齐。主次梁连接一般采用铰接连接，内力分析时次梁视为简支梁，如图3-8所示。计算连接受力时，高强度螺栓除了考虑承受作用在次梁端部的剪力外，尚应考虑由于偏心所产生的附加弯矩。另外，当连接螺栓至主梁中心线间的偏心距不大时，可不考虑主梁的受扭。

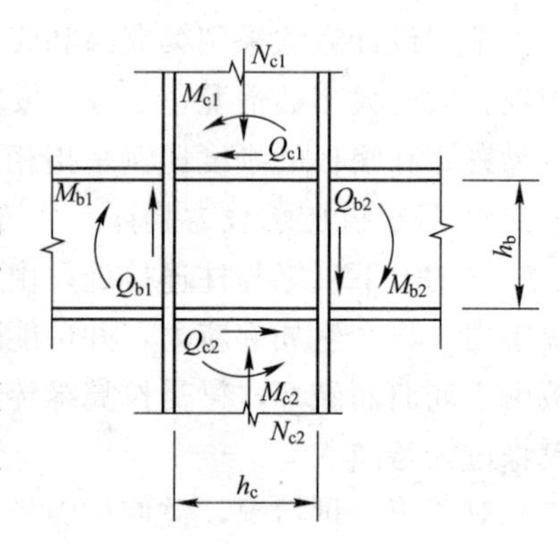

图3-7　节点腹板域受力状态

必要时，如结构中需要井字梁，带有悬挑的次梁，

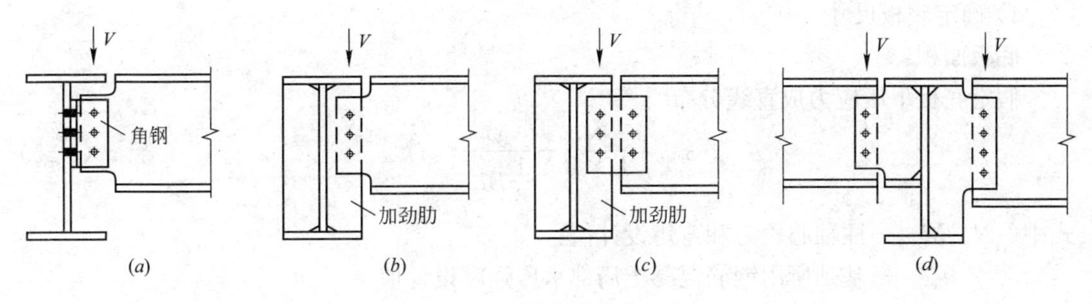

图 3-8　主次梁的铰接连接

以及当梁的跨度较大，为了减小梁的挠度，主次梁也可采用刚性连接，常用刚性连接方式如图 3-9 所示。此时，次梁视为多跨连续梁或悬臂梁，次梁支座压力仍传递给主梁，支座弯矩则在两相邻跨的次梁之间传递，次梁上翼缘应由拼接板跨过主梁相连接，或将次梁上翼缘与主梁上翼缘垂直相交焊接。连接的设计公式及连接板尺寸的确定可参阅梁柱刚性连接节点设计。

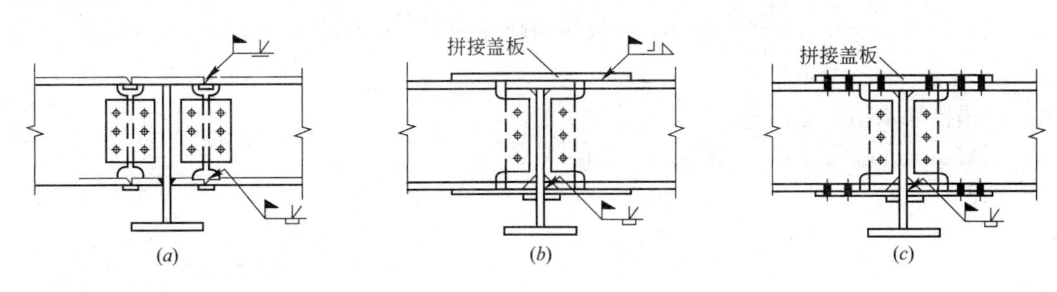

图 3-9　主次梁的刚接连接

(3) 柱脚

柱脚的作用是将柱子的内力可靠地传递给基础，并和基础有牢固的连接。柱脚的构造尽可能符合结构计算模型，并力求明确。

柱脚的具体构造取决于柱的截面形式及柱与基础的连接方式。柱与基础的连接方式有铰接、刚接两大类，框架结构大多采用刚接柱脚。刚接柱脚与混凝土基础的连接方式有外露式(支承式)、外包式、埋入式三种。多层民用钢结构的刚接柱脚优先采用外露式，构造简单，施工方便，费用低；当荷载较大或层数较多时，也可采用外包式或埋入式柱脚。

下面以外露式刚接柱脚(图 3-10)来说明刚性柱脚的设计步骤。这里针对偏压实腹整体式柱脚进行设计，而对于分离式柱脚，相当于独立的轴心受压柱脚，其计算方法同轴压柱脚。

刚接外露式柱脚主要由底板、加劲肋、锚栓等组成，各部分的板件应具有足够的强度和刚度，而且相互间有可靠的连接。其设计主要包括确定底板尺寸、锚栓的直径和数量、加劲肋等板件的尺寸，以及板件与柱之间、板件与板件之间的焊缝连接强度。

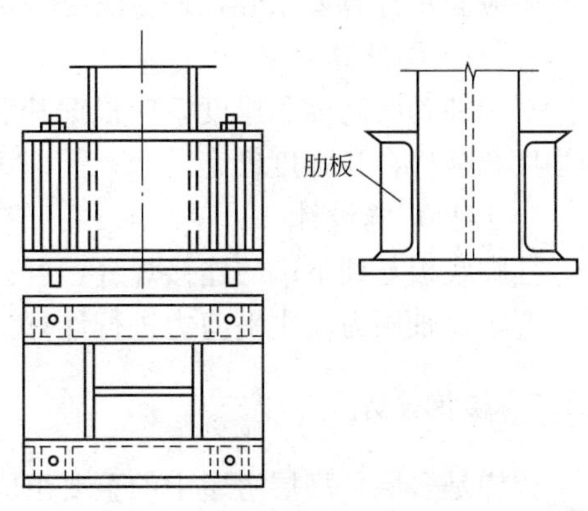

图 3-10　外露式柱脚

1）确定底板尺寸

底板面积：

假定底板下压应力成直线分布

$$\sigma_{max}=\frac{N}{L\times B}+\frac{M}{\frac{1}{6}BL^2}\leqslant f_{ce}^{h} \tag{3-25}$$

式中　N、M——柱轴心压力和弯矩设计值；

f_{ce}^{h}——基础所用钢筋混凝土局部承压强度设计值。

底板厚度：

取 $q=\sigma_{max}$（区段内最大地基反力），其余计算同轴心受压柱。

底板的长度与宽度还应考虑设置的加劲肋等补强板和锚栓的构造特点。初步选定了柱脚底板尺寸后，就可以进行柱脚在柱端弯矩、轴力和水平剪力共同作用下的混凝土基础的受压应力、受拉侧锚栓的总拉力及水平抗剪承载力等的验算。

2）锚栓计算

当 $\sigma_{min}=\frac{N}{L\times B}-\frac{M}{\frac{1}{6}BL^2}<0$ 时，底板与基础开始脱离，从而产生拉应力，该拉应力合力应由锚栓来承担，如图 3-11 所示。

$\sum M_D=0$　则：$N\cdot a-M+Z\cdot x=0$

即：

$$Z=\frac{M-N\cdot a}{x} \tag{3-26}$$

式中：$a=\frac{L}{2}-\frac{c}{3}$，$x=d-\frac{c}{3}$，$c=\frac{\sigma_{max}}{\sigma_{max}+|\sigma_{min}|}L$

则锚栓所需要的有效截面面积为：

$$A_e=\frac{Z}{f_{ce}^{h}} \tag{3-27}$$

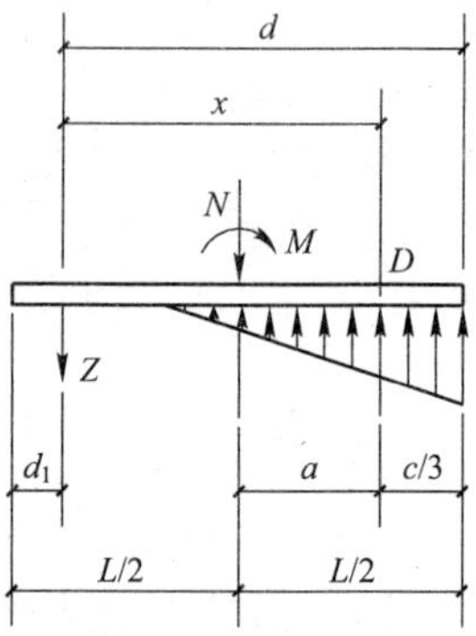

图 3-11　锚栓计算简图

式中　f_{ce}^{h}——锚栓抗拉强度设计值。

求得锚栓所受的拉力或锚栓有效截面面积后，直接查锚栓选用表即得所需锚栓规格。

锚栓在柱脚端弯矩作用下承受拉力，同时作为安装过程的固定之用。因此，其直径和数量除应满足计算要求外，还应满足一定的构造要求。

3）加劲肋计算

对于加劲肋高度和厚度，应根据其承受底板下混凝土基础的分布力，由所需连接焊缝的强度和板件自身强度确定。

4）连接焊缝设计

柱脚底板与柱下端的连接焊缝，可只考虑柱身的连接焊缝，并按柱下端内力组合中最不利弯矩、轴压力及水平剪力进行计算。

3.1.7　楼梯设计

楼梯是多层及高层房屋中的重要组成部分。楼梯的平面布置、踏步尺寸、栏杆形式等由建筑设计确定。板式楼梯和梁式楼梯是常见的楼梯形式。

钢框架结构楼梯可采用现浇钢筋混凝土楼梯、钢楼梯、预制装配式钢筋混凝土楼梯及钢-混凝土组合楼梯。

楼梯的设计计算步骤包括：根据设计要求和施工条件，确定楼梯的结构形式和结构布置；根据建筑类别，确定楼梯的活荷载标准值；进行楼梯各部分内力分析和截面设计；绘制施工图，处理连接部件的构造。

3.1.8 次要构件设计

1. 楼板设计

多层钢框架结构楼板必须有足够的承载力、刚度和整体稳定性。一般多采用现浇钢筋混凝土楼板、压型钢板-现浇混凝土组合楼板、预制混凝土-现浇混凝土叠合板等。现浇混凝土楼板及预制混凝土-现浇混凝土叠合板同一般钢筋混凝土框架结构。

对于压型钢板组合楼板，当压型钢板只作永久模板时，在施工阶段应进行强度和变形验算(仅考虑单向受力)；在使用阶段，可按一般钢筋混凝土楼板进行设计。在多高层钢结构中，压型钢板大多作为非组合板使用。

当压型钢板兼作底部受拉配筋使用时，必须与混凝土有可靠的连接。此时，除了需要进行施工阶段压型钢板的抗弯强度和变形验算外，还需进行使用阶段整体组合板的强度(正截面抗弯承载力、抗冲切承载力和斜截面抗剪承载力)、变形验算。变形验算的力学模型取单向弯曲简支板；承载力验算的力学模型依压型钢板上混凝土的厚薄而分别取双向弯曲板或单向弯曲板。

2. 组合次梁设计

组合次梁设计与构造要求可按《钢结构设计规范》GB 50017—2003 第 11 章有关要求进行设计。

3.1.9 基础设计

用于钢结构的浅基础主要有独立基础、条形基础；深基础主要是桩基。基础设计的第一步是通过方案比较，选择适合于工程实际条件的基础类型。选择方案时需要综合考虑上部结构的特点、地基土的工程地质条件和水文地质条件以及施工的难易程度等因素，经过比较、优化以达到技术先进、经济合理的目的。从安全角度考虑，确定基础的方案，要从满足地基承载力和建筑物变形的要求考虑。

以下以偏心受压的独立基础(图 3-12)为例来说明基础设计过程。

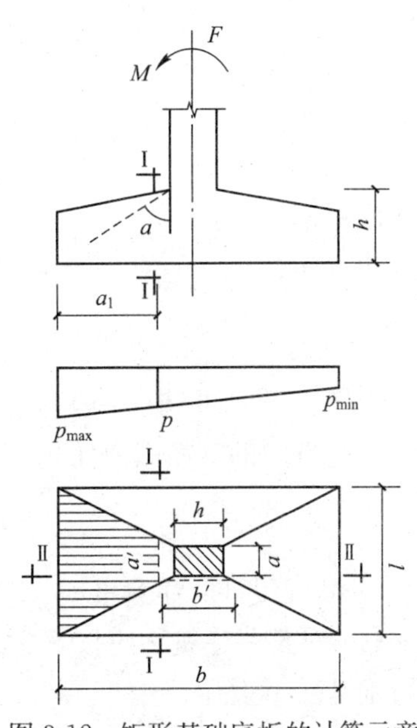

图 3-12 矩形基础底板的计算示意

柱下独立基础设计的主要内容为：按地基承载力确定基础底面尺寸；按受冲切承载力确定基础高度和变阶处的高度；按基础受弯承载力计算底板配筋；构造处理及绘制施工图等。

1. 确定基础底面尺寸

确定偏心受压基础底面尺寸一般采用试算法，即先按轴心受压确定基础所需的底面积：

$$A \geqslant \frac{F_k}{f_a - \gamma_G d} \tag{3-28}$$

然后再增大20%～40%，初步选定长、短边尺寸，然后按下式验算：

$$p_k \leqslant f_a \tag{3-29}$$

$$p_{kmax} \leqslant 1.2 f_a \tag{3-30}$$

如不符合，则需另行假定尺寸和重算，直至满足为止。

2. 确定基础高度

基础高度应满足构造要求和矩形基础短柱与基础交接处以及基础变阶处受冲切承载力要求。

受冲切承载力应按下列公式验算

$$F_l \leqslant 0.7 \beta_{hp} f_t a_m h_0 \tag{3-31}$$

设计时，一般是根据构造要求先假定基础高度，然后按上式验算。如不满足，则应将高度增大重新验算，直至满足。当基础落在45°线(即冲切破坏锥体)以内时，可不进行受冲切验算。

3. 计算基础底板配筋

基础底板配筋时用地基净反力来计算，考虑底板两个方向配筋。配筋计算的控制截面一般取在柱与基础交接处或变阶处，计算弯矩时，把基础视作固定在柱周边变阶处的四面挑出的悬臂板。

对于矩形基础，当台阶的宽高比小于或等于2.5和偏心距小于或等于1/6基础宽度时，任意截面的弯矩可按下列公式计算：

沿长边方向：

$$M_{\mathrm{I}} = \frac{1}{12} a_1^2 \left[(2l + a') \left(p_{max} + p - \frac{2G}{A} \right) + (p_{max} - p) l \right] \tag{3-32}$$

沿短边方向：

$$M_{\mathrm{II}} = \frac{1}{48} (l - a')^2 (2b + b') \left(p_{max} + p_{min} - \frac{2G}{A} \right) \tag{3-33}$$

底板钢筋计算：

沿长边方向：

$$A_{S\mathrm{I}} = \frac{M_{\mathrm{I}}}{0.9 f_y h_{0\mathrm{I}}} \tag{3-34}$$

沿短边方向的钢筋一般置于长边方向钢筋的上面，如果两个方向的钢筋直径均为d，则沿短边方向的钢筋截面面积$A_{S\mathrm{II}}$为：

$$A_{S\mathrm{II}} = \frac{M_{\mathrm{II}}}{0.9 f_y (h_{0\mathrm{I}} - d)} \tag{3-35}$$

4. 基础设计时注意事项

(1) 对某些建筑物应按《建筑地基基础设计规范》GB 50007—2011的3.0.2条规定进行地基变形设计。

(2) 当地基受力范围内有软弱下卧层时，应对下卧层顶面地基承载力进行验算。

(3) 地基基础设计时，所采用的荷载效应最不利组合与相应的抗力限值应按下列规定：

1) 按地基承载力确定基础底面积及埋深或按单桩承载力确定桩数时，传至基础或承台底面上的荷载效应应按正常使用极限状态下荷载效应的标准组合，相应的抗力应采用地基承载力特征值或单桩承载力特征值。

2) 计算地基变形时，传至基础底面上的荷载效应应按正常使用极限状态下荷载效应的准永久组合，不应计入风荷载和地震作用，相应的限值应为地基变形允许值。

3) 在确定基础高度、计算基础结构内力、确定配筋和验算材料强度时，上部结构传来的荷载效应组合和相应的基底反力，应按承载能力极限状态下荷载效应的基本组合，采用相应的分项系数。

当需要验算基础裂缝宽度时，应按正常使用极限状态荷载效应标准组合。

4) 基础设计安全等级、结构设计使用年限、结构重要性系数应按有关规范的规定采用，但结构重要性系数 γ_0 不应小于 1.0。

3.1.10 结构施工图绘制

多层钢框架结构的结构设计内容包括计算书和结构施工图两大部分。计算书以文字和必要的图表详细记载结构计算的全部过程和计算结果，是绘制结构施工图的依据。结构施工图以图形和必要的文字、表格描述结构设计结果，是编制施工详图的依据。结构施工图一般有基础图(含基础详图)、上部结构的布置图和结构详图等，具体地说包括结构设计总说明、基础平面图、基础详图、柱网布置图、支撑布置图、各楼层(包括屋面)结构平面图、框架图、楼梯(雨篷)图、构件及节点详图等。

1. 结构设计总说明

结构设计总说明是结构施工图的前言，一般包括结构设计概况，设计依据和遵循的规范，主要荷载取值(风、雪、恒、活荷载以及设防烈度等)，材料(钢材、焊条、螺栓等)的牌号或级别，加工制作、运输、安装的方法、注意事项、操作和质量要求，防火与防腐，图例，以及其他不易用图形表达或为简化图面而改用文字说明的内容(如未注明的焊缝尺寸、螺栓规格、孔径等)。除了总说明外，必要时在相关图纸上还需提供有关设计、材质、焊接要求、制造和安装的方式、注意事项等文字内容。

2. 基础图

基础图表示建筑物室内地面以下基础部分的平面布置和详细构造的图样，它是施工时放线、开挖基坑和施工基础的依据。基础图通常包括基础平面图和基础详图。

基础平面图是表示基础在基槽未回填时基础平面布置的图样，主要用于基础的平面定位、名称、编号以及各基础详图索引号等。

在基础平面图中，只要画出基础墙、构造柱、承重柱的断面以及基础地面的轮廓线，至于基础的细部投影都可省略不画。基础平面图中必须表明基础的大小尺寸和定位尺寸。基础平面图的主要内容概括如下：

(1) 图名、比例；

(2) 纵横定位轴线及其编号；

(3) 基础的平面布置，即基础墙、构造柱、承重柱以及基础底面的形状、大小及其与轴线的关系；

（4）基础梁（圈梁）的位置和代号；

（5）断面图的剖切线段及其编号（或注写基础代号）；

（6）轴线尺寸、基础大小尺寸和定位尺寸；

（7）施工说明；

（8）当基础底面标高有变化时，应在基础平面图对应部位的附近画出一段基础垫层的垂直剖面图，来表示基底标高的变化，并标注相应的基底标高。

基础详图一般采用垂直断面图来表示，主要绘制各基础的立面图、剖（断）面图，内容包括基础组成、做法、标高、尺寸、配筋、预埋件、零部件（钢板、型钢、螺栓等）编号。基础详图的主要内容概括如下：

（1）图名、比例；

（2）基础断面图中轴线及其编号（若为通用断面图，则轴线圆圈不予编号）；

（3）基础断面形状、大小、材料、配筋；

（4）基础梁和基础圈梁的截面尺寸及配筋；

（5）基础圈梁与构造柱的连接做法；

（6）基础断面的详细尺寸、锚栓的平面位置及其尺寸和室内外地面、基础垫层底面的标高；

（7）防潮层的位置和做法；

（8）施工说明等。

3. 结构平面图

表示房屋上部结构布置的图样，叫做结构布置图。在结构布置图中，采用最多的是结构平面图的形式。它是表示建筑物室外地面以上各层平面承重构件布置的图样，是施工时布置或安放各层承重构件的依据。

从二层到屋面，各层均需绘制结构平面图。当有标准层时，相同的楼层可绘制一个标准层结构平面图，但需注明从哪一层至哪一层及相应标高。楼层结构平面图的内容包括梁柱的位置、名称、编号，连接节点的详图索引号，混凝土楼板的配筋图或预制楼板的排板图、有时也包括支撑的布置。

结构平面图的主要内容概括如下：

（1）图名、比例；

（2）定位轴线及其编号；

（3）下层承重墙和门窗洞的布置，本层柱子的位置；

（4）楼层或屋顶结构构件的平面布置，如各种梁（楼面梁、屋面梁、雨篷梁、阳台梁）、楼板（或屋面板）的布置和代号等；

（5）单层厂房则有柱、吊车梁、柱间支撑结构布置图和屋架及支撑布置图；

（6）轴线尺寸和构件定位尺寸（含标高尺寸）；

（7）有关屋架、梁、板等与其他构件连接的构造图；

（8）施工说明等。

4. 屋顶平面图

屋顶结构平面图是表示屋面承重构件平面布置的图样，其内容和图示要求与楼面结构平面图基本相同。由于屋面排水需要，屋面承重构件可根据需要按一定的坡度布置，并设置天沟板。

5. 框架施工图和其他详图

在多层框架结构中，框架的榀数很多，但为了简化设计和方便施工，通常将层数、跨度相同且荷载区别不大的框架按最不利情况归类设计成一种框架，因此框架的种类较少，一般有一到几种。框架图即用于绘制各类框架的立面组成、标高、尺寸、梁柱编号名称，以及梁与柱、梁与梁、柱与柱的连接详图索引号等，如在框架平面内有垂直支撑，还需绘制支撑的位置、编号和节点详图索引号、零部件编号等。

构件图和节点详图应详细注明全部零部件的编号、规格、尺寸，包括加工尺寸、拼装定位尺寸、孔洞位置等。

材料表用于配合详图进一步明确各零部件的规格、尺寸，按构件(并列出构件数量)分别汇列全部零部件的编号、截面规格、长度、数量、重量和特殊加工要求，为材料准备、零部件加工和保管以及技术指标统计提供资料和方便。

除了总说明外，必要时在相关图纸上还需提供有关设计、材质、焊接要求、制造和安装的方式、注意事项等文字内容。

3.1.11 常用多高层钢结构设计软件简介

常用多高层钢结构设计软件及详图设计软件介绍及设计软件设计流程见 2.1.8 节。下面以 MTS 软件为例来说明多、高层钢结构设计软件的操作步骤。

1. 建模

(1) 建立结构计算模型

点击建模>规则框架快捷…，在弹出的对话框中，分别设置 X 向、Y 向和 Z 向的跨数和跨度，点击添加，依次进行添加，如图 3-13 所示，结构的计算模型如图 3-14 所示。

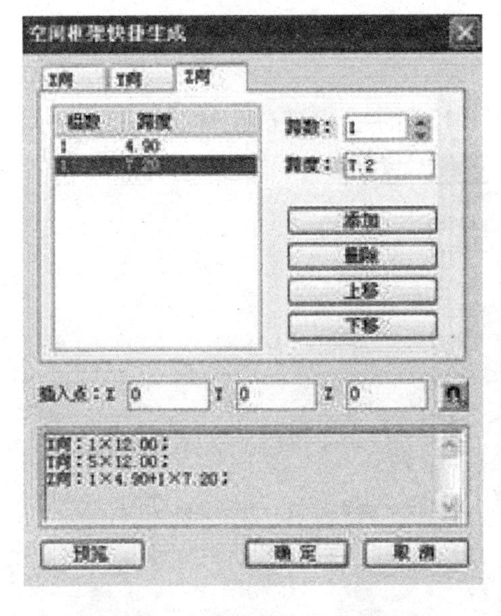

图 3-13　空间框架快速生成界面

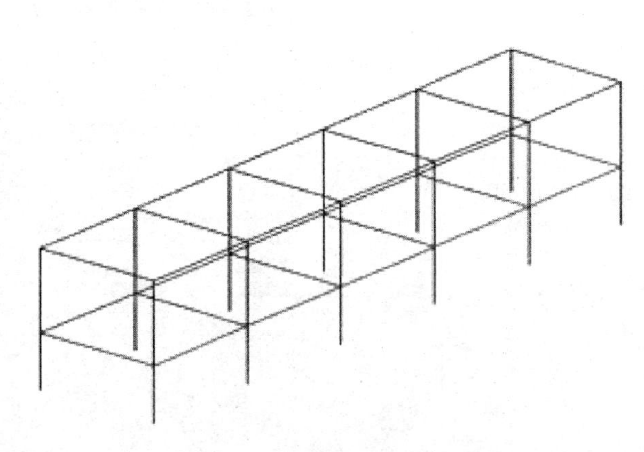

图 3-14　空间结构计算模型

计算模型也可以通过先生成轴网，再通过添加楼层、定义杆件方式生成。

（2）设定模型支座

选择底层的所有节点，点击属性>节点属性…，在右侧的节点属性对话框中选择选中结点，在约束(支座)下拉框中选择固接，把支座添加到底层节点上。

（3）设置模型截面

即定义梁柱等构件材料及截面尺寸属性。图 3-15 为模型截面信息界面。图 3-16 为杆件截面设置后的模型。

图3-15　模型截面信息界面

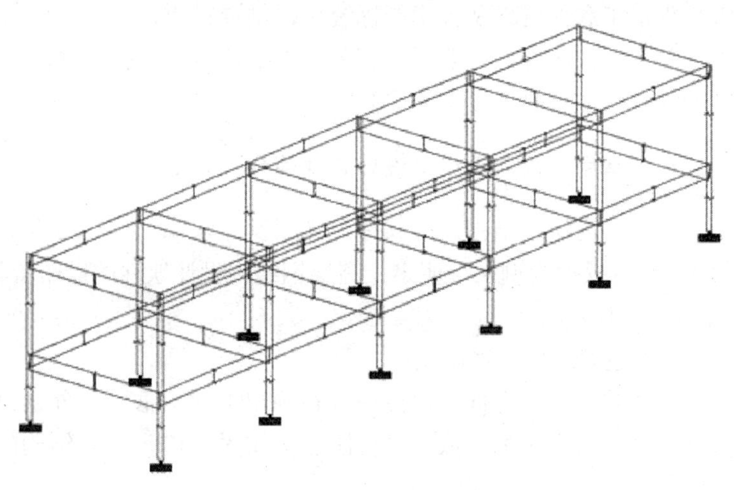

图 3-16　杆件截面设置后的模型

（4）布置次梁

对楼面房间进行次梁布置，次梁布置对话框如图 3-17 所示，次梁布置图如图 3-18 所示。

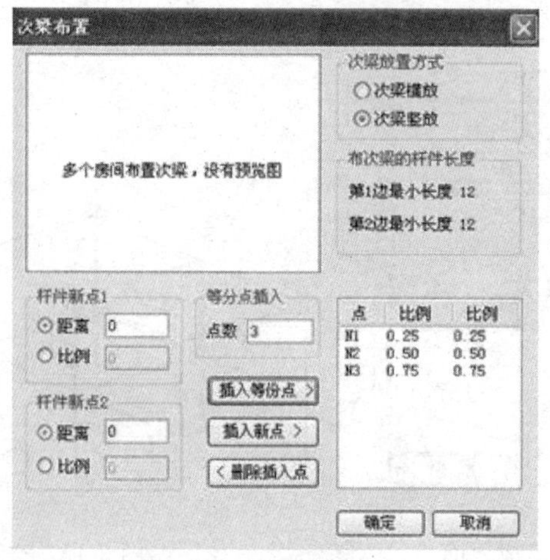

图 3-17　次梁布置界面

（5）布置荷载

荷载布置包括恒荷载、活荷载、风荷载、地震作用及温度作用等的布置，其中构件自重一般采用自动叠加处理。风荷载施加如图 3-19～图 3-21 所示。

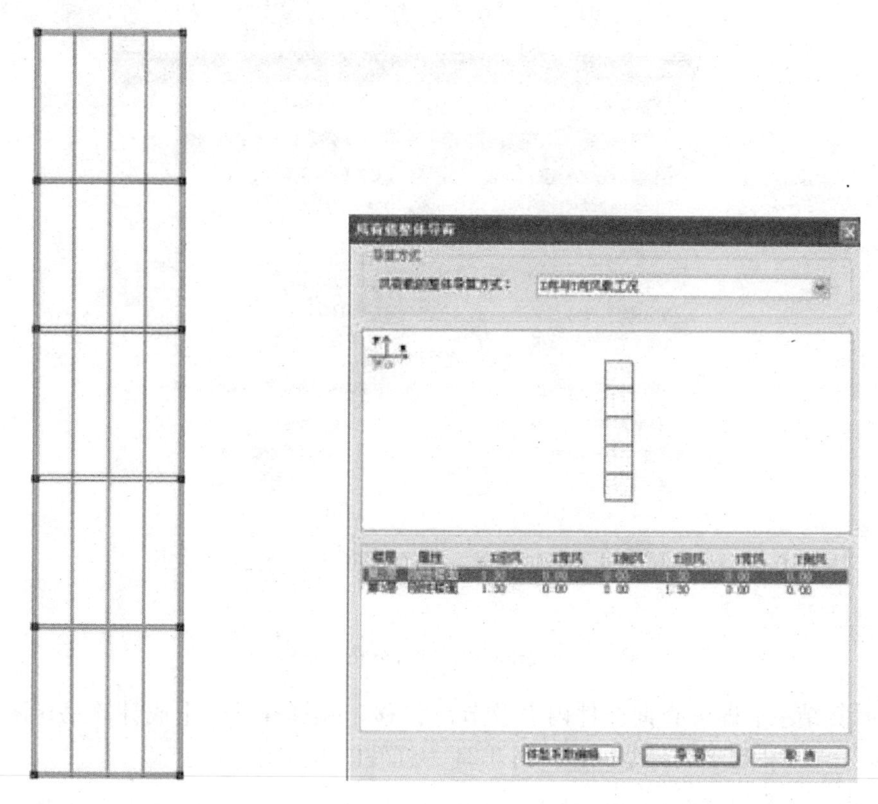

图 3-18　楼面次梁布置图

图 3-19　风荷载整体导荷界面

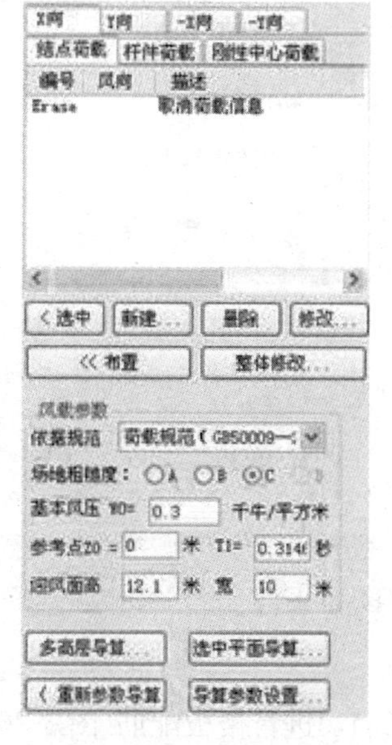

图 3-20　楼层风荷载信息

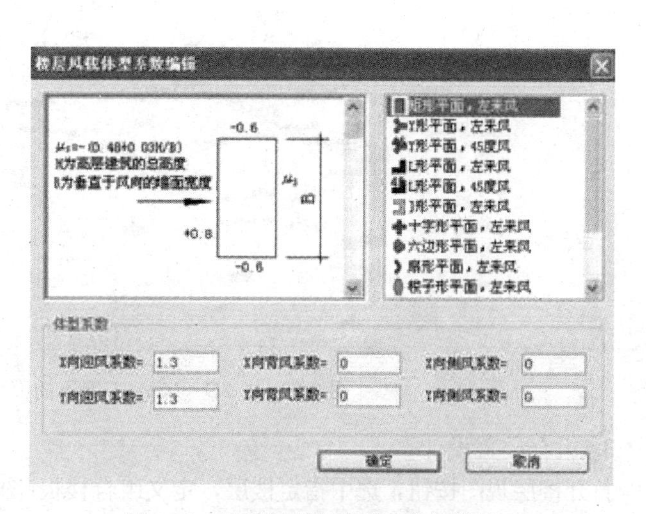

图 3-21　楼层风荷载体型系数编辑界面

2. 计算、回显、验算和查询

模型建好后，通过模型检查，查看模型是否正确，如果通过检查则进行分析计算，图 3-22 为连续分析设置对话框。

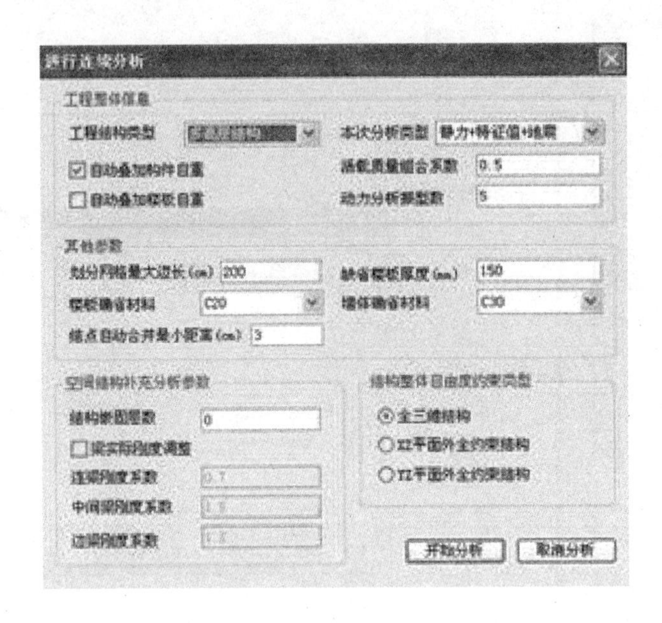

图 3-22　连续分析对话框

计算结束后即可查询杆件内力及节点位移，验算杆件，生成计算书。图 3-23 为在 1.2D+1.4L 工况下的模型位移。图 3-24 为杆件内力查询。

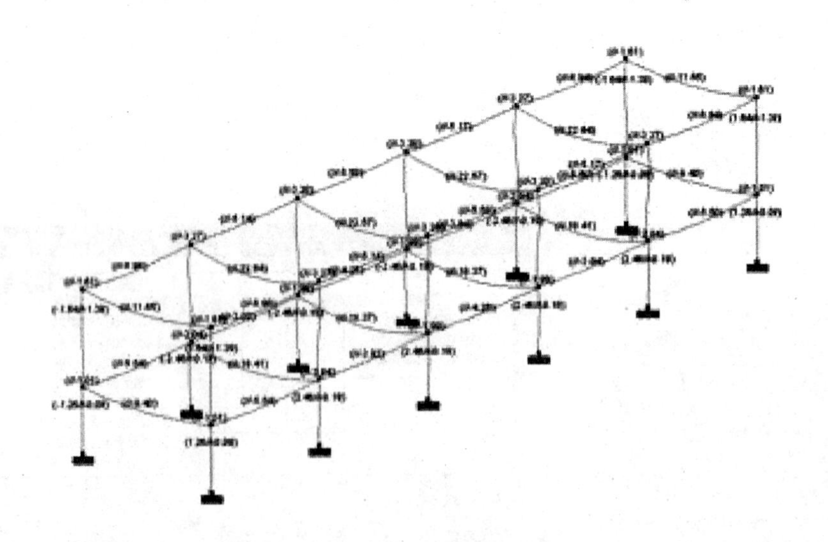

图 3-23　1.2D+1.4L 工况下的模型位移

3. 组合楼盖设计

打开楼层视图按钮，选中指定楼层，定义组合楼板(图 3-25)，进行楼板配筋(图 3-26)及栓钉的设计(图 3-27)。

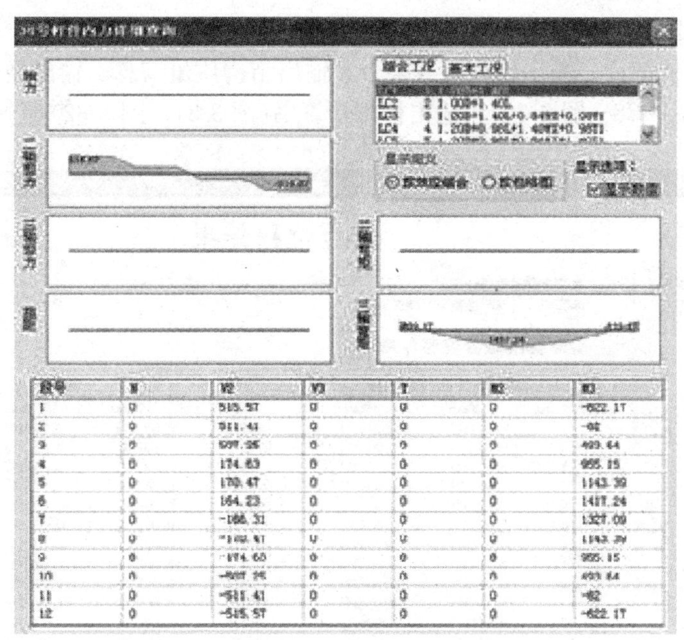

段号	N	V2	V3	T	M2	M3
1	0	515.57	0	0	0	-622.17
2	0	511.41	0	0	0	-82
3	0	507.26	0	0	0	493.64
4	0	174.63	0	0	0	955.15
5	0	170.47	0	0	0	1143.39
6	0	164.23	0	0	0	1417.24
7	0	-166.31	0	0	0	1327.09
8	0	-170.47	0	0	0	1143.39
9	0	-174.63	0	0	0	955.15
10	0	-507.26	0	0	0	493.64
11	0	-511.41	0	0	0	-82
12	0	-515.57	0	0	0	-622.17

图 3-24　杆件内力查询

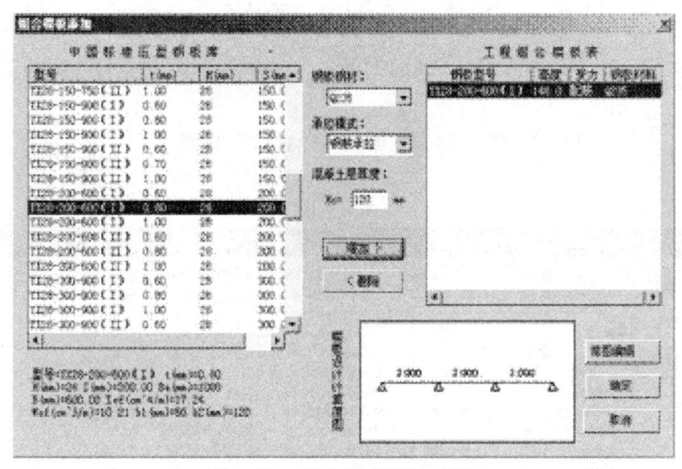

图 3-25　组合楼板添加界面

图 3-26　楼板配筋界面

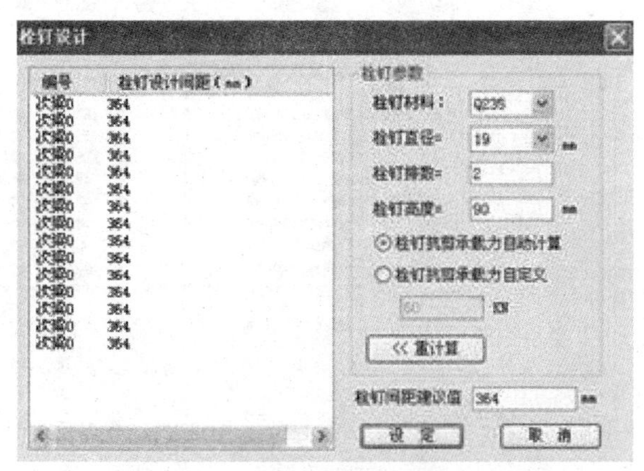

图 3-27　栓钉设计界面

4. 文档输出

进行整体造价统计、输出模型荷载报告、输出结构质量信息、输出振型参数报告、输出节点计算书(图 3-28～图 3-30)、输出杆件计算书(图 3-31、图 3-32)等。

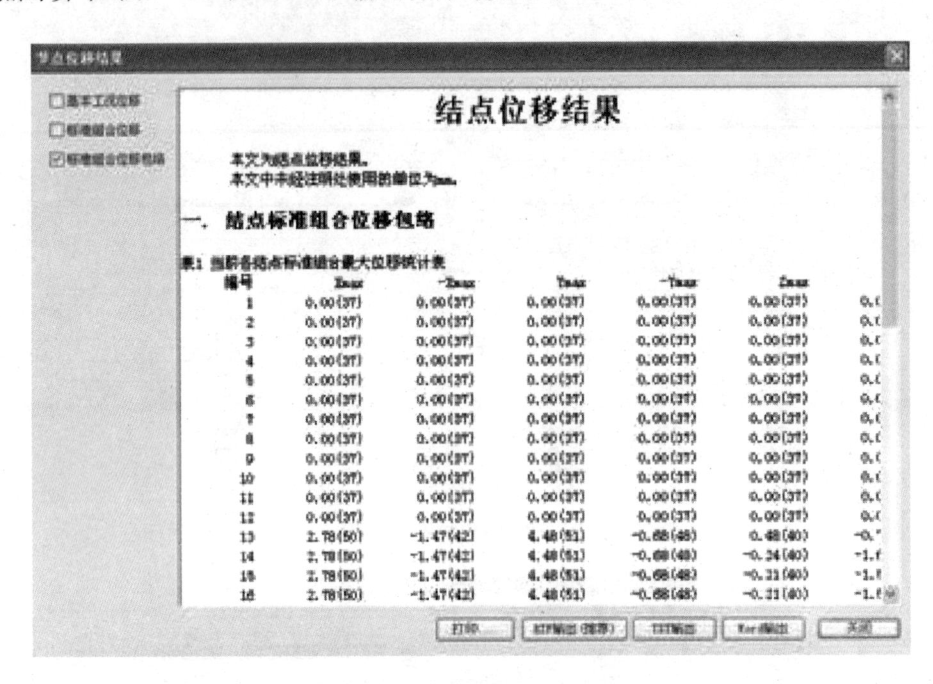

结点位移结果

本文为结点位移结果。
本文中未经注明处使用的单位为mm。

一、结点标准组合位移包络

表1 当前各结点标准组合最大位移统计表

编号	Xmax	-Xmax	Ymax	-Ymax	Zmax
1	0.00(37)	0.00(37)	0.00(37)	0.00(37)	0.00(37)
2	0.00(37)	0.00(37)	0.00(37)	0.00(37)	0.00(37)
3	0.00(37)	0.00(37)	0.00(37)	0.00(37)	0.00(37)
4	0.00(37)	0.00(37)	0.00(37)	0.00(37)	0.00(37)
5	0.00(37)	0.00(37)	0.00(37)	0.00(37)	0.00(37)
6	0.00(37)	0.00(37)	0.00(37)	0.00(37)	0.00(37)
7	0.00(37)	0.00(37)	0.00(37)	0.00(37)	0.00(37)
8	0.00(37)	0.00(37)	0.00(37)	0.00(37)	0.00(37)
9	0.00(37)	0.00(37)	0.00(37)	0.00(37)	0.00(37)
10	0.00(37)	0.00(37)	0.00(37)	0.00(37)	0.00(37)
11	0.00(37)	0.00(37)	0.00(37)	0.00(37)	0.00(37)
12	0.00(37)	0.00(37)	0.00(37)	0.00(37)	0.00(37)
13	2.78(50)	-1.47(42)	4.48(51)	-0.68(48)	0.48(40)
14	2.78(50)	-1.47(42)	4.48(51)	-0.68(48)	-0.24(40)
15	2.78(50)	-1.47(42)	4.48(51)	-0.68(48)	-0.21(40)
16	2.78(50)	-1.47(42)	4.48(51)	-0.68(48)	-0.21(40)

图 3-28　节点位移计算结果界面

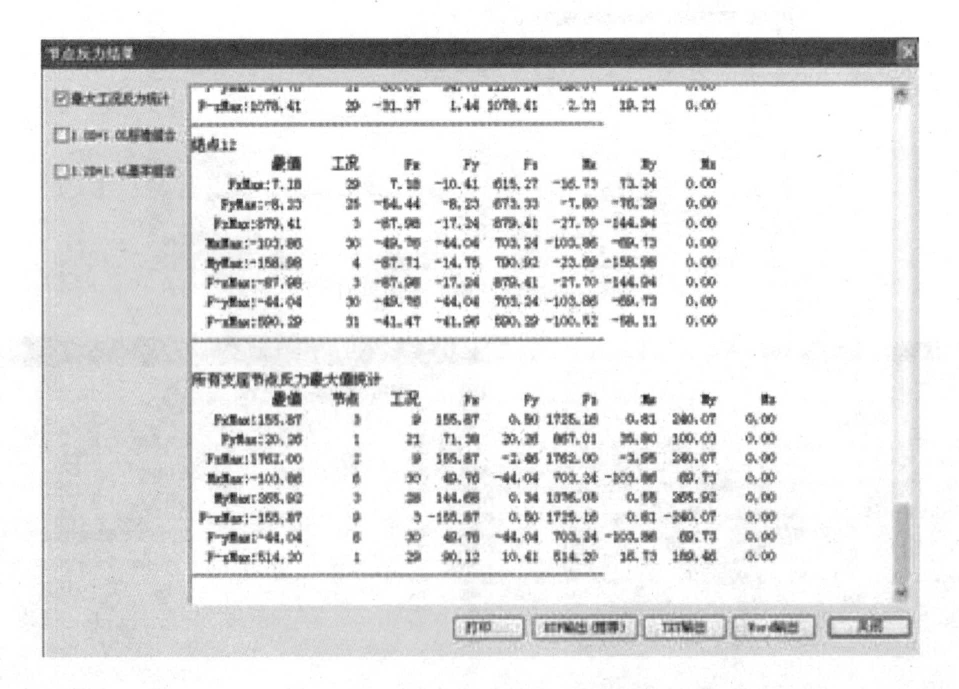

最值	工况	Fx	Fy	Fz	Mx	My	Mz
F-zMax:1078.41	29	-31.37	1.44	1078.41	2.31	19.21	0.00

结点12

最值	工况	Fx	Fy	Fz	Mx	My	Mz
FxMax:7.18	29	7.18	-10.41	615.27	-16.73	73.24	0.00
FyMax:-8.23	25	-54.44	-8.23	673.33	-7.80	-76.29	0.00
FzMax:879.41	3	-87.98	-17.24	879.41	-27.70	-144.94	0.00
MxMax:-103.86	30	-49.78	-44.04	703.24	-103.86	-69.73	0.00
MyMax:-158.98	4	-87.71	-14.75	790.92	-23.69	-158.98	0.00
F-xMax:-87.98	3	-87.98	-17.24	879.41	-27.70	-144.94	0.00
F-yMax:-44.04	30	-49.78	-44.04	703.24	-103.86	-69.73	0.00
F-zMax:590.29	31	-41.47	-41.96	590.29	-100.52	-98.11	0.00

所有支座节点反力最大值统计

最值	节点	工况	Fx	Fy	Fz	Mx	My	Mz
FxMax:155.87	3	9	155.87	0.50	1725.16	0.61	240.07	0.00
FyMax:20.26	1	21	71.38	20.26	867.01	36.80	100.03	0.00
FzMax:1762.00	2	9	155.87	-2.46	1762.00	-3.95	240.07	0.00
MxMax:-103.86	6	30	49.78	-44.04	703.24	-103.86	69.73	0.00
MyMax:265.92	3	28	144.68	0.34	1376.08	0.58	265.92	0.00
F-xMax:-155.87	9	3	-155.87	0.50	1725.16	0.61	-240.07	0.00
F-yMax:-44.04	6	30	49.78	-44.04	703.24	-103.86	69.73	0.00
F-zMax:514.20	1	29	90.12	10.41	514.20	18.73	189.46	0.00

图 3-29　节点反力计算结果界面

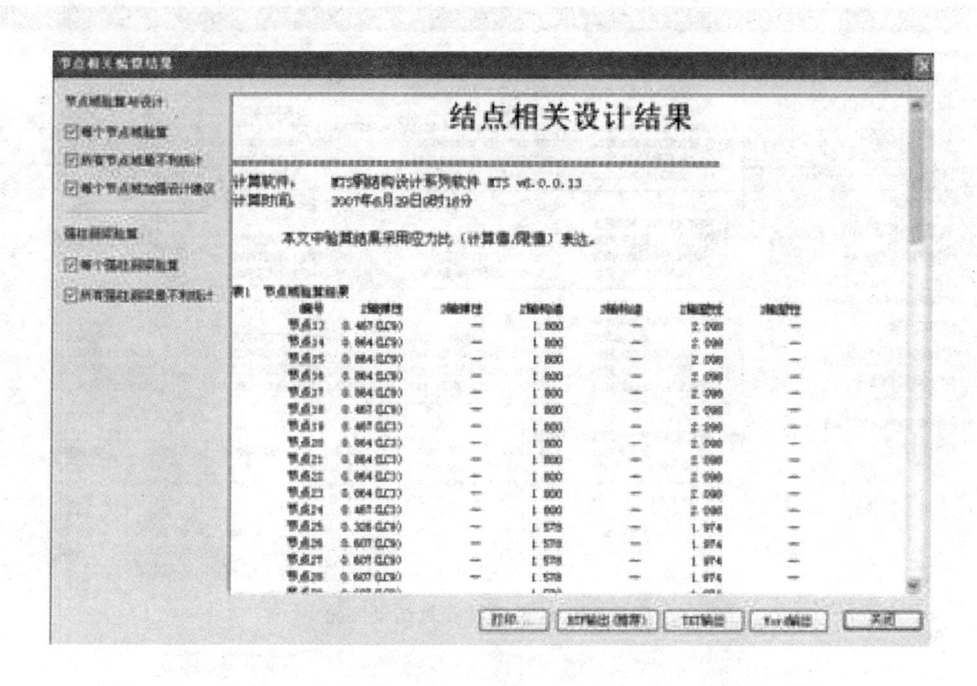

图 3-30　节点域计算结果界面

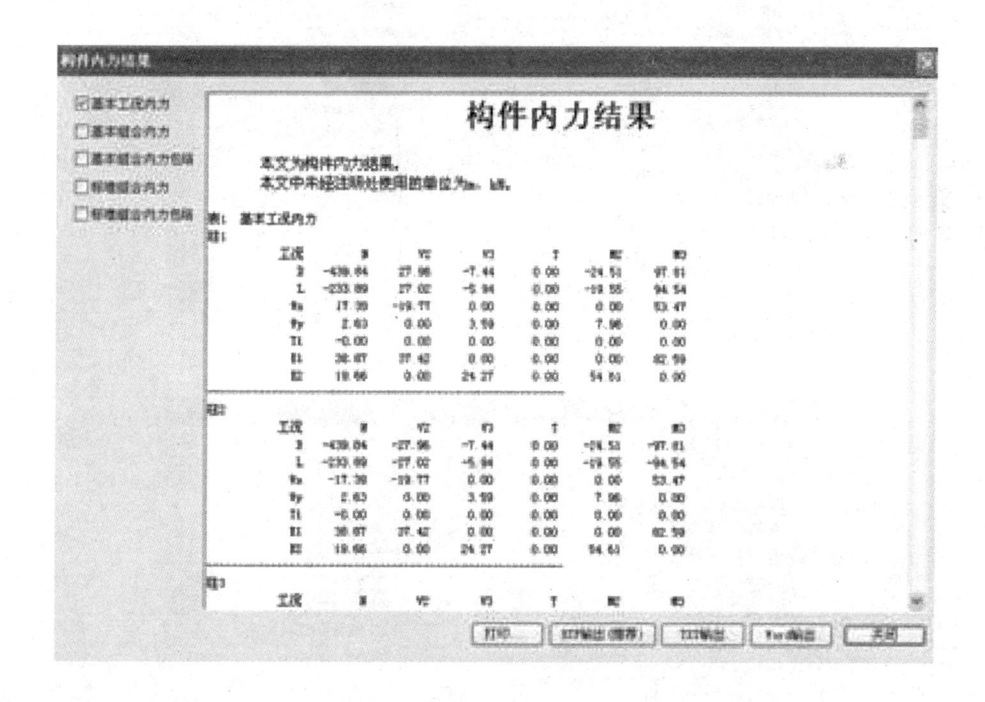

图 3-31　杆件内力计算结果界面

5．图形输出

输出屏幕二维及三维 DXF 和 BMP 图形(图 3-33、图 3-34)。

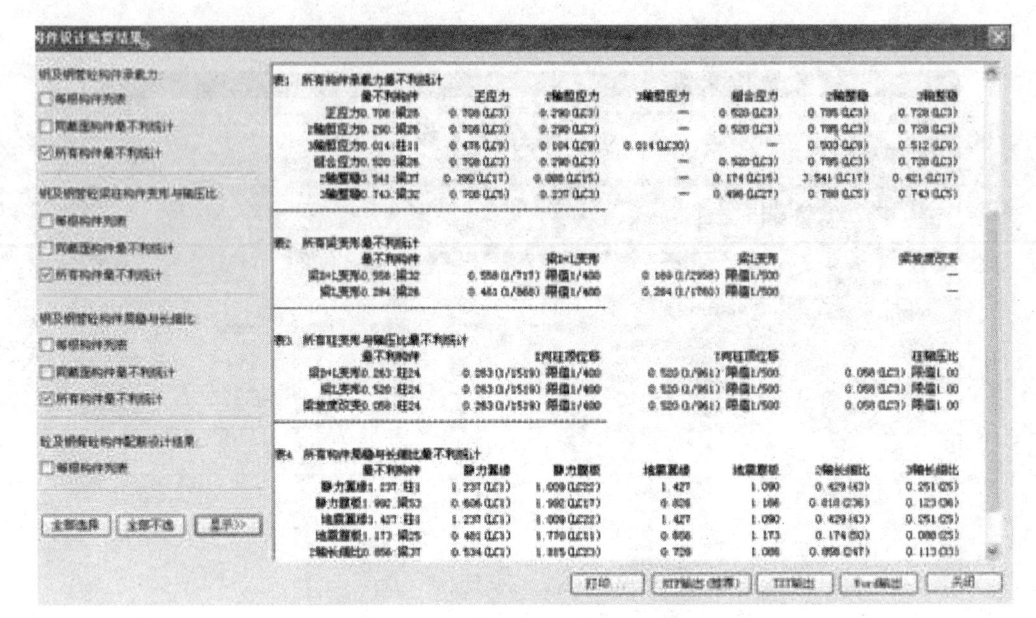

图 3-32　杆件设计验算结果界面

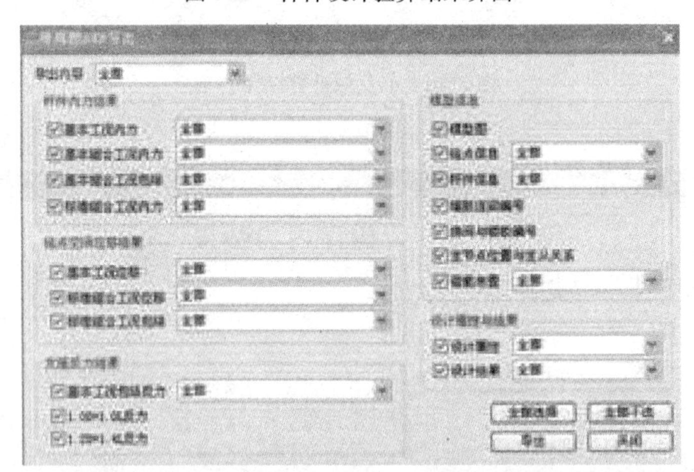

图 3-33　二维图形导出界面

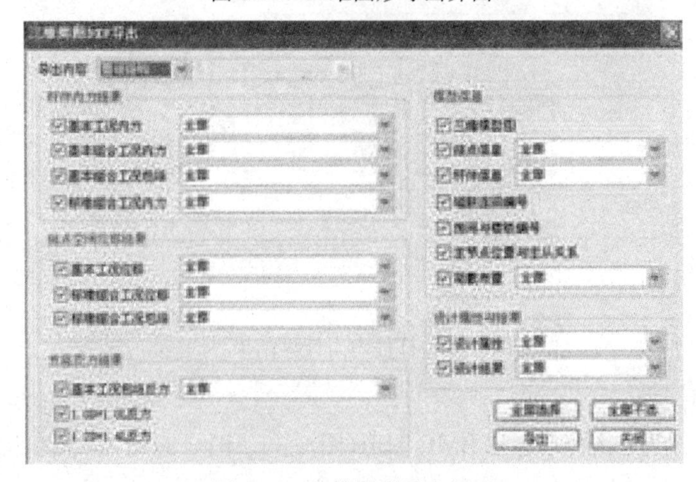

图 3-34　三维图形导出界面

6. 节点设计

进行节点设计(图 3-35)，输出连接的杆端对应信息和设计内力信息(图 3-36)。

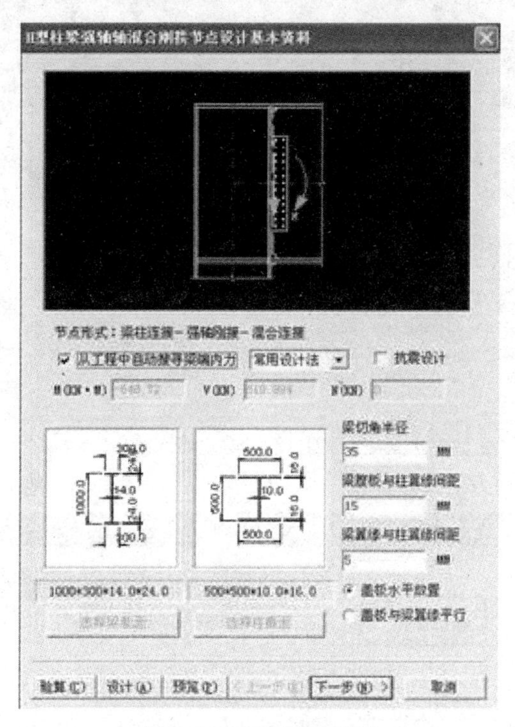

图 3-35　节点设计界面

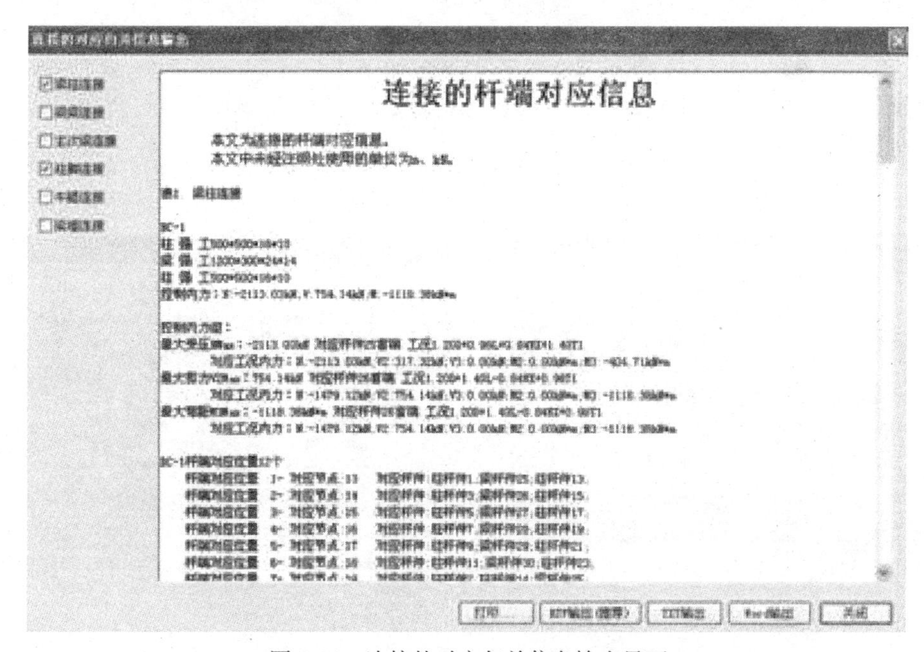

图 3-36　连接的对应归并信息输出界面

7. 基础设计

进行基础设计(图 3-37～图 3-41)及基础梁设计(图 3-42、图 3-43)，输出相应信息。

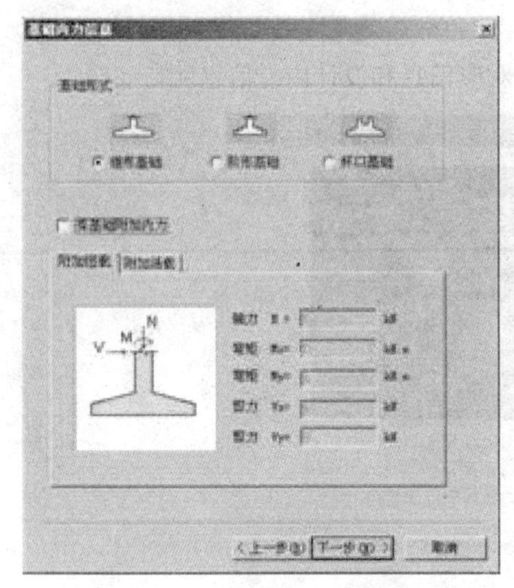

图 3-37　基础内力信息界面

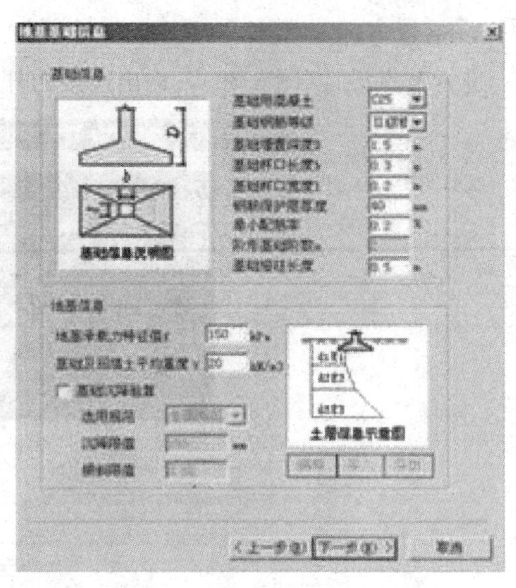

图 3-38　地基基础信息界面

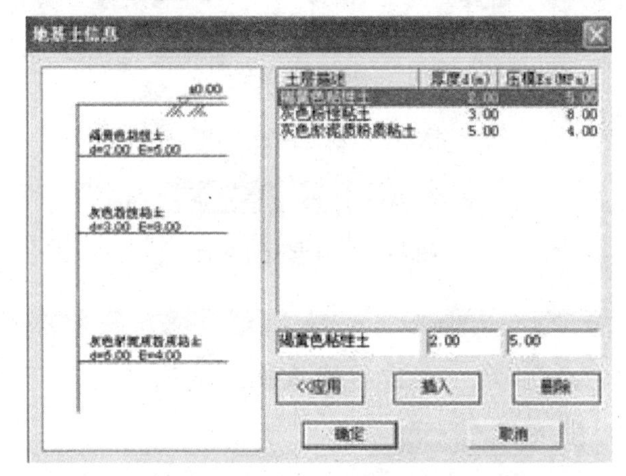

图 3-39　地基土信息界面

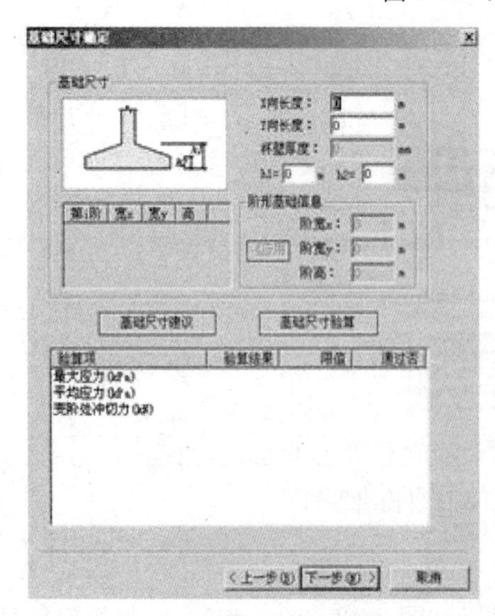

图 3-40　基础尺寸确定界面

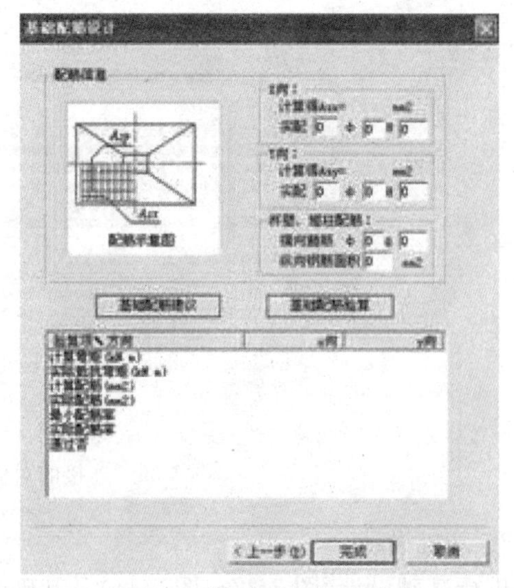

图 3-41　基础配筋设计界面

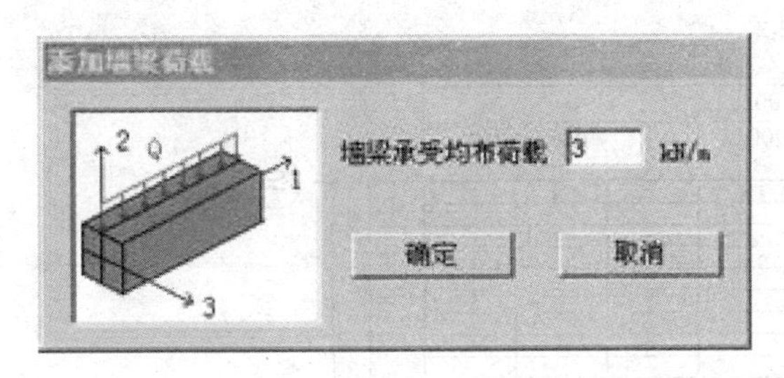

图 3-42　墙梁荷载添加界面

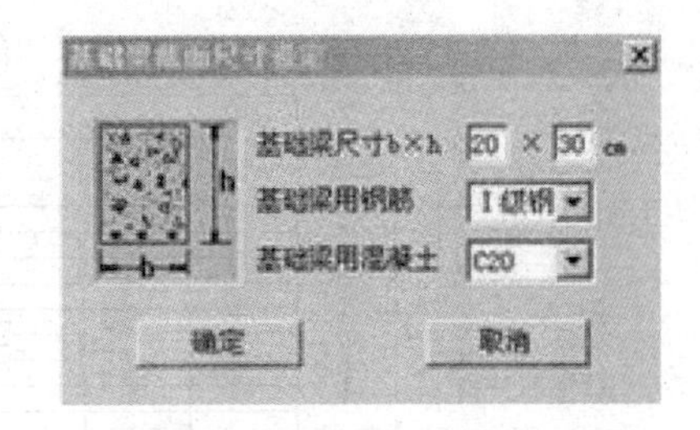

图 3-43　基础梁底面尺寸设定界面

3.2　典　型　例　题

3.2.1　设计任务书

1. 提供条件：

(1) 概况：该建筑为中学办公楼，主体四层，采用钢框架结构。

(2) 工程地质资料：根据工程地质勘察报告，拟建场地较为平坦，地表以下 0.9m 左右为杂填土，杂填土以下为 1.1m 左右淤泥质土，承载力特征值为 $f_{ak}=95kPa$，再下面为较厚的垂直及水平分布比较均匀的粉质黏土层，其承载力的特征值为 $f_{ak}=210kPa$，可作为天然地基持力层；地面绝对高程为黄海高程 30m，地下水位在距地表 2.6m。

(3) 抗震设防要求：设防烈度 7 度，设计基本地震加速度为 0.1g，设计地震分组为第一组，Ⅱ类建筑场地。

(4) 气象资料：因本地风荷载较小，不予以考虑。

2. 设计内容与要求

(1) 根据建筑施工图的要求确定结构方案和结构布置。

(2) 结构计算书：在主体建筑部分选取一榀代表性框架及其柱下基础进行计算，并完成部分非框架结构构件计算及框架电算。

(3) 绘制以下结构施工图

结构说明；基础平面布置及基础详图；地脚锚栓平面布置图；柱网布置图；结构平面布置图；纵横向框架布置图；梁、柱构件图；节点详图。

3.2.2　结构方案布置

1. 柱网布置

结构尺寸首先应最大限度地满足建筑使用功能要求，然后根据造价最省原则，充分考虑加工、安装条件等因素综合确定。由于钢结构承载能力高而质量轻，应采用较大柱网尺寸。综合考虑以上条件，柱网尺寸纵向取 7.2m，横向取 7.5m+2.7m+7.5m。

2. 结构形式选择

建筑物的结构形式应满足传力可靠，受力合理要求。对多层钢结构建筑，可采用纯框架形式，框架可双向刚接。如果结构刚度要求较高，纯框架难以满足要求，可采用支撑框架形式。由于本工程结构只有四层，结构形式又比较规则，结构刚度要求不太高，纯框架形式很容易满足，故采用钢框架结构形式。

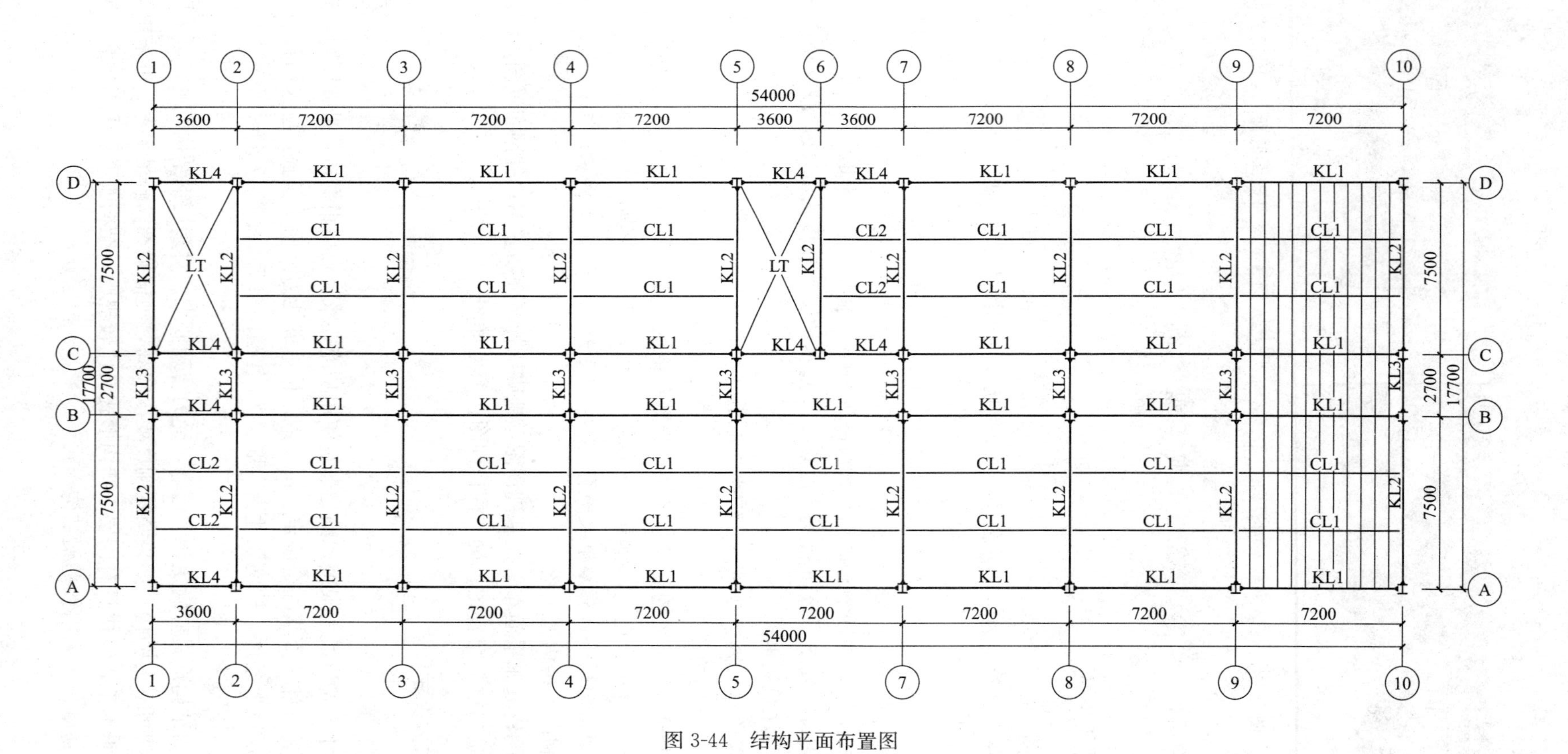

图 3-44　结构平面布置图

3. 楼板形式选择

楼板的方案选择首先要满足建筑设计要求、自重轻和便于施工的原则，还要保证楼盖有足够的刚度。常见形式有钢筋混凝土现浇楼板、预制板等。目前多高层钢结构房屋的楼板多采用压型钢板组合楼板，具有结构性能好，施工方便等特点。本工程楼板采用压型钢板组合楼板。

4. 结构平面布置

本工程平面为狭长形，且水平和竖向均为规则布置，没有大的刚度突变，可采用横向承重方案，主梁沿横向布置。主次梁布置如图 3-44 所示。

5. 截面预估

梁柱构件均采用 Q345B 钢，截面预估如下：

主梁：HN500×300×11×15，截面特性：$W_{nx}=2520\text{cm}^3$，$I_x=60800\text{cm}^4$，自重为：1.127kN/m。

次梁：高频焊接 H 型钢 HN350×175×6×8，其截面特性为：

$I_x=10051.96\text{cm}^4$，$W_{nx}=574.4\text{cm}^3$，$S_x=323.067\text{cm}^3$，自重为：0.3771kN/m。

柱：HN400×400×13×21，截面特性为：

$W_x=3340\text{cm}^3$，$i_x=17.5\text{cm}$，$A=219.5\text{cm}^2$，$I_x=66900\text{cm}^4$，自重为：1.686kN/m。

3.2.3 框架设计

结构布置前已述及，现根据前面的结构体系进行结构各个部分的设计与计算。由于计算复杂，手算时不能全部计算。框架计算时选择具有代表性的⑨轴线的框架进行计算。

1. 框架计算

(1) 荷载计算

1) 荷载统计

A. 屋面做法及其荷载计算

细砂保护层	(较轻不计)
高分子防水卷材一道	(较轻不计)
20mm 厚 1∶3 水泥砂浆找平	$0.02\times20=0.4\text{kN/m}^2$
20mm 厚膨胀珍珠岩砂浆找坡	$0.02\times15=0.3\text{kN/m}^2$
压型钢板 YX-70-200-600 及混凝土板	$0.113\times25+0.135=2.96\text{kN/m}^2$
V 型轻钢龙骨吊顶	0.25kN/m^2
小计	3.91kN/m^2

B. 屋面活荷载

不上人屋面	0.5kN/m^2

C. 楼面恒荷载

3mm 厚 T910 地砖	$19.8\times0.003=0.06\text{kN/m}^2$
20mm 厚水泥砂浆找平层	$0.02\times20=0.4\text{kN/m}^2$
压型钢板 YX-70-200-600 及混凝土板	$0.113\times25+0.135=2.96\text{kN/m}^2$
V 型轻钢龙骨吊顶	0.25kN/m^2
小计	3.67kN/m^2

D. 楼面活荷载　　2.0kN/m^2

E. 外墙面做法

240mm 厚加气混凝土砌块　　0.24×7.5=1.8kN/m^2

5mm 厚水泥砂浆找平　　0.005×20×2=0.2kN/m^2

4mm 厚 1∶1∶6 水泥石膏砂浆　　0.004×14×2=0.112kN/m^2

5mm 厚水泥砂浆抹平　　0.005×20×2=0.2kN/m^2

小计　　2.3kN/m^2

F. 内墙

200mm 加气混凝土砌块　　0.2×7.5=1.5kN/m^2

5mm 厚水泥砂浆找平　　0.005×20×2=0.2kN/m^2

4mm 厚 1∶1∶6 水泥石膏砂浆　　0.004×14×2=0.112kN/m^2

5mm 厚水泥砂浆抹平　　0.005×20×2=0.2kN/m^2

小计　　2.0kN/m^2

G. 女儿墙　按外墙做法(高 900mm)

2) 荷载计算

A. 恒载计算

作用于顶层框架梁的线荷载　　g_4=1.127kN/m

作用于中间框架梁的线荷载　　g_{AB1}=1.127+2.0×3.6=8.33kN/m

g_{BC1}=1.127kN/m

屋面框架节点集中荷载标准值

边柱纵梁自重　　1.127×7.2=8.114kN

女儿墙重　　2.3×0.9×7.2=14.904kN

纵梁传来恒载　　$\frac{1}{2}\times2.5\times(3.91\times7.2)=35.19$kN

屋顶边节点集中荷载　　$G_{4A}=G_{4D}=58.21$kN

中柱纵梁自重　　1.127×7.2=8.114kN

纵梁传来屋面恒载　　$2\times\frac{1}{2}\times(2.5+2.7)\times(3.91\times7.2)=73.2$kN

屋顶中节点集中荷载　　$G_{4B}=G_{4C}=81.31$kN

次梁自重　　0.3771×7.2=2.715kN

次梁传来屋面恒载　　$2\times\frac{1}{2}\times2.5\times(3.91\times7.2)=70.38$kN

顶层次梁集中荷载　　73.1kN

楼面框架节点集中荷载标准值:

考虑门窗开洞，内外墙重需折减，外墙折减系数 70%，内墙折减系数为 85%。

边柱纵梁自重　　1.127×7.2=8.114kN

外墙重:　　2.3×3.6×7.2×70%=41.73kN

柱自重:　　1.686×3.6=6.07kN

纵梁传来楼面恒载　　$2\times\frac{1}{2}\times2.5\times(3.67\times7.2)=33.03\text{kN}$

楼面边节点集中荷载　　$G_{1\sim3A}=G_{1\sim3D}=88.94\text{kN}$

主梁自重　　$1.127\times7.2=8.114\text{kN}$

内纵墙　　$2.0\times3.6\times7.2\times85\%=44.064\text{kN}$

柱自重　　$1.686\times3.6=6.07\text{kN}$

纵梁传来楼面恒载　　$\frac{1}{2}\times(2.5+2.7)\times(3.67\times7.2)=68.702\text{kN}$

楼层中间节点集中荷载　　$G_{1\sim3B}=G_{1\sim3C}=126.95\text{kN}$

次梁自重　　$0.3771\times7.2=2.715\text{kN}$

次梁传来楼面恒载　　$2\times\frac{1}{2}\times2.5\times(3.67\times7.2)=66.06\text{kN}$

楼层中间次梁集中荷载　　68.78kN

B. 活荷载计算

根据《建筑结构荷载规范》GB 50009—2012

楼面　　2.0kN/m^2

屋面（不上人）　　0.5kN/m^2

雪载　　0.5kN/m^2

走廊、楼梯　　2.5kN/m^2

屋面边节点　　$P_{4A}=P_{4D}=\frac{1}{2}\times2.5\times0.5\times7.2=4.5\text{kN}$

屋面中节点　　$P_{4B}=P_{4C}=\frac{1}{2}\times(2.5+2.7)\times0.5\times7.2=9.36\text{kN}$

屋面次梁传来荷载　　$2\times\frac{1}{2}\times2.5\times0.5\times7.2=9\text{kN}$

楼面边节点　　$P_{1\sim3A}=P_{1\sim3D}=\frac{1}{2}\times2.5\times2\times7.2=18\text{kN}$

楼面中节点

$$P_{1\sim3B}=P_{1\sim3C}=\frac{1}{2}\times2.5\times2.0\times7.2+\frac{1}{2}\times2.7\times2.5\times7.2=42.3\text{kN}$$

楼面次梁传来荷载　　$2\times\frac{1}{2}\times2.5\times2.0\times7.2=36\text{kN}$

（2）水平地震作用下内力及位移计算

1）重力荷载代表值计算

根据《建筑抗震设计规范》GB 50011—2010 中第 5.1.3 条，顶层重力荷载代表值包括：屋面及女儿墙自重、50％屋面雪荷载、纵横梁自重、半层柱自重、半层墙自重。其他层荷载代表值包括：楼面恒荷载、50％的楼面均布活荷载、纵横梁自重、楼面上下各半层的柱及墙体自重（注：雪荷载取为 0.5kN/m^2）。

A. 屋盖 G_n

（A）女儿墙　　$g_1=2.3\times0.9\times(54+17.7)\times2=296.84\text{kN}$

(B) 屋面荷载　　　　　　　$g_2=(3.91+0.5\times50\%)\times54\times17.7=3976.13\text{kN}$

(C) 纵横梁：纵向梁　　　$1.127\times54\times4+0.3771\times54\times4=324.89\text{kN}$

横向梁　　　$1.127\times17.7\times9+1.127\times7.5=187.98\text{kN}$

$g_3=512.87\text{kN}$

(D) 半层高外墙恒载：　　$g_4=2.3\times\frac{3.6}{2}\times(54\times2\times70\%+17.7\times2)=459.54\text{kN}$

(E) 半层高内墙恒载：　　$g_5=2.0\times\frac{3.6}{2}\times(54\times2\times85\%+7.5\times14)=708.48\text{kN}$

(F) 半层柱自重：　　　　$g_6=1.686\times\frac{3.6}{2}\times38=115.32\text{kN}$

合计：　　　　　　　$G_n=6069.18\text{kN}$

B. 楼面重力 G_i

(A) 楼梯折算：把楼梯简化为250mm厚混凝土板

$$g_7=(0.25\times25+2.5\times50\%)\times3.6\times7.5\times2=405\text{kN}$$

(B) 楼面荷载

$$g_8=(3.67+2.0\times50\%)\times(54\times15-3.6\times7.5\times2)+(3.67+2.5\times50\%)\times54\times2.7=4247.86\text{kN}$$

(C) 纵横梁：　　　　　　$g_9=507.44\text{kN}$

(D) 上下半层高外墙恒载：$g_{10}=2g_4=919.08\text{kN}$

(E) 上下半层高内墙恒载：$g_{11}=2g_5=1416.96\text{kN}$

(F) 上下半层高柱自重：　$g_{12}=2g_6=230.64\text{kN}$

合计：　　　　　　　$G_i=7726.98\text{kN}$

汇总：$G_1=G_2=G_3=7726.98\text{kN}$　$G_4=6069.18\text{kN}$

各楼层重力荷载代表值如图3-45所示。

2) 水平地震作用下框架的侧移计算

A. 梁、柱线刚度计算

在框架弹性分析中，由于楼板与钢梁连接在一起，宜考虑现浇楼板与钢梁的共同作用，且在设计中应使楼板与钢梁间有可靠的连接。压型钢板组合楼盖中梁的惯性矩，对两侧有楼板的梁应取1.5倍，对仅一侧有楼板的梁宜取1.2倍。梁线刚度计算过程见表3-1。

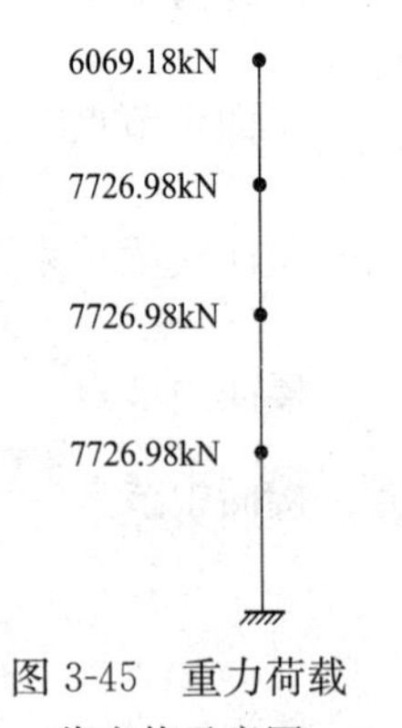

图3-45　重力荷载代表值示意图

(A) 梁线刚度

框架梁线刚度表　　**表3-1**

边框架梁	7.5m跨	$K_b=1.2E\frac{I_b}{l}=1.2\times2.06\times10^8\times\frac{6.08\times10^{-4}}{7.5}=2.01\times10^4\text{kN}\cdot\text{m}$
	2.7m跨	$K_b=1.2E\frac{I_b}{l}=1.2\times2.06\times10^8\times\frac{6.08\times10^{-4}}{2.7}=5.57\times10^4\text{kN}\cdot\text{m}$
中框架梁	7.5m跨	$K_b=1.5E\frac{I_b}{l}=1.5\times2.06\times10^8\times\frac{6.08\times10^{-4}}{7.5}=2.5\times10^4\text{kN}\cdot\text{m}$
	2.7m跨	$K_b=1.5E\frac{I_b}{l}=1.5\times2.06\times10^8\times\frac{6.08\times10^{-4}}{2.7}=6.96\times10^4\text{kN}\cdot\text{m}$

注：$I_b=6.08\times10^4\text{cm}^4$

(*B*) 柱线刚度

层高均为 3.6m

$$I_c=6.69\times10^4\mathrm{cm}^4$$

$$K_c=E\frac{I_c}{l}=2.06\times10^8\times\frac{6.69\times10^{-4}}{3.6}=3.83\times10^4\mathrm{kN\cdot m}$$

边框架、中框架的梁柱线刚度如图 3-46、图 3-47 所示。

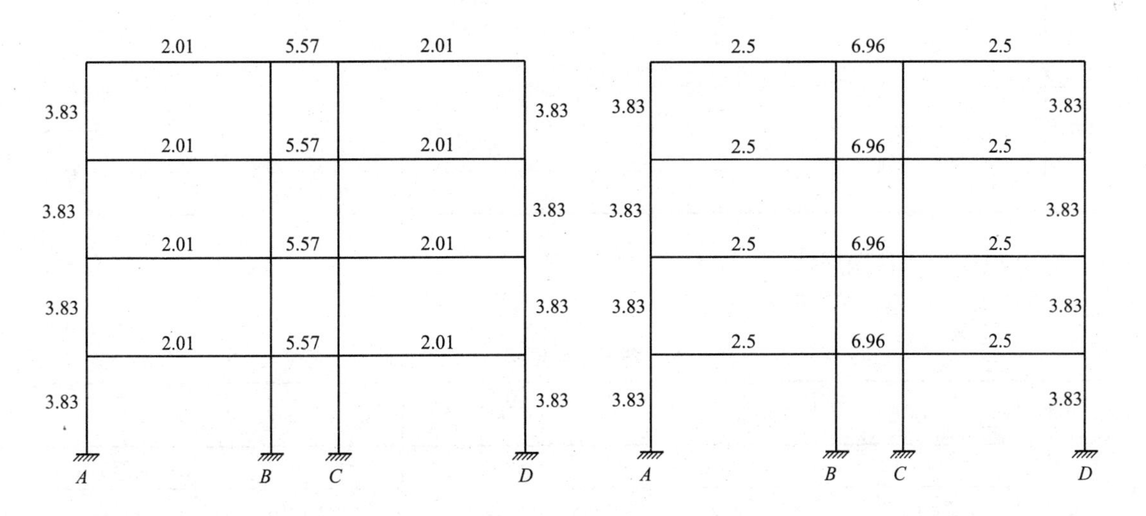

图 3-46　框架梁柱线刚度图（$\times10^4\mathrm{kN\cdot m}$）　　图 3-47　框架梁柱线刚度图（$\times10^4\mathrm{kN\cdot m}$）

B. 横向框架柱抗侧移刚度 *D* 值计算

在工程手算方法中，常采用 *D* 值法（改进反弯点法）进行水平地震作用下框架内力的分析。*D* 值法近似考虑了框架节点转动对侧移刚度和反弯点高度的影响，比较精确，应用比较广泛。

$$D=\frac{12\alpha K_C}{h^2}$$

$$K_c=E\frac{I_c}{h}$$

$$K=\frac{\sum K_b}{2K_C}\text{（一般层）}\quad K=\frac{\sum K_b}{K_C}\text{（底层）}$$

$$\alpha=\frac{K}{K+2}\text{（一般层）}\quad \alpha=\frac{K+0.5}{K+2}\text{（底层）}$$

式中　K_c，K_b，K——柱的线刚度，梁的线刚度，楼层梁柱平均线刚度比；

h——楼层高度；

α——节点转动影响系数。

D 值计算过程见表 3-2。

框架柱侧移刚度 **表 3-2**

框架位置	楼层	柱位	K_C (10^4 kN·m)	$\sum K_b$ (10^4 kN·m)	一般层 $K=\frac{\sum K_b}{2K_C}$ 底层 $K=\frac{\sum K_b}{K_C}$	一般层 $\alpha=\frac{K}{K+2}$ 底层 $\alpha=\frac{K+0.5}{K+2}$	层高 (m)	$D=\frac{12\alpha K_c}{h^2}$ ($\times 10^4$ kN/m)	柱数量	$\sum D$($\times 10^4$ kN/m)	
										小计	每层
边框架	2-4	边	3.83	4.02	0.525	0.208	3.6	0.738	4	2.952	10
		中		15.16	1.979	0.497		1.736	4	7.052	
	1	边	3.83	2.01	0.525	0.406	3.6	1.44	4	5.76	14.6
		中		7.58	1.979	0.623		2.209	4	8.836	
中框架	2-4	边	3.83	5.0	0.653	0.246	3.6	0.872	15	13.08	42.5
		中		18.92	2.47	0.553		1.9611	15	29.415	
	1	边	3.83	2.5	0.653	0.435	3.6	1.543	15	23.145	58.47
		中		9.46	2.47	0.664		2.355	15	35.325	

C. 横向框架自振周期

(*A*) 顶点位移计算(表 3-3)

各层顶点位移 **表 3-3**

层数	G_i(kN)	$\sum G_i$(kN)	D_i(10^4kN/m)	$\delta_i=\sum G_i/D_i$(m)	Δ_i(m)
4	6069.18	6069.18	52.5	0.0116	0.1189
3	7726.98	13796.16	52.5	0.0263	0.1073
2	7726.98	21523.14	52.5	0.0410	0.0810
1	7726.98	29250.12	73.07	0.0400	0.0400

结构层侧移 $u_r=\sum \Delta_i=0.1189$m，非结构构件对 T_1 影响修正系数 $\zeta_T=0.9$，$T_1=1.7\zeta_T\sqrt{u_r}=1.7\times 0.9\times\sqrt{0.1189}=0.528$s。

(*B*) 对于横向框架的水平地震作用

设防烈度 7 度，地震加速度 $0.1g$，地震分组为第一组，二类建筑场地 $T_g=0.35$s；$\alpha_{max}=0.08$。

采用底部剪力法计算，阻尼比 $\xi=0.035$。

$$T_g=0.35\text{s}\leqslant T_1=0.528\text{s}\leqslant 5T_g=1.65\text{s}$$

$$\gamma=0.9+\frac{0.05-\zeta}{0.05+5\zeta}=0.92 \quad \eta_2=1+\frac{0.05-\zeta}{0.06+1.7\zeta}=1.126$$

$$\therefore \quad \alpha=\left(\frac{T_g}{T_1}\right)^{\gamma}\eta_2\alpha_{max}=\left(\frac{0.35}{0.528}\right)^{0.92}\times 1.126\times 0.08=0.062$$

结构等效荷载取重力荷载代表值的 85%，则

$$G_{eq}=29250.12\times 85\%=24862.6\text{kN}$$

水平地震作用标准值为

$$F_{EK}=\alpha G_{eq}=0.062\times 24862.6=1541.48\text{kN}$$

(*C*) 顶点附加地震作用系数

$$\because \quad T_1=0.53\text{s}\geqslant 1.4T_g=0.49\text{s}$$

$$\delta_n = 0.08T_1 + 0.07 = 0.112 \leqslant 0.15$$

∴ 顶点附加水平地震作用为

$$\Delta F_n = \delta_n F_{EK} = 0.112 \times 1541.48 = 172.65\text{kN}$$

D. 各层水平地震作用下标准值计算(见表 3-4、图 3-48)

$$F_i = \frac{G_i H_i}{\sum_{i=1}^{n} G_i H_i} F_{EK}$$

横向框架各层地震作用及楼层剪力 **表 3-4**

层数	h_i(m)	H_i(m)	G_i(kN)	G_iH_i(kN·m)	$G_iH_i/\sum G_iH_i$	F_i(kN)	V_i(kN)
4	3.6	14.4	6069.18	87396.192	0.344	470.88+172.65	643.53
3	3.6	10.8	7726.98	83451.384	0.328	448.98	1092.51
2	3.6	7.2	7726.98	55634.256	0.219	299.77	1392.28
1	3.6	3.6	7726.98	27817.128	0.109	149.20	1541.48

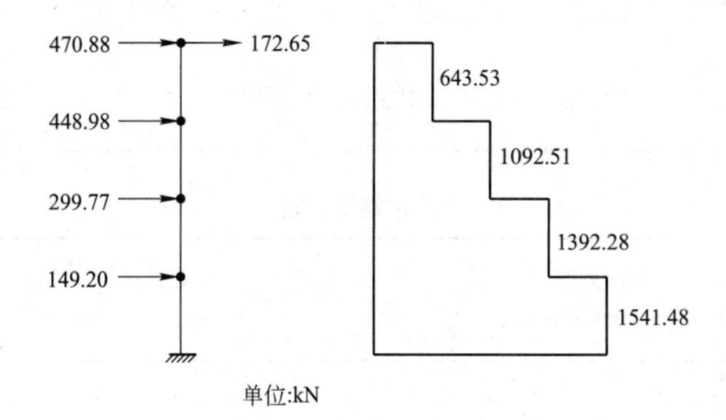

图 3-48 楼层地震作用及剪力

结构任一楼层的水平地震地震剪力应满足 $V_i > \lambda \sum_{j=i}^{n} G_j$，7 度设防，设计基本地震加速度为 0.10g，且 $T < 3.5$s，则 $\lambda = 0.016$。

E. 地震剪力验算

各层最小剪力验算见表 3-5。

地震剪力最小值验算表 **表 3-5**

层数	V_i(kN)	G_i(kN)	$\lambda \sum_{j=i}^{n} G_j$ (kN)
4	643.53	6069.18	97.11
3	1092.51	7726.98	220.74
2	1392.28	7726.98	344.37
1	1541.48	7726.98	468.00

F. 变形验算

结果列于表 3-6。

变形验算表 表 3-6

层数	层间剪力(kN)	层间刚度 D_i(10^4kN/m)	$u_i-u_{i-1}=\frac{V_i}{D_i}$(m)	层高 h_i(m)	层间相对弹性转角	备注
4	643.53	52.5	0.0012	3.6	1/3000	层间转角满足结构层高 1/250 的要求，即 $[\theta_c]=\frac{1}{646.7}$
3	1092.51	52.5	0.0021	3.6	1/1714	
2	1392.28	52.5	0.0027	3.6	1/1333	
1	1541.48	73.07	0.0021	3.6	1/1714	

3) 地震作用下框架的内力分析

A. 横向框架柱端弯矩计算(见表 3-7、表 3-8)

A 柱柱端弯矩表 表 3-7

层数	层高 h_i(m)	层间剪力 V_i(kN)	层间刚度 D_i(10^4kN/m)	A 轴柱(边柱)					
				D_{im} (10^4kN/m)	V_{im} (kN)	K	y	$M_上$ (kN·m)	$M_下$ (kN·m)
4	3.6	643.53	52.5	0.872	10.69	0.653	0.35	25.01	13.47
3	3.6	1092.51	52.5	0.872	18.15	0.653	0.40	39.20	26.14
2	3.6	1392.28	52.5	0.872	23.13	0.653	0.50	41.63	41.63
1	3.6	1541.48	73.07	1.543	32.55	0.653	0.70	35.15	82.03

B 柱柱端弯矩表 表 3-8

层数	层高 h_i(m)	层间剪力 V_i(kN)	层间刚度 D_i(10^4kN/m)	B 轴柱(边柱)					
				D_{im} (10^4kN/m)	V_{im} (kN)	K	y	$M_上$ (kN·m)	$M_下$ (kN·m)
4	3.6	643.53	52.5	1.961	24.04	2.47	0.45	47.60	38.94
3	3.6	1092.51	52.5	1.961	40.81	2.47	0.47	77.87	69.05
2	3.6	1392.28	52.5	1.961	52.00	2.47	0.50	93.60	93.60
1	3.6	1541.48	73.07	2.355	49.68	2.47	0.55	80.48	98.37

注：$V_{im}=\frac{D_{im}}{D_i}V_i$，上端 $M_c^u=V_{im}\times(h-y)$，下端 $M_c^l=V_{im}\times y$。

B. 梁端弯矩、剪力、柱轴力计算

梁端弯矩可按节点弯矩平衡条件，将节点上下柱端弯矩之和按左右梁的线刚度比例分配。梁端剪力为梁端弯矩之和除以梁长度。边柱轴力为各层梁端剪力按层叠加，中柱轴力为柱两侧梁端剪力之差，亦按层叠加。梁端弯矩、剪力、柱轴力见表 3-9，框架梁柱弯矩、梁端剪力及柱轴力分别如图 3-49、图 3-50 所示。

梁端弯矩、剪力、柱轴力表 表 3-9

层数	AB 跨			BC 跨			柱轴力	
	$M_左$(kN·m)	$M_右$(kN·m)	V(kN)	$M_左$(kN·m)	$M_右$(kN·m)	V(kN)	N_A(kN)	N_B(kN)
4	25.01	12.58	5.01	35.02	35.02	25.94	−5.01	20.93
3	52.67	30.87	11.14	85.94	85.94	63.66	−16.15	73.45
2	67.77	42.98	14.77	119.67	119.67	88.64	−30.92	147.32
1	76.78	46	16.37	128.08	128.08	94.87	−47.29	225.82

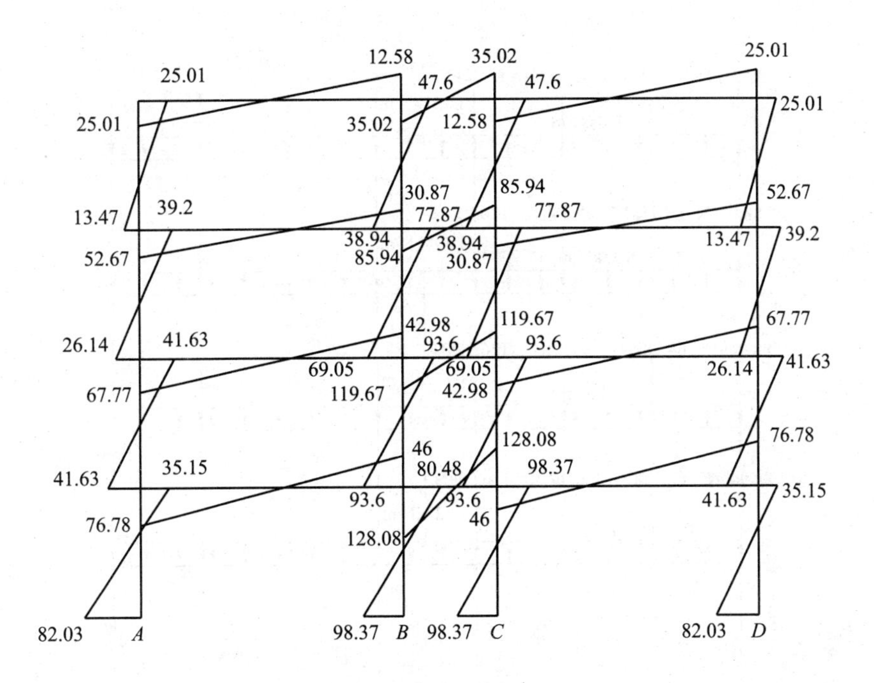

图 3-49　横向框架弯矩图(单位：kN·m)

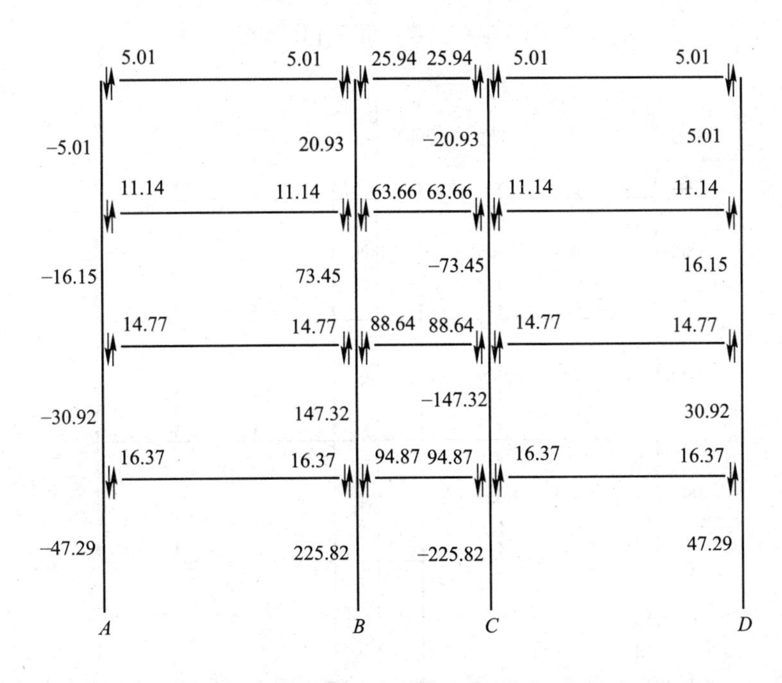

图 3-50　梁端剪力及柱轴力图(单位：kN)

(3) 竖向荷载作用下结构内力分析

由于结构对称，在竖向荷载作用下无侧移，其内力分析可采用弯矩分配法。恒载作用下计算简图如图 3-51 所示，活荷载作用下计算简图如图 3-52 所示。

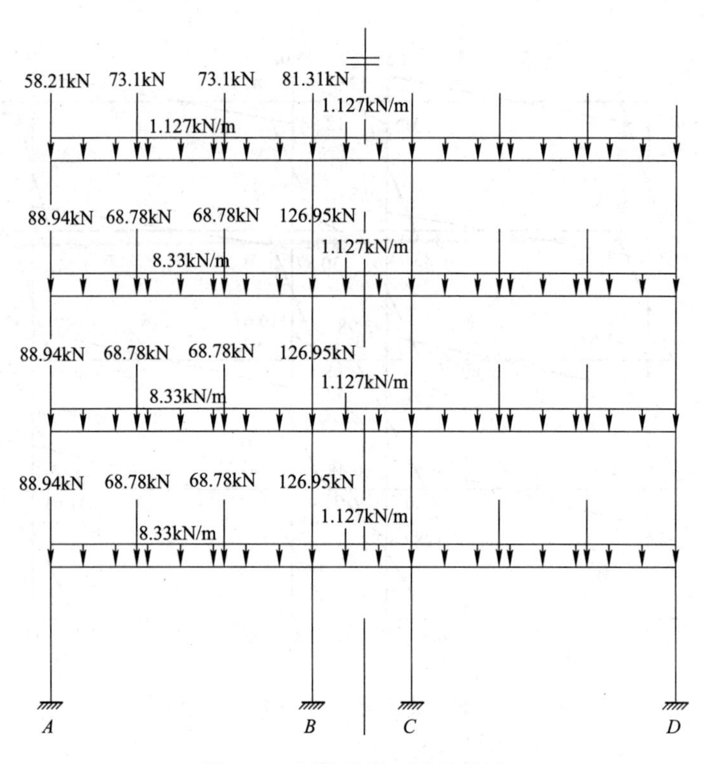

图 3-51　恒载作用下计算简图

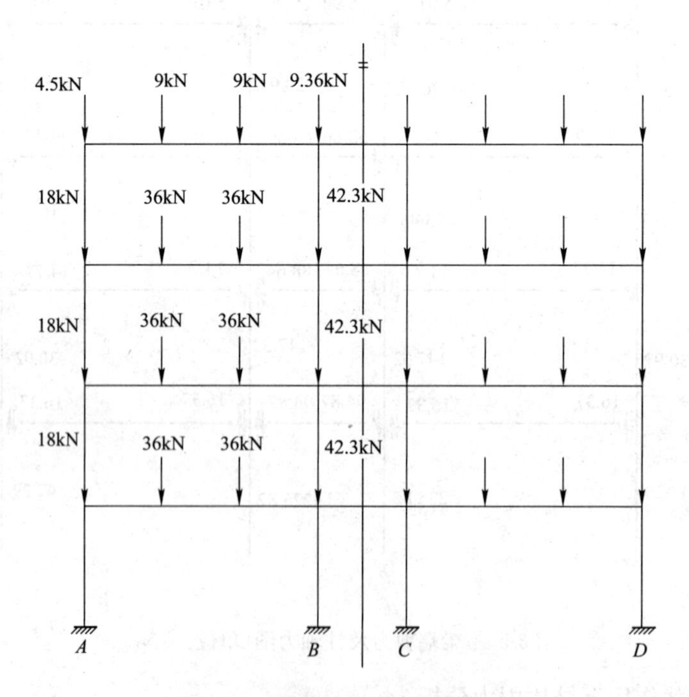

图 3-52　活荷载作用下计算简图

1）竖向荷载作用下梁固端弯矩计算

竖向荷载作用下梁固端弯矩计算见表 3-10。

竖向荷载作用下梁固端弯矩计算 **表 3-10**

层号	作用			固端弯矩(kN・m)			
	恒载(kN)		活荷载(kN)	恒载作用		活荷载作用	
	集中力	均布力		*AB* 跨	*BC* 跨	*AB* 跨	*BC* 跨
4	73.1	1.127	9	127.11	0.68	15	0
3	68.78	8.33/1.127	36	153.68	0.68	60	0
2	68.78	8.33/1.127	36	153.68	0.68	60	0
1	68.78	8.33/1.127	36	153.68	0.68	60	0

2) 梁、柱分配系数计算

对称结构可以取一半进行计算，走廊处梁长度为原来一半，故线刚度为原来 2 倍。固定端转动刚度 $S=4i$，滑动端转动刚度 $S=i$。梁柱线刚度如图 3-53 所示，梁柱分配系数见表 3-11。

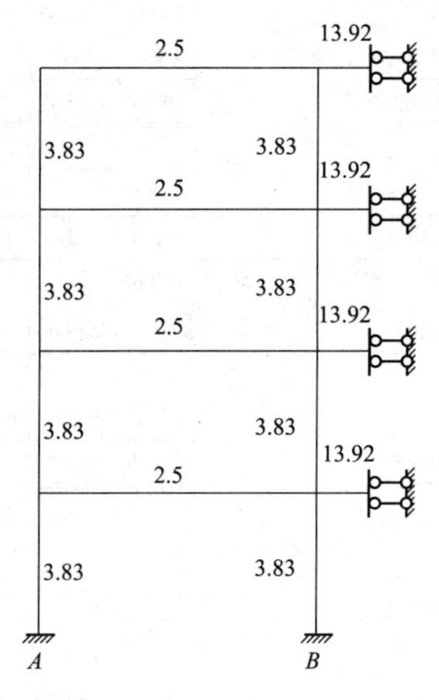

图 3-53 梁柱线刚度图($\times 10^4$ kN・m)

梁、柱分配系数表 **表 3-11**

层号	*A* 柱(上)	*A* 柱(下)	*AB* 梁	*BA* 梁	*B* 柱(上)	*B* 柱(下)	*BC* 梁
4	0.000	0.605	0.395	0.255	0.000	0.390	0.355
3	0.377	0.377	0.246	0.183	0.281	0.281	0.255
2	0.377	0.377	0.246	0.183	0.281	0.281	0.255
1	0.377	0.377	0.246	0.183	0.281	0.281	0.255

3) 框架弯矩计算

利用弯矩分配法计算恒、活荷载作用下的弯矩，计算结果如图 3-54～图 3-57 所示。

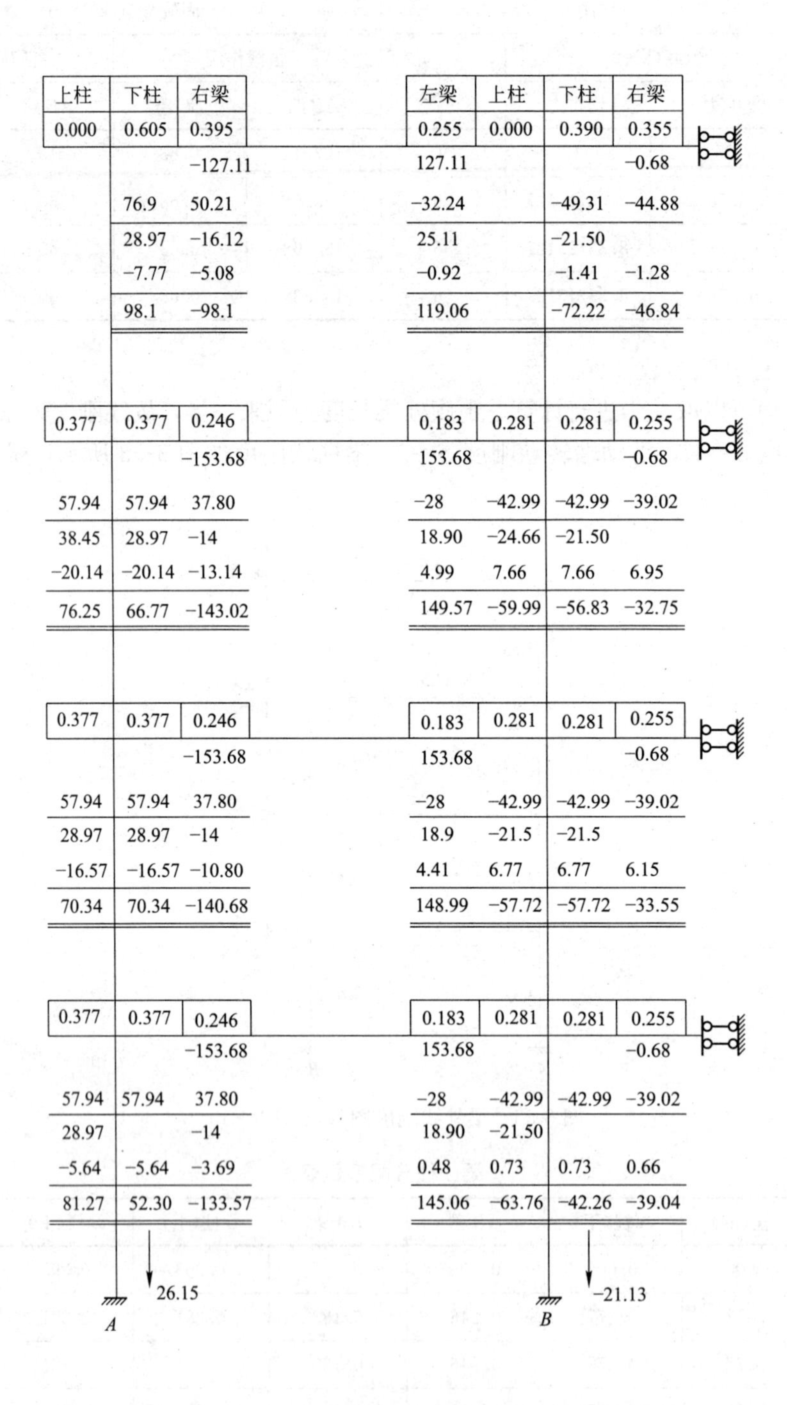

图 3-54 恒载作用下弯矩分配图(单位：kN·m)

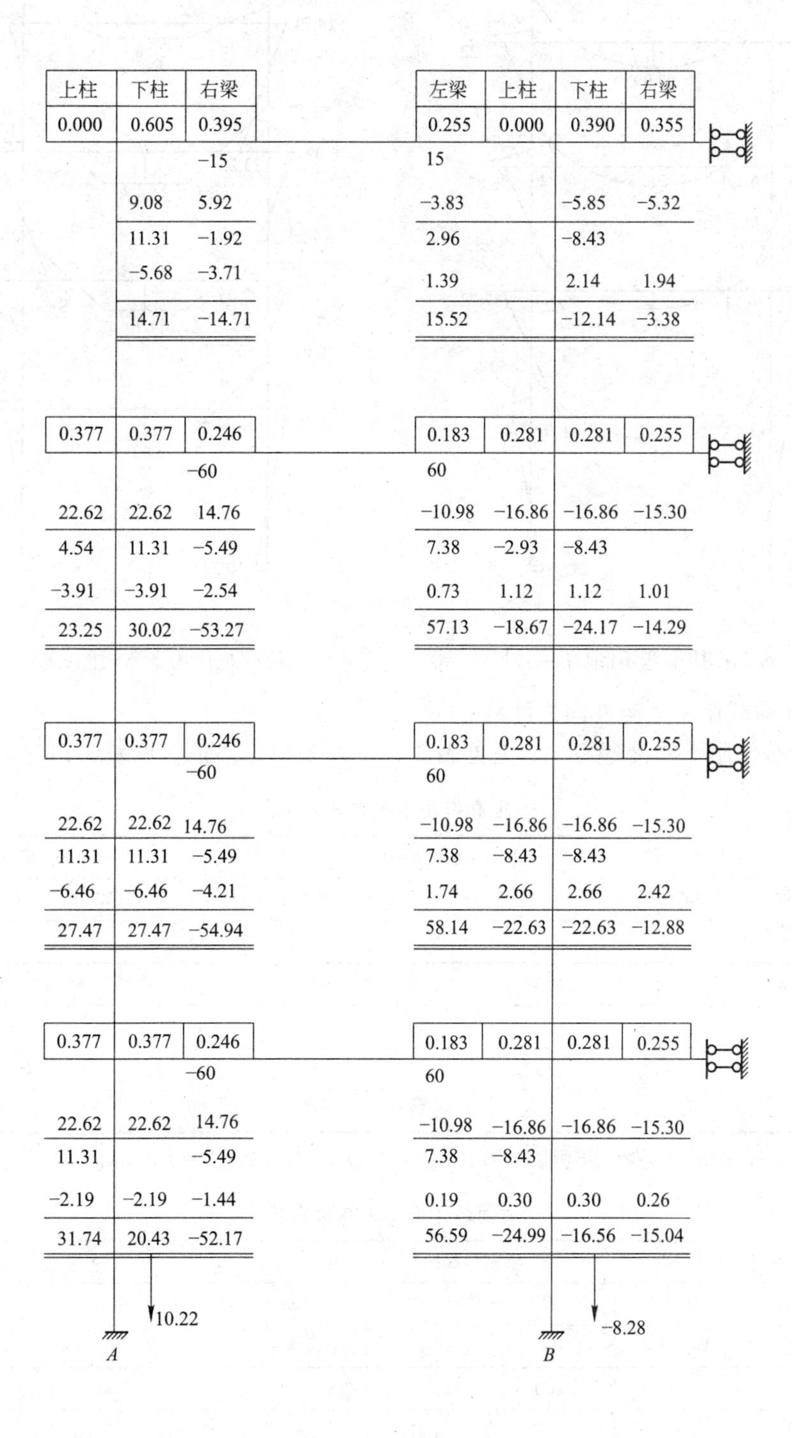

图 3-55　活荷载作用下弯矩分配图(单位：kN・m)

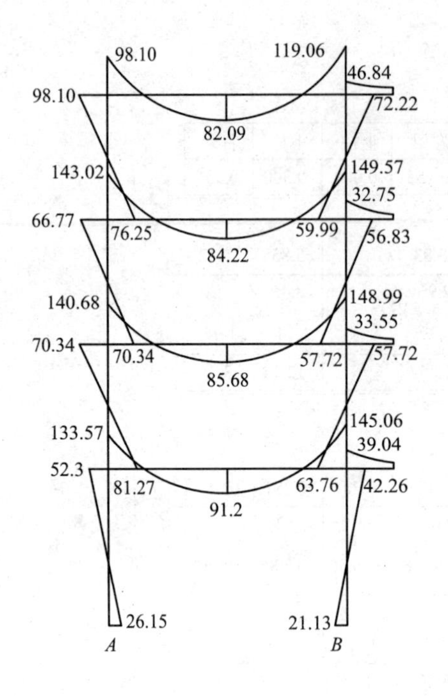

图 3-56　恒载作用下弯矩图(单位：kN·m)

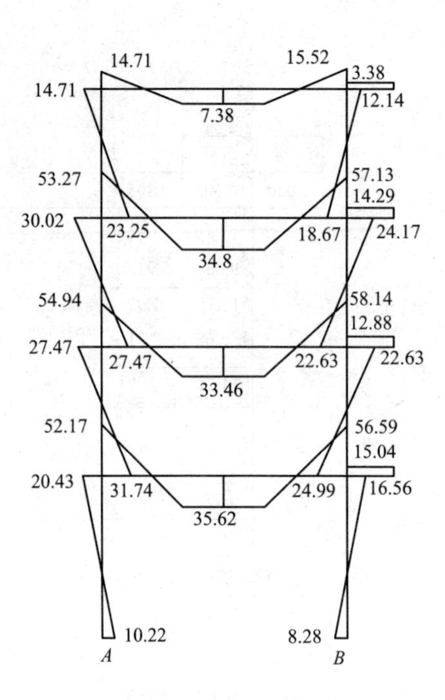

图 3-57　活荷载作用下弯矩图(单位：kN·m)

4）竖向荷载作用下构件内力计算

竖向荷载作用下的梁弯矩、剪力见表 3-12、表 3-13，柱轴力见表 3-14～表 3-16。

恒载作用下梁端剪力表　　**表 3-12**

层数	荷载引起的剪力(kN)		弯矩引起的剪力(kN)			总剪力(kN)		
	AB 跨	*BC* 跨	*AB* 跨		*BC* 跨	*AB* 跨		*BC* 跨
	$V_A=V_B$	$V_B=V_C$	V_A	V_B	$V_B=V_C$	V_A	V_B	$V_B=V_C$
4	77.33	1.52	−2.79	2.79	0	74.54	80.12	1.52
3	100.02	1.52	−0.87	0.87	0	99.15	100.89	1.52
2	100.02	1.52	−1.11	1.11	0	98.91	101.13	1.52
1	100.02	1.52	−1.53	1.53	0	98.49	101.55	1.52

注：梁内力正负号规定：弯矩为下侧受拉为正，上侧受拉为负；剪力为向上为正，下同。

活荷载作用下梁端剪力表　　**表 3-13**

层数	荷载引起的剪力(kN)		弯矩引起的剪力(kN)			总剪力(kN)		
	AB 跨	*BC* 跨	*AB* 跨		*BC* 跨	*AB* 跨		*BC* 跨
	$V_A=V_B$	$V_B=V_C$	V_A	V_B	$V_B=V_C$	V_A	V_B	$V_B=V_C$
4	9	0	−0.11	0.11	0	8.89	9.11	0
3	36	0	−0.51	0.51	0	35.49	36.51	0
2	36	0	−0.43	0.43	0	35.57	36.43	0
1	36	0	−0.59	0.59	0	35.41	36.59	0

恒载作用下 A 柱轴力表 表 3-14

层数	截面	V_A(AB跨)	纵梁重	墙重	板重	柱重	总轴力
4	柱顶	74.54	8.114	14.904	35.19		132.75
	柱底	74.54	8.114	14.904	35.19	6.07	138.82
3	柱顶	99.15	8.114	41.73	33.03		320.84
	柱底	99.15	8.114	41.73	33.03	6.07	326.91
2	柱顶	98.91	8.114	41.73	33.03		508.69
	柱底	98.91	8.114	41.73	33.03	6.07	514.76
1	柱顶	98.49	8.114	41.73	33.03		696.12
	柱底	98.49	8.114	41.73	33.03	6.07	702.19

注：1. 表内均为标准值，单位为 kN；

2. 柱内力正负号规定：A 柱弯矩为外侧受拉为正，内侧受拉为负，B 柱弯矩为内侧受拉为正，外侧受拉为负，轴力均为拉为负，压为正，下同。

恒载作用下 B 柱轴力表 表 3-15

层数	截面	V_B(AB跨)	V_B(BC跨)	纵梁重	墙重	板重	柱重	总轴力
4	柱顶	80.12	1.52	8.114		73.20		162.95
	柱底	80.12	1.52	8.114		73.20	6.07	169.02
3	柱顶	100.89	1.52	8.114	44.064	68.702		392.31
	柱底	100.89	1.52	8.114	44.064	68.702	6.07	398.38
2	柱顶	101.13	1.52	8.114	44.064	68.702		621.91
	柱底	101.13	1.52	8.114	44.064	68.702	6.07	627.98
1	柱顶	101.55	1.52	8.114	44.064	68.702		851.93
	柱底	101.55	1.52	8.114	44.064	68.702	6.07	858

注：表内均为标准值，单位为 kN。

活荷载作用下 A、B 柱轴力计算表 表 3-16

层数	A柱			B柱			
	V_A(AB跨)	节点荷载	总轴力	$V_{B左}$	$V_{B右}$	节点荷载	总轴力
4	8.89	4.5	13.39	9.11	0	9.36	18.47
3	35.49	18	66.88	36.51	0	42.3	97.28
2	35.57	18	120.45	36.43	0	42.3	176.01
1	35.41	18	173.86	36.59	0	42.3	254.90

注：表内均为标准值，单位为 kN。

(4) 内力组合

在进行荷载组合时，应该考虑活荷载的最不利布置，但计算较复杂，不适合手算。对于本工程为多层框架，考虑地震组合，可以考虑活荷载的不利布置。

对多层框架，根据《建筑结构荷载规范》GB 50009—2012 的规定，对梁和柱的计算都要考虑活荷载的折减。本建筑使用功能为教学办公楼，设计楼面梁时，主梁的从属面积超过了 25m^2，活荷载乘以 0.9 的折减系数；设计柱时，按表 3-17 进行活荷载的折减。

活荷载按楼层的折减系数 表 3-17

柱计算截面以上层数	1	2～3	4
计算截面以上各楼层总和的折减系数	1.0	0.85	0.7

1）梁的内力组合

梁的内力组合见表 3-18。

梁的内力组合表 **表 3-18**

楼层	位置	内力	荷载类别			无震组合		有震组合		组合结果	
			恒载①	活荷载②	地震③	1.2①+1.4②	1.35①+0.98②	1.2(①+0.5②)±③		M_{max}及相应V	V_{max}及相应M
4	$A_{右}$	M	−98.1	−14.71	25.01	−138.31	−146.85	−94.03	−159.06	−159.06	−146.85
		V	74.54	8.89	5.01	101.89	109.34	101.30	88.27	88.27	109.34
	$B_{左}$	M	−119.06	−15.52	−12.58	−164.6	−175.94	−168.54	−135.83	−168.54	−175.94
		V	80.12	9.11	5.01	108.9	117.09	108.12	95.10	108.12	117.09
	$B_{右}$	M	−46.84	−3.38	35.02	−60.94	−66.55	−12.71	−103.76	−103.76	−12.71
		V	1.52	0	25.94	1.82	2.05	35.55	−31.90	−31.90	35.55
	跨中	M_{AB}	82.09	7.38		108.84	118.05			118.05	118.05
		M_{BC}	−45.81	−3.38		−59.70	−65.16			−65.16	−65.16
3	$A_{右}$	M	−143.02	−53.27	52.67	−235.02	−245.28	−135.12	−272.06	−272.06	−245.28
		V	99.15	35.49	11.14	161.21	168.63	154.74	125.78	125.78	168.63
	$B_{左}$	M	−149.57	−57.13	−30.87	−247.47	−257.91	−253.89	−173.61	−257.91	−257.91
		V	100.89	36.51	11.14	164.51	171.98	157.46	128.49	171.98	171.98
	$B_{右}$	M	−32.75	−14.29	85.94	−56.31	−58.22	63.85	−159.60	−159.60	63.85
		V	1.52	0	63.66	1.82	2.05	84.58	−80.93	−80.93	84.58
	跨中	M_{AB}	84.22	34.8		149.78	147.80			149.78	149.78
		M_{BC}	−31.72	−14.29		−58.07	−56.83			−58.07	−58.07
2	$A_{右}$	M	−140.68	−54.94	67.77	−243.19	−243.76	−113.68	−289.88	−289.88	−243.76
		V	98.91	35.57	14.77	161.02	168.39	159.24	120.83	120.83	168.39
	$B_{左}$	M	−148.99	−58.14	−42.98	−247.97	−258.11	−269.55	−157.80	−269.55	−258.11
		V	101.13	36.43	14.77	164.71	172.23	162.42	124.01	162.42	172.23
	$B_{右}$	M	−33.55	−12.88	119.67	−55.59	−57.91	107.58	−203.56	−203.56	107.58
		V	1.52	0	88.64	1.82	2.05	117.06	−113.41	−113.41	117.06
	跨中	M_{AB}	85.68	33.46		149.66	148.46			149.66	149.66
		M_{BC}	−32.52	−12.88		−57.06	−56.52			−57.06	−57.06
1	$A_{右}$	M	−133.57	−52.17	76.78	−211.41	−231.45	−91.77	−291.4	−291.4	−231.45
		V	98.49	35.41	16.37	152.89	167.66	160.72	118.15	118.15	167.66
	$B_{左}$	M	−145.06	−56.59	−46	−229.53	−251.29	−267.83	−148.23	−267.83	−251.29
		V	101.55	6.59	16.37	157.72	172.95	165.10	122.53	165.10	172.95
	$B_{右}$	M	−39.04	−15.04	128.08	−61.59	−67.44	110.63	−222.38	−222.38	110.63
		V	1.52	0	94.87	1.82	2.05	125.16	−121.51	−121.51	125.16
	跨中	M_{AB}	91.2	35.62		159.31	158.03			159.31	158.03
		M_{BC}	−38.01	−15.04		−66.67	−66.05			−66.67	−66.05

2）柱的内力组合

A 柱的内力组合见表 3-19，*B* 柱的内力组合见表 3-20。

A 柱内力组合 **表 3-19**

楼层	位置	内力	荷载类别			无震组合		有震组合		组合结果	
			恒载①	活荷载②	地震③	1.2①+1.4②	1.35①+0.98②	1.2(①+0.5②)±③		M_{max}及相应 V	V_{max}及相应 M
4	柱顶	M	98.1	14.71	−25.01	138.81	146.85	94.03	159.06	159.06	146.85
		N	132.75	13.39	−5.01	178.05	192.33	160.82	173.85	173.85	192.33
	柱底	M	−76.25	−23.25	13.47	−124.05	−125.72	−87.94	−122.96	−125.72	−125.72
		N	138.82	13.39	−5.01	185.33	200.53	168.11	181.13	200.53	200.53
3	柱顶	M	66.77	30.02	−39.2	115.85	119.56	47.18	149.10	149.10	119.56
		N	320.84	66.88	−16.15	464.60	498.68	404.14	446.13	446.13	498.68
	柱底	M	−70.34	−27.47	26.14	−117.10	−121.88	−66.91	−134.87	−134.87	−121.88
		N	326.91	66.88	−16.15	471.88	506.87	411.43	453.42	453.42	506.87
2	柱顶	M	70.34	27.47	−41.63	117.10	121.88	46.77	155.01	155.01	121.88
		N	508.69	120.45	−30.92	753.76	804.77	642.50	722.89	722.89	804.77
	柱底	M	−81.27	−31.74	41.63	−135.29	−140.82	−62.45	−170.69	−170.69	−140.82
		N	514.76	120.45	−30.92	761.05	812.97	649.79	730.18	730.18	812.97
1	柱顶	M	52.3	20.43	−35.15	82.78	90.63	29.32	120.71	120.71	90.63
		N	696.12	173.86	−47.29	1005.73	1110.14	878.18	1001.14	1001.14	1110.14
	柱底	M	−26.15	−10.22	82.03	−41.40	−45.32	69.13	−144.15	−144.15	−45.32
		N	702.19	173.86	−47.29	1013.01	1118.34	885.47	1008.42	1008.42	1118.34

B 柱内力组合 **表 3-20**

楼层	位置	内力	荷载类别			无震组合		有震组合		组合结果	
			恒载①	活荷载②	地震③	1.2①+1.4②	1.35①+0.98②	1.2(①+0.5②)±③		M_{max}及相应 V	V_{max}及相应 M
4	柱顶	M	−72.22	−12.14	−47.60	−103.66	−109.39	−155.83	−32.07	−155.83	−109.39
		N	162.95	18.47	20.93	221.40	238.08	233.83	179.41	233.83	238.08
	柱底	M	59.99	18.67	38.94	98.13	99.28	133.81	32.57	133.81	99.28
		N	169.02	18.47	20.93	228.68	246.28	241.12	186.70	241.12	246.28
3	柱顶	M	−56.83	−24.17	−77.87	−96.96	−100.41	−183.93	18.53	−183.93	−100.41
		N	392.31	97.28	73.45	586.54	624.95	624.63	433.66	624.63	624.95
	柱底	M	27.72	22.63	69.05	96.19	100.10	172.61	−6.92	172.61	100.10
		N	398.38	97.28	73.45	593.82	633.15	631.91	440.94	631.91	633.15
2	柱顶	M	−57.72	−22.63	−93.6	−96.19	−100.10	−204.52	38.84	−204.52	−204.52
		N	621.91	176.01	147.32	955.74	1012.07	1043.41	660.38	1043.41	1043.41
	柱底	M	63.76	24.99	93.6	106.25	110.57	213.19	−30.17	213.19	213.19
		N	627.98	176.01	147.32	963.03	1021.26	1050.70	667.67	1050.70	1050.70

续表

楼层	位置	内力	荷载类别			无震组合		有震组合		组合结果	
			恒载①	活荷载②	地震③	1.2①+1.4②	1.35①+0.98②	1.2(①+0.5②)±③		M_{max}及相应V	V_{max}及相应M
1	柱顶	M	−42.26	−16.56	−80.48	−66.94	73.28	−165.27	43.98	−165.27	−165.27
		N	851.93	254.9	225.82	1272.12	1399.91	1468.82	881.69	1468.82	1468.82
	柱底	M	21.13	8.28	98.37	33.47	36.64	158.21	−97.56	158.21	158.21
		N	858	254.9	225.82	1279.40	1408.10	1476.11	888.97	1476.11	1476.11

注：1. 表 3-18～表 3-20 中，弯矩单位为 kN·m，剪力、轴力单位为 kN；

2. 表 3-18～表 3-20 中，无震组合一般尚需考虑风荷载效应组合，因本例风荷载较小，未予以考虑。

2. 构件验算

(1) 框架梁验算

框架梁与次梁有可靠连接，能够阻止梁上翼缘的侧向失稳。主梁一般不考虑组合效应，按钢梁计算。

1) 梁的抗弯强度

应满足

$$\frac{M_x}{\gamma_x W_{nx}} \leqslant f$$

A. 无震时，中框架第二层 B 轴线的梁端弯矩最大为 258.11kN·m，对应剪力为 172.95kN。

$$\frac{M_x}{\gamma_x W_{nx}} = \frac{258.11 \times 10^6}{1.05 \times 0.9 \times 2520 \times 10^3} = 108.39\text{N/mm}^2 < f = 215\text{N/mm}^2$$

满足要求。

B. 有震时，中框架第一层 A 轴线的梁端弯矩最大为 291.4kN·m，对应剪力为 165.10kN。

$$f = \frac{R}{\gamma_{RE}} = \frac{215}{0.75} = 287\text{N/mm}^2, \quad \gamma_x = 1.0,$$

$$\frac{M_x}{\gamma_x W_{nx}} = \frac{291.4 \times 10^6}{1.05 \times 0.9 \times 2520 \times 10^3} = 122.36\text{N/mm}^2 < f = 287\text{N/mm}^2$$

满足要求。

2) 梁的抗剪强度

应满足

$$\tau = \frac{VS}{It_w} \leqslant f_v$$

A. 无震时

$$\tau = \frac{VS}{It_w} = \frac{172.95 \times 10^3 \times 1.395 \times 10^6}{6.08 \times 10^8 \times 11} = 36.10\text{N/mm}^2 < f_v = 125\text{N/mm}^2$$

满足要求。

B. 有震时

$$f = \frac{R}{\gamma_{RE}} = \frac{125}{0.85} = 147\text{N/mm}^2$$

$$\tau=\frac{VS}{It_w}=\frac{165.10\times10^3\times1.395\times10^6}{6.08\times10^8\times10}=37.88\text{N/mm}^2<f=147\text{N/mm}^2$$

3）框架梁端部截面抗剪

应满足

$$\tau=\frac{V}{A_{wn}}\leqslant f_V$$

按构造满布排列 M24 螺栓，个数为：

$$n=\frac{h_w-2d_0}{3d_0}+1=\frac{470-2\times26}{3\times26}+1=6.36$$

按 6 个计算，腹板的净截面面积

$$A_{wn}=470\times11-6\times26\times11=3454\text{mm}^2$$

A. 无震时

$$\tau=\frac{V}{A_{wn}}=\frac{172.95\times10^3}{3454}=50.07\text{N/mm}^2<f_v=125\text{N/mm}^2$$

B. 有震时

$$f=\frac{R}{\gamma_{RE}}=\frac{125}{0.85}=147\text{N/mm}^2$$

$$\tau=\frac{V}{A_{wn}}=\frac{165.10\times10^3}{3454}=47.80\text{N/mm}^2<f_v=147\text{N/mm}^2$$

（2）框架柱验算

1）强度验算

$$f=\frac{R}{\gamma_{RE}}=\frac{205}{0.75}=273\text{N/mm}^2$$

中框架底层柱有震组合的轴力最大为 1476.11kN

$$\frac{N}{A_n}+\frac{M_x}{\gamma_x W_{nx}}=\frac{1476.11\times10^3}{219.5\times10^2}+\frac{158.21\times10^6}{1.0\times3340\times10^3}=114.62\text{N/mm}^2<f=273\text{N/mm}^2$$

强柱弱梁验算，根据《建筑抗震设计规范》GB 50011—2010 中的 8.2.5 条，应满足

$$\Sigma W_{PC}\left(f_{yC}-\frac{N}{A_C}\right)\geqslant\eta\Sigma W_{Pb}f_{yb}$$

取轴力最大的底层中柱节点为计算对象，柱塑性抵抗矩

$$\Sigma W_{PC}=2\times2\times\left[400\times21\times\left(\frac{21}{2}+\frac{358}{2}\right)+\left(\frac{358}{2}\times13\times\frac{358}{4}\right)\right]=7.2\times10^6\text{mm}^3$$

梁的塑性抵抗矩

$$\Sigma W_{Pb}=2\times2\times\left[300\times15\times\left(\frac{15}{2}+\frac{470}{2}\right)+\left(\frac{470}{2}\times11\times\frac{470}{4}\right)\right]=5.58\times10^6\text{mm}^3$$

$$\Sigma W_{PC}\left(f_{yC}-\frac{N}{A_C}\right)=7.2\times10^6\times\left(235-\frac{1476.11\times10^3}{21950}\right)=1207.81\text{kN}\cdot\text{m}$$

$$<\eta\Sigma W_{Pb}f_{yb}=1\times5.58\times10^6\times235=1311.3\text{kN}\cdot\text{m}$$

而$\frac{N}{A_c f}=\frac{1476.11\times10^3}{21950\times205}=0.33<0.4$，故可不按上式验算。

两倍地震作用时，底层中柱轴力 $N_1=1476.11+1.3\times225.82=1769.68\text{kN}$，$i_x=$

17.5cm，$\lambda_x=\frac{l}{i_x}=\frac{4.15\times10^3}{17.5\times10}=23.7$，$\varphi_x=0.958$

则

$$\frac{N_1}{\varphi A}=\frac{1769.68\times10^3}{0.958\times21950}=84.16\text{N/mm}^2<f=205\text{N/mm}^2$$

满足要求。

2）框架柱平面内、平面外稳定性验算

上端梁线刚度和

$$\sum k_b=(2.50+6.96)\times10^4=9.46\times10^4\text{kN}\cdot\text{m}$$

柱线刚度和

$$\sum k_c=2\times3.83\times10^4=7.66\times10^4\text{kN}\cdot\text{m}$$

则 $k_1=\frac{\sum k_b}{\sum k_c}=\frac{9.46\times10^4}{7.66\times10^4}=1.235$

柱下端与基础为刚接，则 $k_2=\infty$，计算长度系数 $\mu=1.154$，柱计算长度为 $l=\mu l_0=1.154\times3.6=4.15\text{m}$

A. 弯矩作用平面内稳定验算

$l_0=4.15\text{m}$，$i_x=175\text{mm}$，$\lambda_x=\frac{l}{i_x}=\frac{4150}{175}=23.7$，$b$ 类截面，得 $\varphi_x=0.958$。欧拉力 $N'_{Ex}=\frac{\pi^2EA}{1.1\lambda_x^2}=\frac{3.14^2\times206\times10^3\times21950}{1.1\times23.7^2}=72156\text{kN}$，截面塑性发展系数 $\gamma_x=1.05$，等效弯矩系数 $\beta_{mx}=1.0$。

则

$$\frac{N}{\varphi_xA}+\frac{\beta_{mx}M}{\gamma_xW_x\left(1-0.8\frac{N}{N'_{Ex}}\right)}=\frac{1476.11\times10^3}{0.958\times21950}+\frac{1.0\times158.21\times10^6}{1.05\times3.34\times10^6\times\left(1-0.8\frac{1476.11}{72156}\right)}$$

$$=116.06\text{N/mm}^2<\frac{f}{0.75}=273\text{N/mm}^2$$

B. 弯矩作用平面外稳定验算

$$l_0=3.6\text{m},\quad i_y=101\text{mm},\quad \lambda_y=\frac{l}{i_y}=\frac{3600}{101}=35.64,$$

$\varphi_b=1.07-\frac{\lambda_y^2}{44000}=1.07-\frac{35.64^2}{44000}=1.04$ 取 $\varphi_b=1.0$，相对等效弯矩系数 $\beta_{tx}=1.0$，b 类截面，$\varphi_y=0.915$。

则

$$\frac{N}{\varphi_yA}+\eta\frac{\beta_{tx}M}{\varphi_bW_x}=\frac{1476.11\times10^3}{0.915\times21950}+1\times\frac{1.0\times158.21\times10^6}{1\times3.34\times10^6}=120.86\text{N/mm}^2<\frac{f}{0.75}=273\text{N/mm}^2$$

满足要求。

3. 节点设计

框架连接设计包括主梁与柱的连接设计，次梁与主梁的连接设计及柱脚设计。连接设计必须满足传力和刚度的要求，同时还须与计算简图一致，另外，还要尽量简化构造，方便施工。本设计中，主梁与柱为刚接方案，栓焊连接方式完全能满足抗震变形能力的要求，且加工、安装方便，因此采用这种方式，次梁与主梁为铰接连接，次梁通过主梁腹板加劲肋与主梁相连，为方便压型钢板铺设，次梁与主梁上表面平齐放置。框架的柱脚为双向刚接，采用靴梁式柱脚以简化构造。

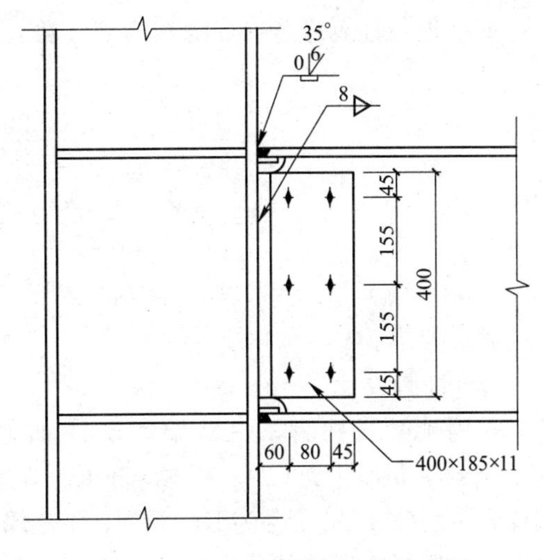

图 3-58　主梁与柱栓焊连接节点图

(1) 主梁与柱栓焊连接设计

主梁与柱栓焊连接如图 3-58 所示。

梁腹板惯性矩为(扣除焊缝通过孔高上下各 35mm)

$$I_{W0}=\frac{11}{12}\times(500-70-15\times2)^3$$

$$=\frac{11}{12}\times400^3=5.87\times10^7\text{mm}^4$$

梁翼缘惯性矩

$$I_f=I-(I_{W0}+I_{b0})=6.08\times10^8-\frac{11}{12}\times470^3=5.13\times10^8\text{mm}^4$$

腹板分担的弯矩为

$M_{W0}=\dfrac{I_{W0}}{I_{W0}+I_f}\times M$，按 M_{max}组合计算，$M_{max}=-291.4\text{kN}\cdot\text{m}$，$V=118.15\text{kN}$，

则

$$M_{W0}=\frac{5.87\times10^7}{5.87\times10^7+51.3\times10^8}\times291.4=29.92\text{kN}\cdot\text{m}。$$

螺栓采用 10.9 级高强螺栓，连接为摩擦型，螺栓直径取 M24，预拉力 $P=225\text{kN}$，接触面喷砂处理，$\mu=0.45$，腹板连接板为单面。

一个高强螺栓的承载能力：

$$N_V^b=0.9n_f\mu P=0.9\times1\times0.45\times225=91.13\text{kN}$$

最外侧螺栓承受剪力最大为

$$N_{1x}^T=Ty_1/\sum(x_i^2+y_i^2)=29.92\times15.5\times10^2/(4^2\times6+15.5^2\times4)=43.88\text{kN}$$

$$N_{1y}^T=Tx_1/\sum(x_i^2+y_i^2)=29.92\times4\times10^2/(4^2\times6+15.5^2\times4)=11.32\text{kN}$$

剪力作用下每个螺栓承受剪力

$$N_{1y}^V=V/n=118.15/6=19.69\text{kN}$$

则

$$N_1=\sqrt{N_{1x}^{T2}+(N_{1y}^V+N_{1y}^T)^2}=\sqrt{43.88^2+(19.69+11.32)^2}=53.73\text{kN}<N_V^b=91.13\text{kN}$$

满足要求。

剪切板按弯剪计算，则

$$t_s=\frac{6M_{w0}}{h_s^2f}=\frac{6\times29.92\times10^6}{400^2\times125}=9.0\text{mm}$$

取剪力最大组合，厚度应满足抗剪要求，即 $1.5V/[(h_s-3d_0)t]\leqslant f_V$

$$t\geqslant1.5V/[(h_s-3d_0)f_V]=1.5\times172.95/[(400-3\times26)\times125]=6.45\text{mm}$$

取 $t=11\text{mm}$

剪切板与柱翼缘连接焊缝按弯剪计算，取 $h_f=8\text{mm}$

则

$$\sigma_f=\frac{6M_{W0}}{2h_e l_W^2}=\frac{6\times 29.92}{2\times 0.7\times 8\times 400^2}=100.18\text{N/mm}^2$$

$$\tau_f=\frac{V}{h_e\sum l_w}=\frac{118.15}{2\times 0.7\times 8\times 400}=38.6\text{N/mm}^2$$

$$\sqrt{(\sigma_f/\beta_f)^2+\tau_f{}^2}=\sqrt{(100.18/1.22)^2+38.6^2}=90.73\text{N/mm}^2<f_f^w=160\text{N/mm}^2$$

满足要求。

（2）柱脚设计

采用靴梁式柱脚，中框架底层柱轴力最大，其内力为 $M=158.21\text{kN}\cdot\text{m}$，$N=1476.11\text{kN}$，混凝土为 C20，考虑局部承压强度提高后的混凝土抗压强度，取 $f_{cc}=11\text{N/mm}^2$，所有板件为 Q235B，焊条为 E43 系列，手工焊。为了提高柱脚的刚度，在外侧焊两根 22a 的短槽钢，底板上锚栓的孔径为 $d=24\text{mm}$(图 3-59)。

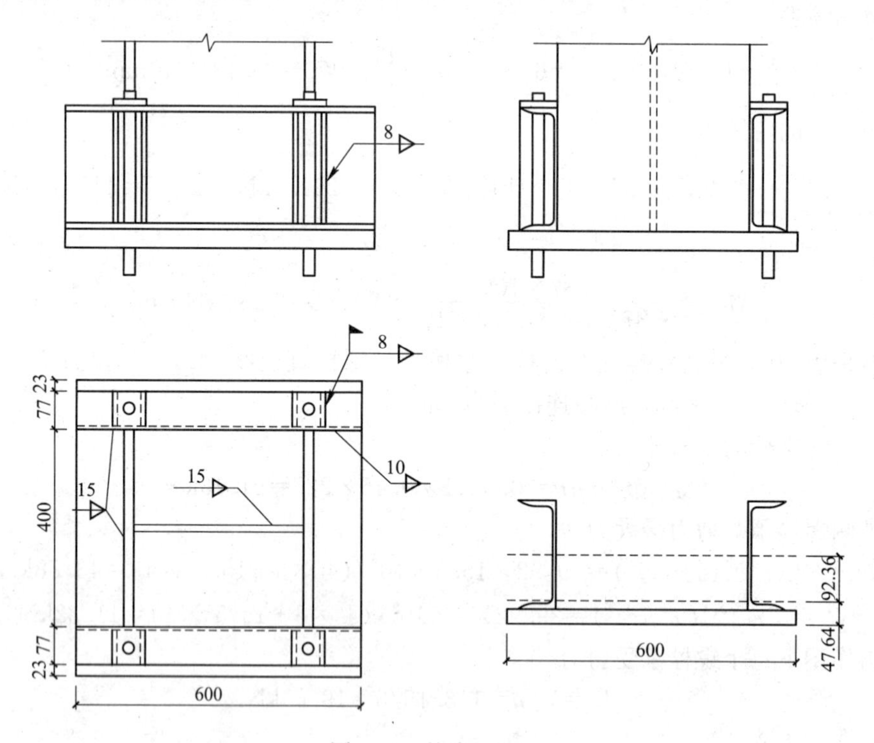

图 3-59　柱脚三视图

1）确定底板尺寸

槽钢宽度 $t=77\text{mm}$，每侧底板悬出 $c=23\text{mm}$，

$$B=b+2t+2c=400+2\times 77+2\times 23=600\text{mm},$$

则由

$$\sigma_{max}=\frac{N}{A}+\frac{6M}{BL^2}=f_{cc}$$

得

$$\frac{1476.11\times10^3}{600L}+\frac{6\times158.21\times10^6}{600L^2}=11\text{N/mm}^2$$

得 $L=507.2\text{mm}$，取 $L=600\text{mm}$。

估计底板是否是全部受压：

由

$$\sigma=\frac{N}{A}\pm\frac{6M}{BL^2}$$

$$\sigma_{\max}=\frac{N}{A}+\frac{6M}{BL^2}=\frac{1476.11\times10^3}{600\times600}+\frac{6\times158.21\times10^6}{600\times600^2}=8.5\text{N/mm}^2$$

$$\sigma_{\min}=\frac{N}{A}-\frac{6M}{BL^2}=\frac{1476.11\times10^3}{600\times600}-\frac{6\times158.21\times10^6}{600\times600^2}=-0.29\text{N/mm}^2$$

$\sigma_{\min}$为负值，说明柱脚需要用锚栓来承担拉力，但由式 $T=\dfrac{M-Ne}{\dfrac{2}{3}L_0+\dfrac{d}{2}}$计算锚栓的拉力，由于 $M-Ne=158.21\times10^3-1476.11\times200<0$，所以只需按构造取 4 根直径为 24mm 的锚栓，材料为 Q235B。

2）确定底板厚度

在底板的三边支承部分因为基础所受压应力最大，边界条件较为不利，因此，这部分板所承受的弯矩最大。

取 $q=\dfrac{N}{\dfrac{1}{2}BL_0}=\dfrac{1476.11\times10^3}{0.5\times600\times500}=9.84\text{N/mm}^2<11\text{N/mm}^2$，由 $b_1=100\text{mm}$，$a_1=400\text{mm}$，查表得弯矩系数 $\beta=0.018$。

$$M=\beta qa_1^2=0.018\times9.84\times400^2=28339.2\text{N}\cdot\text{mm}$$

钢板的强度设计值取 $f=205\text{N/mm}^2$，钢板厚度

$t=\sqrt{6M/f}=\sqrt{6\times28339.2/205}=28.8\text{mm}$，采用 30mm，厚度未超过 40mm。

3）靴梁强度验算

靴梁由两根 22a 槽钢和底板组成，中和轴位置为

$$a=\frac{600\times30\times(15+110)}{2\times3180+600\times30}=92.36\text{mm}$$

截面惯性矩

$$I_x=2\times2394\times10^4+2\times3180\times92.36^2+600\times30\times(110+30-92.36-15)^2=1.2131\times10^8\text{mm}^4$$

靴梁所受剪力偏于安全地取 $V=qBl=9.84\times600\times100\times10^{-3}=590.4\text{kN}$

靴梁所受弯矩偏于安全地取 $M=\dfrac{1}{2}qBl^2=\dfrac{1}{2}\times590.4\times100\times10^{-3}=29.52\text{kN}\cdot\text{m}$

靴梁的最大弯曲应力发生在截面上边缘

$$\sigma=\frac{29.52\times10^6\times(110+92.36)}{1.2131\times10^8}=49.24\text{N/mm}^2<f=215\text{N/mm}^2$$

4）焊缝计算

柱与靴梁受力最大一侧的焊缝的压力为

$$N_1=\frac{N}{2}+\frac{M}{h}=\frac{1476.11}{2}+\frac{158.21}{0.4}=1133.58\text{kN}$$

竖向焊缝的总长度为$\sum l_f=4\times(220-20)=800$mm

则 $h_f=\frac{N_1}{0.7\sum l_f f_f^w}=\frac{1133.58\times10^3}{0.7\times800\times160}=12.65$mm，取 13mm。

槽钢与底板之间的连接焊缝承受剪力，但因剪力不大，焊脚尺寸可用 10mm。由于该焊缝很长，应力很小，所以不必计算。

3.2.4 楼梯设计

采用双跑板式楼梯，层高为 3.6m，踏步尺寸采用 330mm×150mm，每层 24 步，开间为 3.6m。平台宽度为 2070mm，由于楼梯间进深为 7.5m，故梯段前留有 1.8m 的空余（图 3-60）。

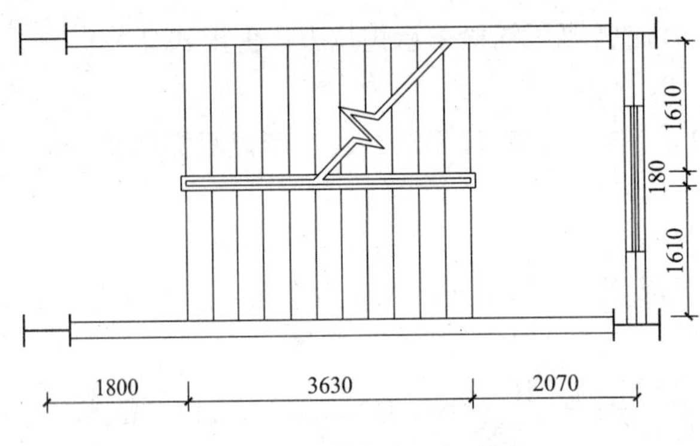

图 3-60　楼梯平面布置图

（1）楼梯板设计

采用 C25 混凝土，板采用 HPB235 钢筋，斜板厚为 $h=\frac{1}{25}\sim\frac{1}{30}l=\frac{330\times11}{30}=121$mm，取 $h=130$mm，则 $h_0=130-20=110$mm，板倾斜角为 $\tan\alpha=\frac{150}{330}=0.455$，$\cos\alpha=0.91$。

1）荷载计算(取 1m 宽计算)

A. 恒载计算

栏杆　0.20kN/m

踏步重　$1.0\times\frac{1}{2}\times0.33\times0.15\times\frac{25}{0.33}=1.875$kN/m

斜板重　$0.13\times\frac{25}{0.91}=3.57$kN/m

水磨石重　10mm 厚水磨石面层重　0.65kN/m

20mm 厚 1∶1 水泥砂浆打底　0.4kN/m

水磨石面层总重　0.65kN/m+0.4kN/m=1.05kN/m

$1.0\times(0.33+0.15)\times1.05/0.33=1.53$kN/m

15mm 厚纸筋石灰抹底　$1.0\times0.015\times16/0.91=0.264$kN/m

恒载标准值　$g_k=7.44$kN/m

设计值　$g_d=1.2\times7.44=8.93$kN/m

B. 活荷载设计值　$p_d=1.4\times2.5=3.5$kN/m

总荷载设计值 $q_d = g_d + p_d = 3.5 + 8.93 = 12.43\text{kN/m}$

2）截面计算

板水平计算跨度 $l_n = 11 \times 0.33 = 3.63\text{m}$

弯矩设计值 $M = \frac{1}{10} q_d l_n^2 = \frac{1}{10} \times 12.43 \times 3.63^2 = 16.38\text{kN} \cdot \text{m}$

则

$$\alpha_s = \frac{M}{\alpha_1 f_c b_f h_0^2} = \frac{16.38 \times 10^6}{1.0 \times 11.9 \times 1000 \times 110^2} = 0.114$$

$$\xi = 1 - \sqrt{1 - 2\alpha_s} = 1 - \sqrt{1 - 2 \times 0.114} = 0.121$$

$$\gamma_s = \frac{1}{2}(1 + \sqrt{1 - 2\alpha_s}) = \frac{1.88}{2} = 0.94$$

$$A_s = \frac{M}{f_y \gamma_s h_0} = \frac{16.38 \times 10^6}{210 \times 0.94 \times 110} = 754\text{mm}^2$$

实配钢筋 ϕ10@95，$A_s = 826\text{mm}^2$，分布筋每级踏步一根 ϕ8@330。

（2）平台板设计

设平台板厚 110mm，取 1m 宽板带计算。初选平台梁为 H250×125×5×8。

荷载计算

恒载：

平台板自重 $0.11 \times 1 \times 25 = 2.75\text{kN/m}$

水磨石面层 1.05kN/m

15mm 厚纸筋石灰抹底 $1 \times 0.015 \times 16 = 0.24\text{kN/m}$

合计 4.04kN/m

恒载设计值：$g_d = 1.2 \times 4.04 = 4.85\text{kN/m}$

活荷载设计值：$P_d = 1.4 \times 2.5 = 3.5\text{kN/m}$

总荷载设计值：$q_d = 3.5 + 4.85 = 8.35\text{kN/m}$

平台板计算跨度：$l_0 = 2.07 + \frac{0.125}{2} = 2.13\text{m}$

板跨中弯矩：$M = \frac{1}{8} q_d l_0^2 = \frac{1}{8} \times 8.35 \times 2.13^2 = 4.74\text{kN} \cdot \text{m}$

则：

$$\alpha_s = \frac{M}{a_1 f_c b_f h_0^2} = \frac{4.74 \times 10^6}{1.0 \times 11.9 \times 1000 \times (110 - 20)^2} = 0.049$$

$$\xi = 1 - \sqrt{1 - 2\alpha_s} = 1 - \sqrt{1 - 2 \times 0.049} = 0.05$$

$$\gamma_s = \frac{1}{2}(1 + \sqrt{1 - 2\alpha_s}) = \frac{1.95}{2} = 0.975$$

$$A_s = \frac{M}{f_y \gamma_s h_0} = \frac{4.74 \times 10^6}{210 \times 0.975 \times 90} = 257.2\text{mm}^2$$

实配钢筋 $\phi 8@160$，$A_s=314mm^2$，分布筋选用 $\phi 6@150$。

(3) 平台梁设计

平台梁跨度 $l=3.6m$。

平台板传来的荷载 $8.35\times\frac{2.07}{2}=8.64kN/m$

梯段传来的荷载 $12.43\times\frac{3.63}{2}=22.56kN/m$

总荷载设计值 $31.2kN/m$

梁跨中弯矩 $M_{max}=\frac{1}{8}ql^2=\frac{1}{8}\times 31.2\times 3.6^2=50.54kN\cdot m$

则所需截面抵抗矩 $W_{nx}\geqslant\frac{M_{max}}{\gamma_x f}=\frac{50.54\times 10^6}{1.05\times 215}=223876mm^2$

选 H250×125×5×8，Q235B。截面特性：$W_x=277cm^2$，$I_x=3460cm^4$，$S_x=155cm^3$，自重为 0.25kN/m。

则最大弯矩 $M_{max}=50.54+\frac{1}{8}\times 1.2\times 0.25\times 3.6^2=51.03kN\cdot m$

最大剪力 $V_{max}=\frac{31.2+0.25\times 12}{2}\times 3.6=61.56kN$

抗弯刚度 $\sigma=\frac{51.3\times 10^6}{1.05\times 277\times 10^3}=175.45N/mm^2$

剪应力验算 $\tau=\frac{VS_x}{I_x t_w}=\frac{61.56\times 155\times 10^6}{3460\times 10^4\times 5}=55.15N/mm^2<f_V=125N/mm^2$

满足要求。

3.2.5 次要构件设计

1. 压型钢板的选用

(1) 屋面压型钢板选型与计算

由结构布置可知，如图 3-61 所示，次梁的间距为 2.5m，计算长度 $l_0=2.5m$。选取压型钢板 YX70-200-600，$t=1mm$，钢号 Q235B，$I_{ef}=100.64cm^4$，$W_{ef}=27.37cm^3$，取混凝土厚度：80mm。

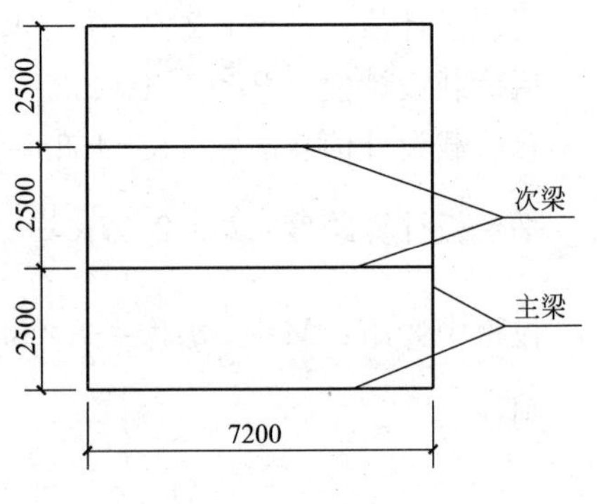

图 3-61 次梁布置示意图

1) 施工阶段的验算，取一个波宽计算，屋面做法如图 3-62 所示。

$$h_0=70+80-\frac{I_{ef}}{W_{ef}}=70+80-\frac{100.64\times 10^4}{27.37\times 10^3}=113mm$$

恒载：

标准值：$g_k=0.113\times 25+0.135=2.96kN/m^2$

设计值：$g_1=1.2\times 2.96=3.55kN/m^2$

活荷载：

标准值：$q_k=0.5kN/m^2$

设计值：$q_1=1.4\times 0.5=0.7kN/m^2$

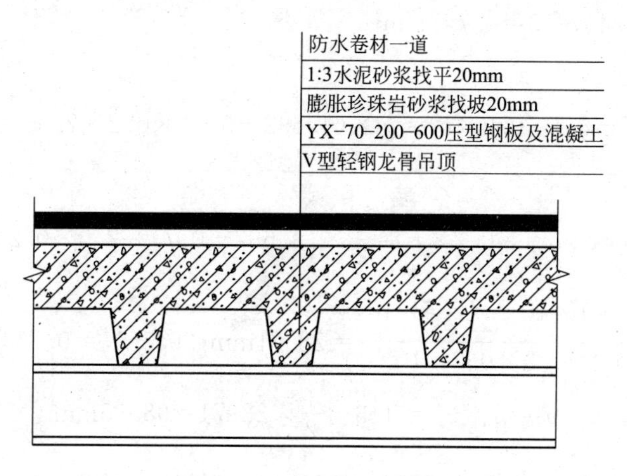

图 3-62　屋面做法示意图

弯矩：

$$M_1=\frac{1}{8}(g_1+q_1)l_0^2=\frac{1}{8}\times(3.55+0.7)\times2.5^2\times0.2=0.664\text{kN}\cdot\text{m}$$

剪力：

$$V_1=\frac{1}{2}(g_1+q_1)l_0=\frac{1}{2}\times(3.55+0.7)\times2.5\times0.2=1.063\text{kN}$$

抗弯强度：

$$M=W_s f_s=27.37\times10^{-6}\times0.2\times205\times10^3=1.12\text{kN}\cdot\text{m}>M_1=0.664\text{kN}\cdot\text{m}$$

结论：施工阶段强度满足要求。

挠度验算：

$$x_c=70-\frac{100.64\times10^4}{27.32\times10^3}=33.23\text{mm}$$

$$I_s=27.37\times10^3\times0.2\times33.23=18.19\text{cm}^4$$

$$q=q_k+g_k=2.96+0.5=3.46\text{kN/m}$$

$$w=\frac{5}{384}\times\frac{ql^4}{EI_s}=\frac{5}{384}\times\frac{3.46\times0.2\times2.5^4}{206\times10^6\times18.19\times10^{-8}}=9.39\text{mm}$$

挠度限值：$[w]=\min\left\{\frac{l}{180}，20\text{mm}\right\}=\min\{13.89\text{mm}，20\text{mm}\}=13.89\text{mm}>w$

结论：施工阶段的变形满足要求。

2）使用阶段的计算

楼板为 C25 混凝土，$f_c=11.9\text{N/mm}^2$，$f_t=1.27\text{N/mm}^2$，$\alpha_1=1.0$。

恒载：

标准值：$g_k=3.91\text{kN/m}^2$

设计值：$g_2=1.2\times3.96=4.692\text{kN/m}^2$

活荷载：

设计值：$q_k=0.5\text{kN/m}^2$

设计值：$q_2=1.4\times0.5=0.7\text{kN/m}^2$

弯矩：

$$M_2=\frac{1}{8}\times(g_2+q_2)\times0.2\times l_0^2=\frac{1}{8}\times(4.692+0.7)\times0.2\times2.5^2=0.843\text{kN}\cdot\text{m}$$

剪力：

$$V_2=\frac{1}{2}\times(g_2+q_2)\times0.2\times l_0=\frac{1}{2}\times(4.692+0.7)\times2.5\times0.2=1.348\text{kN}$$

$$x=\frac{A_P f}{\alpha_1 f_c b}=\frac{\frac{1000}{3}\times1\times10^{-6}\times205\times10^3}{1.0\times11.9\times0.2\times10^3}=28.71\text{mm}<0.55h_0=0.55\times113=62.15\text{mm}$$

$$y_p=h_0-\frac{x}{2}=113-\frac{1}{2}\times28.71=98.65\text{mm}$$

$$M_u=0.8\times\alpha_1\times f_c bx\left(h_0-\frac{x}{2}\right)=0.8\times1.0\times11.9\times10^3\times0.2\times28.71\times10^{-3}\times98.65\times10^{-3}$$

$$=5.39\text{kN}\cdot\text{m}>M_2=0.843\text{kN}\cdot\text{m}$$

结论：使用阶段的强度满足要求。

挠度验算：

$$\alpha_E=\frac{E}{E_C}=\frac{206\times10^3}{2.80\times10^4}=7.36$$

根据压型钢板的展开长度可以计算：$A_s=\frac{1000}{3}\times1=333\text{mm}^2$，又 $b=200\text{mm}$，$h_c=113\text{mm}$。换算成混凝土截面的组合截面特性值，本设计中截面中和轴在压型钢板上翼缘以内的混凝土内，受压区高度为：

$$x=\frac{1}{b}(-\alpha_E A_S+\sqrt{\alpha_E^2 A_S^2+2\alpha_E bA_s h_c})$$

$$=\frac{1}{200}\times(-7.36\times333+\sqrt{7.36^2\times333^2+2\times7.36\times200\times333\times113})=41.78\text{mm}$$

换算成混凝土截面的组合截面惯性矩：

$$I_{oc}=\frac{bx^3}{3}+\alpha_E I_s+\alpha_E A_s(h_0-x)^2$$

$$=\frac{200\times41.78^3}{3}+7.36\times18.19\times10^4+7.36\times333\times(113-41.78)^2=18632344.04\text{mm}^4$$

考虑荷载长期效应的影响时的受压高度为：

$$x^c=\frac{1}{b}(-2\alpha_E A_s+\sqrt{(2\alpha_E A_s)^2+2(2\alpha_E bA_s h_c)^2})$$

$$=\frac{1}{200}[-2\times7.36\times333+\sqrt{(2\times7.36\times333)^2+2\times(2\times7.36\times200\times333\times113)}]$$

$$=53.85\text{mm}$$

考虑荷载长期效应的影响时换算成混凝土组合截面惯性矩为：

$$I_{oc}^c=\frac{b(x_c)^3}{3}+2\alpha_E I_s+2\alpha_E A_s(h_0-x^c)^2$$

$$=\frac{200\times53.85^3}{3}+2\times7.36\times18.19\times10^4+2\times7.36\times333\times(113-53.85)^2$$

$$=3023828.78\text{mm}^4$$

组合板的挠度为：

$$w=\frac{5q_{\mathrm{k}}l^4}{384E_{\mathrm{c}}I_{\mathrm{oc}}}+\frac{5g_{\mathrm{k}}l^4}{384E_{\mathrm{c}}I_{\mathrm{oc}}^{\mathrm{c}}}$$

$$=\frac{5\times0.5\times2.5^4}{384\times2.80\times10^7\times1.86\times10^{-5}}+\frac{5\times3.91\times2.5^4}{384\times2.80\times10^7\times3.0\times10^{-5}}$$

$$=0.0029\mathrm{m}=2.9\mathrm{mm}$$

挠度限值：

$$[w]=\frac{l}{360}=\frac{2500}{360}=6.94\mathrm{mm}>w$$

结论：使用阶段的变形满足要求。

斜截面的计算：

$$V_{\mathrm{d}}=0.07f_{\mathrm{t}}bh_0=0.07\times1.27\times10^3\times0.2\times113\times10^{-3}=2.0\mathrm{kN}>1.348\mathrm{kN}$$

结论：斜截面的承载力满足要求。

(2) 楼面部分压型钢板的选型与计算

屋面做法如图 3-63 所示。

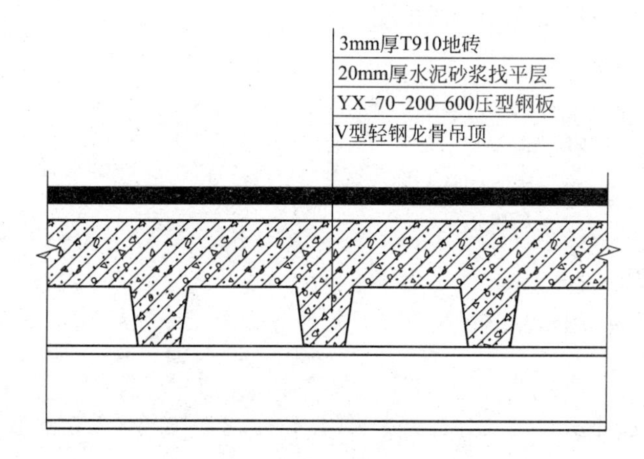

图 3-63　楼面做法示意图

1) 施工阶段的计算(取单波宽度计算)

$$h_0=70+80-\frac{I_{\mathrm{ef}}}{W_{\mathrm{ef}}}=70+80-\frac{100.64\times10^4}{27.37\times10^3}=113\mathrm{mm}$$

恒载：

标准值：$g_{\mathrm{k}}=0.113\times25+0.135=2.96\mathrm{kN/m^2}$

设计值：$g_3=1.2\times2.96=3.55\mathrm{kN/m^2}$

活荷载：

标准值：$q_{\mathrm{k}}=2\times1=2\mathrm{kN/m^2}$

设计值：$q_3=1.4\times2=2.8\mathrm{kN/m^2}$

弯矩：

$$M_3=\frac{1}{8}(g_3+q_3)l_0^2=\frac{1}{8}\times(3.55+2.8)\times2.5^2\times0.2=0.99\mathrm{kN\cdot m}$$

剪力：

$$V_3=\frac{1}{2}(g_3+q_3)l_0=\frac{1}{2}\times(3.55+2.8)\times2.5\times0.2=1.59\text{kN}$$

抗弯强度：

$$M=W_s f_s=27.37\times10^{-6}\times0.2\times205\times10^3=1.12\text{kN}\cdot\text{m}>M_3=0.99\text{kN}\cdot\text{m}$$

结论：楼面压型钢板在施工阶段强度满足要求。

挠度验算：

$$\because\quad x_c=70-\frac{100.64\times10^4}{27.32\times10^3}=33.23\text{mm}$$

$$\therefore\quad I_s=27.37\times10^3\times0.2\times33.23=18.19\text{cm}^4$$

$$q=q_k+g_k=2.96+2.00=4.96\text{kN/m}$$

$$w=\frac{5}{384}\times\frac{ql^4}{EI_s}=\frac{5}{384}\times\frac{4.96\times0.2\times2.5^4}{206\times10^6\times18.19\times10^{-8}}=13.46\text{mm}$$

挠度限值 $[w]=\min\left\{\frac{l}{180},\ 20\text{mm}\right\}=\min\{13.89\text{mm},\ 20\text{mm}\}=13.89\text{mm}>w$。

结论：楼面压型钢板在施工阶段的变形满足要求。

2）使用阶段的计算

恒载：

标准值：$g_k=3.67\text{kN/m}^2$

设计值：$g_4=1.2\times3.67=4.4\text{kN/m}^2$

活荷载：

标准值：$q_k=2\text{kN/m}^2$

设计值：$q_4=1.4\times2=2.8\text{kN/m}^2$

弯矩：

$$M_4=\frac{1}{8}\times(g_4+q_4)\times0.2\times l_0^2=\frac{1}{8}\times(4.4+2.8)\times0.2\times2.5^2=1.125\text{kN}\cdot\text{m}$$

剪力：

$$V_4=\frac{1}{2}\times(g_4+q_4)\times0.2\times l_0=\frac{1}{2}\times(4.4+2.8)\times0.2\times2.5=1.8\text{kN}$$

$$x=\frac{A_p f}{\alpha_1 f_c b}=\frac{\frac{1000}{3}\times1\times10^{-6}\times205\times10^3}{1.0\times11.9\times0.2\times10^3}=28.71\text{mm}<0.55h_0=(0.55\times113)\text{mm}=62.15\text{mm}$$

$$y_p=h_0-\frac{x}{2}=113-\frac{1}{2}\times28.71=98.65\text{mm}$$

$$M_u=0.8\times\alpha_1\times f_c bx\left(h_0-\frac{x}{2}\right)=0.8\times1.0\times11.9\times10^3\times0.2\times28.71\times10^{-3}\times98.65\times10^{-3}$$

$$=5.39\text{kN}\cdot\text{m}>M_2=1.125\text{kN}\cdot\text{m}$$

结论：楼面压型钢板在使用阶段的强度满足要求。

挠度验算：

$$\alpha_E=\frac{E}{E_c}=\frac{206\times10^3}{2.80\times10^4}=7.36$$

根据压型钢板的展开长度可以计算：$A_s=\frac{1000}{3}\times1=333\text{mm}^2$，又

$$b=200\text{mm}，h_c=113\text{mm}。$$

换算成混凝土截面的组合截面特性值，本设计中截面中和轴在压型钢板上翼缘以内的混凝土内，受压区高度为：

$$x=\frac{1}{b}(-\alpha_E A_s+\sqrt{\alpha_E^2A_s^2+2\alpha_E bA_s h_c})$$

$$=\frac{1}{200}\times(-7.36\times333+\sqrt{7.36^2\times333^2+2\times7.36\times200\times333\times113})=41.78\text{mm}$$

换算成混凝土截面的组合截面惯性矩：

$$I_{oc}=\frac{bx^3}{3}+\alpha_E I_s+\alpha_E A_s(h_0-x)^2$$

$$=\frac{200\times41.78^3}{3}+7.36\times18.19\times10^4+6.87\times333\times(113-41.78)^2$$

$$=17804698.75\text{mm}^4$$

考虑荷载长期效应的影响时的受压高度为：

$$x^c=\frac{1}{b}(-2\alpha_E A_s+\sqrt{(2\alpha_E A_s)^2+2(2\alpha_E bA_s h_c)^2})$$

$$=\frac{1}{200}[-2\times7.36\times333+\sqrt{(2\times7.36\times333)^2+2\times(2\times7.36\times200\times333\times113)}]$$

$$=53.85\text{mm}$$

考虑荷载长期效应的影响时换算成混凝土组合截面惯性矩为：

$$I_{oc}^c=\frac{b(x_c)^3}{3}+2\alpha_E I_s+2\alpha_E A_s(h_0-x^c)^2$$

$$=\frac{200\times53.85^3}{3}+2\times7.36\times18.19\times10^4+2\times7.36\times333\times(113-53.85)^2$$

$$=30237828.78\text{mm}^4$$

组合板的挠度为：

$$w=\frac{5q_k l^4}{384E_c I_{oc}}+\frac{5g_k l^4}{384E_c I_{oc}^c}$$

$$=\frac{5\times0.5\times2.5^4}{384\times2.80\times10^7\times1.78\times10^{-5}}+\frac{5\times3.67\times2.5^4}{384\times2.80\times10^7\times3.0\times10^{-5}}=0.00276\text{m}$$

$$=2.76\text{mm}$$

挠度限值：

$$[w]=\frac{l}{360}=\frac{2500}{360}=6.94\text{mm}>w$$

结论：压型钢板在使用阶段的刚度满足要求。

斜截面计算：

$$V_d=0.07f_t bh_0=0.07\times1.27\times10^3\times0.2\times113\times10^{-3}=2.01\text{kN}>1.8\text{kN}$$

结论：斜截面的承载力满足要求。

2. 主次梁节点设计

主梁与次梁采用铰接，如图 3-64 所示。

次梁为 H350×175×6×8，主梁为 HM500×300×11×15，楼面荷载设计值：18kN/m，次梁自重：0.3771kN/m；次梁梁端剪力为

$$V=\frac{1}{2}\times(18+1.2\times0.3771)\times7.2=66.43\text{kN}$$

腹板连接采用 M20 高强螺栓，强度等级为 10.9 级，承压型连接，摩擦面采用喷砂处理，$\mu=0.45$，预拉力 $P=155\text{kN}$。

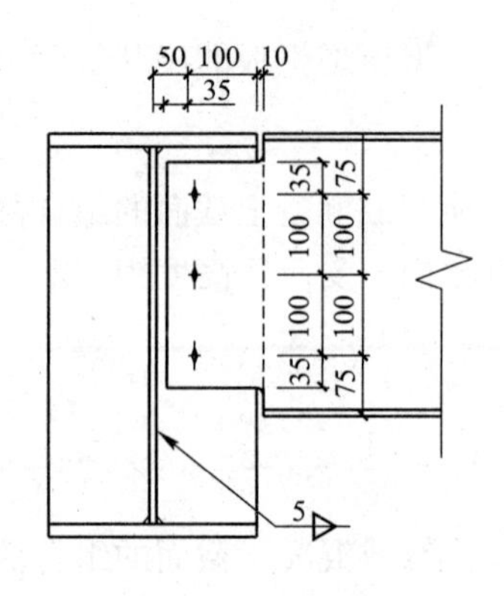

图 3-64　次梁与主梁的铰接节点图

单个螺栓抗剪承载力设计值

单剪 $n_v=1$

$$N_V^b=n_v\frac{\pi d^2 f_v^b}{4}=\frac{3.14\times20^2\times310}{4}=97.34\text{kN}$$

$$N_c^b=d\sum t f_c^b=20\times6\times470=56.4\text{kN}$$

故 $N_{min}^b=N_c^b=56.4\text{kN}$

计算连接时，偏安全的认为螺栓群承受剪力和偏心扭矩

$$T=Ve=66.43\times0.05=3.322\text{kN}\cdot\text{m}$$

所需螺栓数目为 $n=\dfrac{V}{N_c^b}=\dfrac{66.43}{56.4}=1.18$

考虑附加弯矩作用 $n=3$

一个螺栓受力为

$$N_y^V=\frac{66.43}{3}=22.14\text{kN}$$

$$N_x^T=\frac{Ty_1}{\sum y_i^2}=\frac{3.322\times0.1}{2\times0.1^2}=16.61\text{kN}$$

最外侧螺栓所受合力为

$$N_1=\sqrt{(N_x^T)^2+(N_y^V)^2}=\sqrt{16.61^2+22.14^2}=27.68\text{kN}<N_{min}^b=56.4\text{kN}$$

满足要求。

加劲肋厚度取 6mm，钢材为 Q235B，与主梁的连接采用双面角焊缝，计算时偏安全的只计算与腹板的竖向焊缝。焊脚尺寸为 5mm，焊条为 E43 系列，手工焊。

焊缝受力 $V=66.43\text{kN}$，$M=Ve=3.322\text{kN}\cdot\text{m}$，切角取 30mm，

焊缝计算长度 $l_w=h_w-2\times30=500-2\times15-2\times30-2\times5=400\text{mm}$。

$$\sigma_f^M=\frac{6M}{2h_e l_w^2}=\frac{6\times3.322\times10^6}{2\times0.7\times5\times400^2}=17.8\text{N/mm}^2$$

$$\tau_f^V=\frac{V}{h_e\sum l_w}=\frac{66.43}{0.7\times5\times400\times2}=23.73\text{N/mm}^2$$

$$\sqrt{(\sigma_f^M/\beta_F)^2+(\tau_f^V)^2}=\sqrt{(17.8/1.22)^2+23.73^2}=27.98\text{N/mm}^2<f_f^w=160\text{N/mm}^2$$

满足要求。

3.2.6 基础设计

本建筑总高小于15m，可以不进行天然地基及基础的抗震验算。但由于未进行风荷载组合，故考虑地震作用。为安全考虑，采用中框架内力进行计算。

1. 边柱基础设计

(1) 基础选型

基础的选择需要综合考虑荷载，工程地质条件，周围相邻建筑物等多方面因素，本设计考虑工程地质条件，采用柱下独立基础。室外地平标高为－0.45m，基础底面标高为－2.45m，基础混凝土选用C20，垫层选用C10，钢筋选用HPB335，垫层厚100mm，基础钢筋保护层为40mm，场地地表以下2m为均匀粉质黏土层，其承载力特征值为 $f_{ak}=210kPa$，可作为天然地基持力层。柱脚平台为600mm×600mm。

(2) 基础底面尺寸计算

本设计考虑地震影响，选用以下两种竖向荷载标准组合：

1) 1.0恒＋1.0活

即：

$$M_k=26.15+10.22=36.37kN\cdot m$$

$$N_k=702.19+173.86=876.05kN$$

$$V_k=21.79+8.51=30.3kN$$

2) 1.0恒＋0.5活＋地震作用

即：

$$M_k=26.15+0.5\times10.22+80.03=113.29kN\cdot m$$

$$N_k=1.0\times702.19+173.86\times0.5+47.29=836.41kN$$

$$V_k=21.79+8.51\times0.5+32.55=58.60kN$$

对持力层的承载力标准值进行修正后作为承载力设计值，先只进行深度修正，

则

$$f_a=f_{ak}+\eta_d\gamma_m(d-0.5)$$

式中 f_{ak}——地基承载力特征值；

η_d——基础埋深的地基承载力修正系数；

γ_m——基础顶面以上埋深范围内土的加权平均重度，地下水位以下取浮重度；

d——基础埋深，小于0.5m时取0.5m，由基础计算简图得 $d=2.0m$，由室外地面标高算起。

地质条件在地表以下2.0m以下为粉质黏土，$f_{ak}=210kPa$，本设计基础埋置深度在地表以下2.0m，$f_{ak}=210kPa$，$\eta_d=1.6$，$\gamma_m=20kN/m^3$。

由此得(不考虑宽度修正)

$$f_a=f_{ak}+\eta_d\gamma_m(d-0.5)=210+1.6\times20\times(2.0-0.5)=258kPa$$

先按轴心受压计算，这时基础埋置深度按照室内外标高和天然地平标高平均值考虑

$$d=\frac{1}{2}(2.0+2.45)=2.225m$$

$$A_0\geqslant\frac{N_k}{f_a-\gamma_m d}=\frac{876.05}{258-20\times2.225}=4.10m^2$$

考虑偏心作用，面积提高20%～40%，初选截面尺寸为2.3m×2.3m，基础尺寸见图3-65。$A=5.29m^2=1.29A_0$，由于$b=2.3m<3m$，所以无需进行宽度修正。

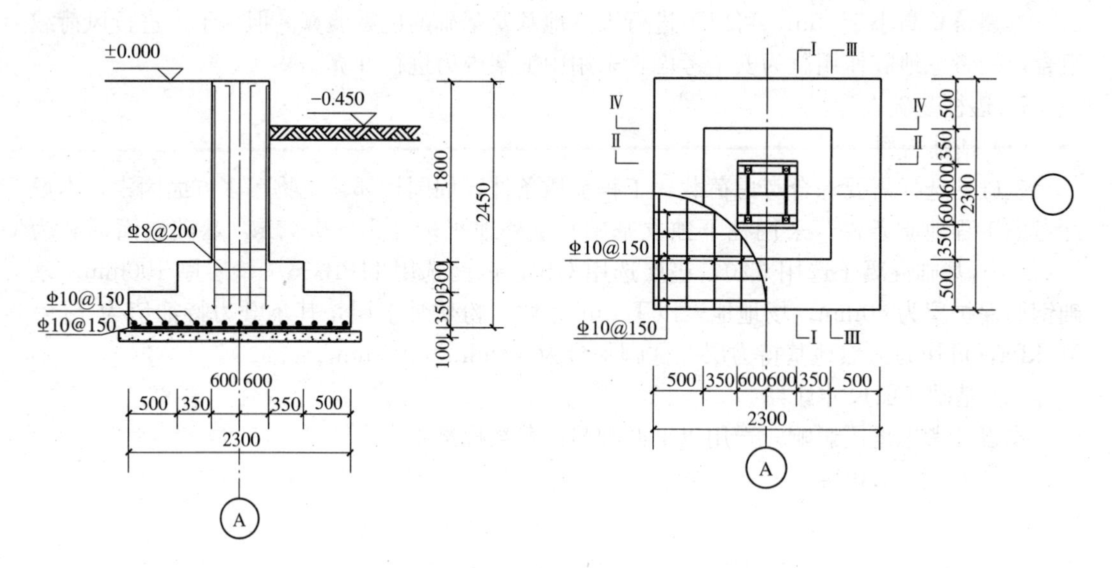

图3-65　基础计算简图

(3) 计算基底反力

在第一种组合时

$$W=bl^2/6=2.3\times2.3^2/6=2.03m^3$$

$$G=\gamma_m bld=20\times2.3\times2.3\times2.225=235.41kN$$

$$e=\frac{M_k+V_kh}{N_k+G}=\frac{36.37+30.3\times0.65}{876.05+235.41}=0.05m$$

基础边缘的最大和最小压力为

$$P_{kmax}=\frac{F_k+G}{bl}+\frac{M_k+V_kh}{W}=\frac{F_k+G}{bl}\left(1+\frac{6e}{l}\right)$$

$$=\frac{876.05+235.41}{2.3\times2.3}\left(1+\frac{6\times0.05}{2.3}\right)=237.51kPa$$

$$P_{kmin}=\frac{F_k+G}{bl}-\frac{M_k+V_kh}{W}=\frac{F_k+G}{bl}\left(1-\frac{6e}{l}\right)$$

$$=\frac{876.05+235.41}{2.3\times2.3}\left(1-\frac{6\times0.05}{2.3}\right)=182.70kPa$$

$$P_{kmax}=237.51kPa<1.2f_a=1.2\times258=309.6kPa$$

$$\frac{P_{kmax}+P_{kmin}}{2}=\frac{237.51+182.70}{2}=210.11<f_a=258kPa$$

在第二种组合时

$$e=\frac{M_k+V_kh}{N_k+G}=\frac{113.29+58.60\times0.65}{836.41+235.41}=0.141$$

基础边缘的最大和最小压力为

$$P_{kmax}=\frac{F_k+G}{bl}+\frac{M_k+V_k h}{W}=\frac{F_k+G}{bl}\left(1+\frac{6e}{l}\right)$$

$$=\frac{836.41+235.41}{2.3\times2.3}\left(1+\frac{6\times0.141}{2.3}\right)=277.14\text{kPa}$$

$$P_{kmin}=\frac{F_k+G}{bl}-\frac{M_k+V_k h}{W}=\frac{F_k+G}{bl}\left(1-\frac{6e}{l}\right)$$

$$=\frac{836.41+235.41}{2.3\times2.3}\left(1-\frac{6\times0.141}{2.3}\right)=128.09\text{kPa}$$

$$P_{kmax}=277.14\text{kPa}<1.2f_a=1.2\times258=309.6\text{kPa}$$

$$\frac{P_{kmax}+P_{kmin}}{2}=\frac{277.14+128.09}{2}=202.62<f_a=258\text{kPa}$$

所以基础底面尺寸满足要求。

(4) 抗冲切验算

配筋计算考虑以下三种组合

1) 1.35 恒+0.7×1.4 活

2) 1.2 恒+1.4 活

3) 1.2(1.0 恒+0.5 活)+1.3 地震

由边柱的内力组合表可知，底层边柱的轴力、弯矩最大值的内力组合

① M_{max}组合

$$M=144.15\text{kN}\cdot\text{m}$$

$$N=1008.42\text{kN}$$

$$V=1.2\times(21.79+0.5\times8.51)+1.3\times32.55=73.57\text{kN}$$

② N_{max}组合

$$M=45.32\text{kN}\cdot\text{m}$$

$$N=1118.34\text{kN}$$

$$V=1.35\times21.79+0.98\times8.51=37.76\text{kN}$$

③ M_{max}内力组合，基底净反力最大值、最小值

$$W=bl^2/6=2.3\times2.3^2/6=2.03\text{m}^3$$

$$P_{nmax}=\frac{F}{bl}+\frac{M+Vh}{W}=\frac{1008.42}{2.3\times2.3}+\frac{144.15+73.57\times0.65}{2.03}=285.19\text{kPa}$$

$$P_{nmin}=\frac{F}{bl}-\frac{M+Vh}{W}=\frac{1008.42}{2.3\times2.3}-\frac{144.15+73.57\times0.65}{2.03}=96.08\text{kPa}$$

根据几何关系可以求得相应于柱边缘Ⅰ—Ⅰ，Ⅲ—Ⅲ的净反力。

$l=2.3$m，$b=2.3$m，$a_t=a_c=0.60$m，$b_c=0.6$m。初选基础高度 $h=650$mm，从下至上为 350mm，300mm 的两个台阶。本设计中保护层厚度取为 40mm，则 $h_0=650-40-5=605$mm，垫层厚度 100mm。

$a_t+2h_0=0.6+2\times0.605=1.81<2.3$　取 $a_b=1.81$m

$$a_m=\frac{0.6+1.81}{2}=1.205\text{m}$$

$$P_{n\text{I}-\text{I}}=P_{nmin}+\frac{l+a_c}{2l}(P_{nmax}-P_{nmin})=96.06+\frac{2.3+0.6}{2\times2.3}(285.19-96.06)=215.29\text{kPa}$$

$$P_{n\text{III}-\text{III}}=P_{nmin}+\frac{l+a_1}{2l}(P_{nmax}-P_{nmin})=96.06+\frac{2.3+1.3}{2\times2.3}(285.19-96.06)=244.07\text{kPa}$$

柱边基础截面Ⅰ—Ⅰ抗冲切验算

考虑抗冲切截面时，取用的多边形面积

$$A=\left[\left(\frac{l}{2}-\frac{a_c}{2}-h_0\right)b-\left(\frac{b}{2}-\frac{b_c}{2}-h_0\right)^2\right]$$

$$=\left[\left(\frac{2.3}{2}-\frac{0.6}{2}-0.605\right)\times2.3-\left(\frac{2.3}{2}-\frac{0.6}{2}-0.605\right)^2\right]=0.503\text{m}^2$$

$$F_l=P_{nmax}A=285.19\times0.503=143.45\text{kN}$$

抗冲切力

$$0.7\beta f_t a_m h_0=0.7\times1.0\times1.1\times10^3\times1.205\times0.605=561.35\text{kN}>F_l$$

满足要求。

变阶处Ⅲ—Ⅲ抗冲切验算

$l=2.3\text{m}$，$b=2.3\text{m}$，$a_t=b_1=1.3\text{m}$，$a_1=1.3\text{m}$，$h_0=350-45=305\text{mm}$，$a_t+2h_0=1.3+2\times0.305=1.91<2.3$，取 $a_b=1.91\text{m}$。

考虑冲切荷载时取用的多边形面积

$$A=\left[\left(\frac{l}{2}-\frac{a_1}{2}-h_{01}\right)b-\left(\frac{b}{2}-\frac{b_1}{2}-h_{01}\right)^2\right]$$

$$=\left[\left(\frac{2.3}{2}-\frac{1.3}{2}-0.305\right)\times2.3-\left(\frac{2.3}{2}-\frac{1.3}{2}-0.305\right)^2\right]=0.41\text{m}^2$$

$$F_l=P_{nmax}A=285.19\times0.41=116.93\text{kN}$$

抗冲切力

$$0.7\beta f_t a_m h_0=0.7\times1.0\times1.1\times10^3\times1.605\times0.305=376.93\text{kN}>F_l$$

满足要求。

④ N_{max}组合时，基底净反力最大值、最小值

$$W=bl^2/6=2.3\times2.3^2/6=2.03\text{m}^3$$

$$P_{nmax}=\frac{F}{bl}+\frac{M+Vh}{W}=\frac{1118.34}{2.3\times2.3}+\frac{45.32+37.76\times0.65}{2.03}=245.82\text{kPa}$$

$$P_{nmin}=\frac{F}{bl}-\frac{M+Vh}{W}=\frac{1118.34}{2.3\times2.3}-\frac{45.32+37.76\times0.65}{2.03}=176.99\text{kPa}$$

根据几何关系可以求得相应于柱边缘Ⅰ—Ⅰ，Ⅲ—Ⅲ的净反力：

$$P_{n\text{I}-\text{I}}=P_{nmin}+\frac{l+a_c}{2l}(P_{nmax}-P_{nmin})=176.99+\frac{2.3+0.6}{2\times2.3}(245.82-176.99)=220.38\text{kPa}$$

$$P_{n\text{III}-\text{III}}=P_{nmin}+\frac{l+a_1}{2l}(P_{nmax}-P_{nmin})=176.99+\frac{2.3+1.3}{2\times2.3}(245.82-176.99)=230.86\text{kPa}$$

柱边基础截面Ⅰ—Ⅰ抗冲切验算

$$F_l=P_{nmax}A=245.82\times0.503=123.65\text{kN}$$

抗冲切力

$$0.7\beta f_t a_m h_0=0.7\times1.0\times1.1\times10^3\times1.205\times0.605=561.35\text{kN}>F_l$$

满足要求。

变阶处Ⅲ—Ⅲ抗冲切验算

$$F_l=P_{nmax}A=245.82\times0.41=100.79\text{kN}$$

抗冲切力

$$0.7\beta f_t a_m h_0=0.7\times1.0\times1.1\times10^3\times1.605\times0.305=376.93\text{kN}>F_l$$

满足要求。

(5) 配筋计算

基础混凝土选用C20，垫层C10，厚度100mm，采用HRB335级钢筋，$f_y=300\text{N/mm}^2$，基础保护层厚度取40mm。

在截面Ⅰ—Ⅰ和Ⅲ—Ⅲ处M_{max}的内力组合，与N_{max}的内力组合，基础底面的净反力值分别为

$$\frac{P_{nmax}}{2}+\frac{P_{nI}}{2}=\frac{285.19}{2}+\frac{215.29}{2}=250.24\text{kPa}$$

$$\frac{P_{nmax}}{2}+\frac{P_{nI}}{2}=\frac{245.82}{2}+\frac{220.38}{2}=233.1\text{kPa}$$

所以选用M_{max}对应的组合配筋。

1) 沿基础长边方向的钢筋计算

沿基础长边方向的柱截面Ⅰ—Ⅰ处弯矩为

$$M_{I}=\frac{1}{24}\left(\frac{P_{nmax}}{2}+\frac{P_{nI}}{2}\right)(l-b_c)^2(2b+a_c)$$

$$=\frac{1}{24}\left(\frac{285.19}{2}+\frac{215.29}{2}\right)(2.3-0.6)^2(2\times2.3+0.6)=156.69\text{kN}\cdot\text{m}$$

沿基础长边方向的Ⅲ—Ⅲ截面处弯矩为

$$M_{III}=\frac{1}{24}\left(\frac{P_{nmax}}{2}+\frac{P_{nIII}}{2}\right)(l-l_1)^2(2b+b_1)$$

$$=\frac{1}{24}\left(\frac{285.19}{2}+\frac{244.07}{2}\right)(2.3-1.3)^2(2\times2.3+1.3)=65.05\text{kN}\cdot\text{m}$$

$$A_{SI}=\frac{M_I}{0.9f_yh_{01}}=\frac{156.69\times10^6}{0.9\times300\times(650-40-5)}=959.22\text{mm}^2$$

$$A_{SIII}=\frac{M_{III}}{0.9f_yh_{01}}=\frac{65.05\times10^6}{0.9\times300\times(350-40-5)}=789.92\text{mm}^2$$

按A_{SI}配筋，实配钢筋16Φ10@150，$A_s=1256\text{mm}^2$。

2) 沿基础短边方向的钢筋计算

因为该基础受单向偏心荷载作用，在基础短边方向的反力可按均布计算，取

$$P_n=\frac{1}{2}(P_{nmax}+P_{nmin})=\frac{1}{2}(285.19+96.06)=190.63\text{kPa}$$

$$M_{II}=\frac{P_n}{24}(b-a_c)^2(2l+b_c)=\frac{1}{24}\times190.63\times(2.3-0.6)^2\times(2\times2.3+0.6)=119.37\text{kN}\cdot\text{m}$$

$$M_{IV}=\frac{P_n}{24}(b-l_1)^2(2l+a_1)=\frac{1}{24}\times190.63\times(2.3-1.3)^2\times(2\times2.3+1.3)=46.86\text{kN}\cdot\text{m}$$

$$A_{s\mathrm{II}}=\frac{M_{\mathrm{II}}}{0.9f_yh_{02}}=\frac{119.37\times10^6}{0.9\times300\times(650-40-10)}=736.85\ \mathrm{mm}^2$$

$$A_{s\mathrm{IV}}=\frac{M_{\mathrm{IV}}}{0.9f_yh_{02}}=\frac{46.86\times10^6}{0.9\times300\times(350-40-10)}=578.52\mathrm{mm}^2$$

按 $A_{s\mathrm{II}}$ 配筋，实配钢筋 16Φ10@150，$A_s=1256\mathrm{mm}^2$。基础配筋如图 3-65 所示。

2. 中柱基础设计

(1) 基础选型

由于走廊宽度较小，故中柱间距较小，为方便施工，采用中柱联合基础。

① 1.0 恒+1.0 活

即：

$$M_k=21.13+8.28=29.41\mathrm{kN\cdot m}$$

$$N_k=858+254.9=1112.9\mathrm{kN}$$

$$V_k=17.61+6.9=24.51\mathrm{kN}$$

② 1.0 恒+0.5 活+地震

即：

$$M_k=21.13+0.5\times8.28+98.37=123.64\mathrm{kN\cdot m}$$

$$N_k=1.0\times858+254.9\times0.5+225.82=1211.27\mathrm{kN}$$

$$V_k=17.61+6.9\times0.5+49.68=70.74\mathrm{kN}$$

中柱基础埋深为 2.45m，先不考虑基础宽度，只对基础深度进行修正。

$$f_a=f_{ak}+\eta_d\gamma_m(d-0.5)=210+1.6\times20\times(2.45-0.5)=272.4\mathrm{kPa}$$

(2) 基础底面尺寸确定

考虑偏心的影响及施工的方便，将中间基础连为一体进行设计，M、N、V 按 2 倍计算。

先按轴心受压

$$A_0\geqslant\frac{N_k}{f_a-\gamma_md}=\frac{1211.27\times2}{272.4-20\times2.45}=10.84\mathrm{mm}^2$$

考虑偏心作用，面积提高 20%～40%，初选底面尺寸为 2.8m×4.9m，

$A=13.72\ \mathrm{mm}^2=1.27A_0$，由于 2.8m<3m，所以无需进行宽度修正。基础尺寸如图 3-66 所示。

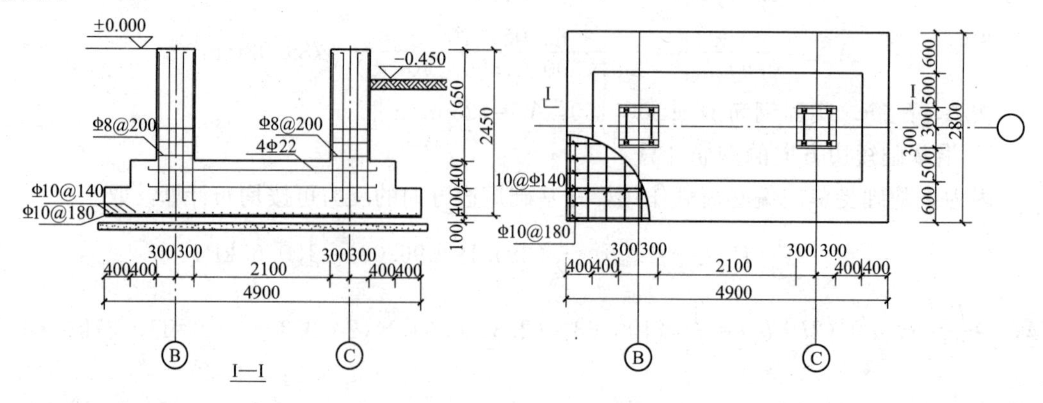

图 3-66 基础计算简图

(3) 计算基底反力

第一种组合

$$W=bl^2/6=2.8\times4.9^2/6=11.205\text{m}^3$$

$$G=\gamma_m bld=20\times2.8\times4.9\times2.45=672.28\text{kN}$$

基础边缘的最大和最小压力为

$$P_{kmax}=\frac{F_k+G}{bl}+\frac{M_k+V_kh}{W}$$

$$=\frac{1112.9\times2+672.28}{2.8\times4.9}+\frac{129.41\times2+24.51\times2\times0.8}{11.205}=219.98\text{kPa}$$

$$P_{kmin}=\frac{F_k+G}{bl}-\frac{M_k+V_kh}{W}$$

$$=\frac{1112.9\times2+672.28}{2.8\times4.9}-\frac{129.41\times2+24.51\times2\times0.8}{11.205}=202.48\text{kPa}$$

$$P_{kmax}=219.98\text{kPa}<1.2f_a=1.2\times272.4=326.88\text{kPa}$$

$$\frac{P_{kmax}+P_{kmin}}{2}=\frac{219.98+202.48}{2}=211.23\text{kPa}<f_a=272.4\text{kPa}$$

第二种组合

基础边缘的最大和最小压力为

$$P_{kmax}=\frac{F_k+G}{bl}+\frac{M_k+V_kh}{W}$$

$$=\frac{1211.27\times2+672.28}{2.8\times4.9}+\frac{123.64\times2+70.74\times2\times0.8}{11.205}=257.74\text{kPa}$$

$$P_{kmin}=\frac{F_k+G}{bl}-\frac{M_k+V_kh}{W}$$

$$=\frac{1211.27\times2+672.28}{2.8\times4.9}-\frac{123.64\times2+70.74\times2\times0.8}{11.205}=193.40\text{kPa}$$

$$P_{kmax}=257.74\text{kPa}<1.2f_a=1.2\times272.4=326.88\text{kPa}$$

$$\frac{P_{kmax}+P_{kmin}}{2}=\frac{257.74+193.40}{2}=225.57\text{kPa}<f_a=272.4\text{kPa}$$

所以基础底面尺寸满足要求。

(4) 抗冲切验算

配筋计算考虑以下三种组合

① 1.35 恒+0.7×1.4 活

② 1.2 恒+1.4 活

③ 1.2(1.0 恒+0.5 活)+1.3 地震作用

由中柱的内力组合表可知，中柱的底层柱的轴力，弯矩最大值的内力组合。

$$M=158.21\text{kN}\cdot\text{m}$$

$$N=1476.11\text{kN}$$

$$V=1.2\times(17.61+0.5\times6.9)+1.3\times49.68=89.86\text{kN}$$

上述的各个内力加倍后的数值为

$$M=158.21\times2=316.42\text{kN}\cdot\text{m}$$
$$N=1476.11\times2=2952.22\text{kN}$$
$$V=89.86\times2=179.72\text{kN}$$

N_{max}内力组合，基底净反力最大值、最小值

$$W=bl^2/6=2.8\times4.9^2/6=11.205\text{m}^3$$

$$P_{nmax}=\frac{F}{bl}+\frac{M+Vh}{W}=\frac{2952.22}{2.8\times4.9}+\frac{316.42+179.72\times0.8}{11.205}=256.25\text{kPa}$$

$$P_{nmin}=\frac{F}{bl}-\frac{M+Vh}{W}=\frac{2952.22}{2.8\times4.9}-\frac{316.42+179.72\times0.8}{11.205}=174.11\text{kPa}$$

柱边缘Ⅰ—Ⅰ截面处

$$l=4.9\text{m},\ b=2.8\text{m},\ a_t=a_c=3.3\text{m},\ b_c=0.6\text{m}$$

变阶处Ⅲ—Ⅲ

$$l=4.9\text{m},\ b=2.8\text{m},\ a_t=b_1=1.6\text{m},\ a_1=4.1\text{m}$$

初选基础高度 $h=800$mm，从下至上为 400mm，400mm 的两个台阶。由于截面处上阶底均落在冲切破坏体以内，故无需抗冲切验算。

$$P_{n\text{Ⅰ}-\text{Ⅰ}}=P_{nmin}+\frac{l+a_c}{2l}(P_{nmax}-P_{nmin})=174.11+\frac{4.9+3.3}{2\times4.9}(256.25-174.11)=242.84\text{kPa}$$

$$P_{n\text{Ⅲ}-\text{Ⅲ}}=P_{nmin}+\frac{l+a_1}{2l}(P_{nmax}-P_{nmin})=174.11+\frac{4.9+4.1}{2\times4.9}(256.25-174.11)=249.54\text{kPa}$$

（5）配筋计算

基础混凝土选用 C20，厚度 100mm，采用 HRB335 级钢筋 $f_y=300\text{N/mm}^2$，基础保护层厚度取 40mm。

1）沿基础长边方向的钢筋计算

沿基础长边方向的柱截面Ⅰ—Ⅰ处弯矩为

$$M_{\text{Ⅰ}}=\frac{1}{24}\left(\frac{P_{nmax}}{2}+\frac{P_{n\text{Ⅰ}}}{2}\right)(l-b_c)^2(2b+a_c)$$

$$=\frac{1}{24}\left(\frac{256.25}{2}+\frac{242.84}{2}\right)(4.9-3.3)^2(2\times2.8+0.6)=165.03\text{kN}\cdot\text{m}$$

沿基础长边方向的Ⅲ—Ⅲ截面处弯矩为

$$M_{\text{Ⅲ}}=\frac{1}{24}\left(\frac{P_{nmax}}{2}+\frac{P_{n\text{Ⅲ}}}{2}\right)(l-l_1)^2(2b+b_1)$$

$$=\frac{1}{24}\times\left(\frac{256.25}{2}+\frac{249.54}{2}\right)\times(4.9-4.1)^2\times(2\times2.8+1.6)=48.56\text{kN}\cdot\text{m}$$

$$A_{s\text{Ⅰ}}=\frac{M_{\text{Ⅰ}}}{0.9f_yh_{01}}=\frac{165.03\times10^6}{0.9\times300\times(800-40-5)}=809.57\text{mm}^2$$

$$A_{s\text{Ⅲ}}=\frac{M_3}{0.9f_yh_{01}}=\frac{48.56\times10^6}{0.9\times300\times(400-40-5)}=506.62\text{mm}^2$$

按 $A_{s\text{Ⅰ}}$ 配筋，实配钢筋 17Φ10@175，$A_s=1334.5\text{mm}^2$。

2）沿基础短边方向的钢筋计算

因为该基础受单向偏心荷载作用，在基础短边方向的反力可按均布计算，取

$$P_n=\frac{1}{2}(P_{nmax}+P_{nmin})=\frac{1}{2}(256.25+174.11)=215.18\text{kPa}$$

$$M_{\mathrm{II}}=\frac{P_n}{24}(b-a_c)^2(2l+b_c)=\frac{1}{24}\times215.18\times(2.8-0.6)^2\times(2\times4.9+3.3)=568.47\mathrm{kN\cdot m}$$

$$M_{\mathrm{IV}}=\frac{P_n}{24}(b-l_1)^2(2l+a_1)=\frac{1}{24}\times215.18\times(2.8-1.6)^2\times(2\times4.9+4.1)=179.46\mathrm{kN\cdot m}$$

$$A_{s\mathrm{II}}=\frac{M_{\mathrm{II}}}{0.9f_yh_{02}}=\frac{568.47\times10^6}{0.9\times300\times(800-40-10)}=2807.26\mathrm{mm}^2$$

$$A_{s\mathrm{IV}}=\frac{M_{\mathrm{IV}}}{0.9f_yh_{02}}=\frac{179.46\times10^6}{0.9\times300\times(400-40-10)}=1899.05\mathrm{mm}^2$$

按 A_{SI} 配筋，实配钢筋 36Φ10@140，$A_S=2800\mathrm{mm}^2$。基础配筋图如 3-66 所示。

第 4 章　钢桁架通信塔设计

通信塔是装设通信天线的一种高耸结构，其特点是结构较高，横截面相对较小，横向荷载起主要作用的细长构筑物。通信塔主要功能是支持各种通信天线，使其占有一定空间和高度，因此通信塔结构除了作为支持物和受力的塔身外，还有高空安装天线的数个平台，通往平台的垂直交通爬梯和起安全防范作用的避雷设施和航空障碍灯等(图 4-1)。

通信塔结构按钢结构形式分为空间桁架塔和单管塔；其中空间桁架塔主要受力构件有角钢或无缝钢管，分别称为角钢塔和钢管塔。

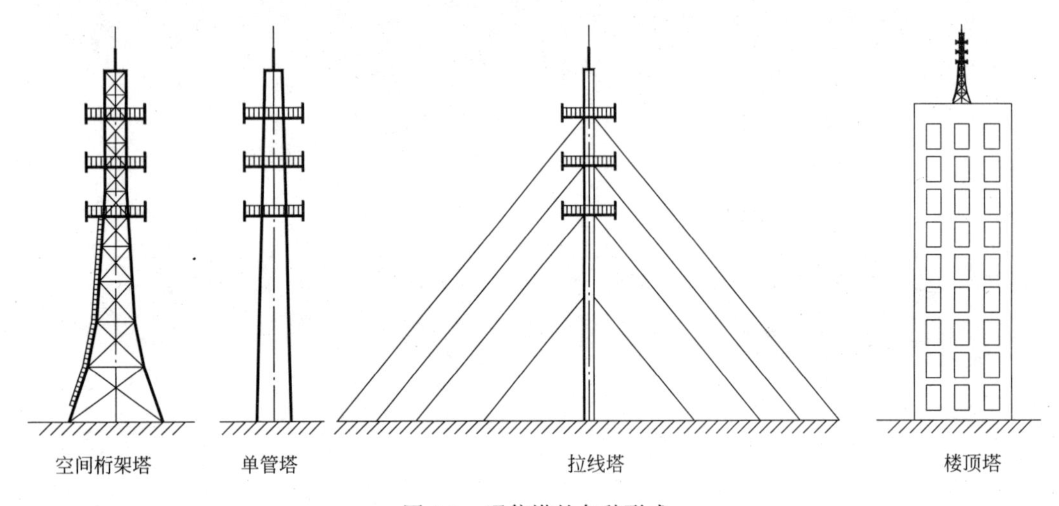

图 4-1　通信塔的各种形式

4.1　桁架塔选型

4.1.1　桁架塔平立面

通信塔最常用的结构形式就是空间桁架，其平截面形式多数是正三角形或正四边形。

空间桁架构件常用角钢和钢管，故有角钢塔和钢管塔之称。国产角钢基本是直角角钢，因此角钢塔基本上采用正四边形截面，便于腹杆连接。钢管构件灵活得多，钢管塔有正三角形和正四边形截面。

由于角钢的最小回转半径很小，大约只有边宽的 1/5。如采用单角钢构件必须考虑其构件长细比的限值，因而角钢塔的腹杆形式多用再分式(图 4-2*a*)，减少构件的自由长度。钢管的回转半径约为其直径的 1/3，比角钢大很多，钢管塔的节间可拉开，采用单斜杆或十字交叉腹杆体系是恰当的(图 4-2*b*、图 4-2*c*)。

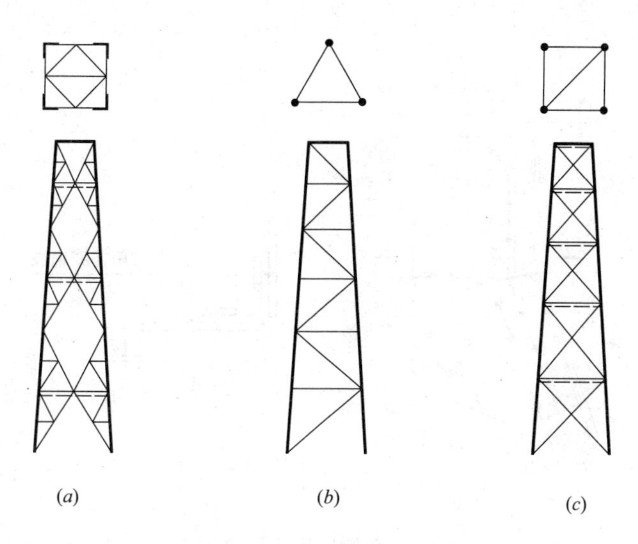

图 4-2 桁架塔腹杆形式

(*a*) 角钢塔再分式腹肝；(*b*) 钢管塔单斜杆腹杆；(*c*) 钢管塔十字交叉腹杆

4.1.2 角钢塔构造

1. 角钢塔立面选型

通信塔是悬臂结构，塔身立面合理选型是抛物线型。一般底部根开(边宽)与高度比在1/6～1/5 时较为经济。50～60m 高的通信塔底部边宽应为 8～10m，其综合造价相对较低，如果因场地限制，塔的底部边宽缩小，腹杆用料缩短，重量减轻，但基础造价增加，其综合造价可能上升。因此在确定结构立面选型时，当塔高确定后，根据地质情况、风荷载大小来选取塔的底部跨距，地基较差和风压较大时，塔底跨距采用较大可能降低铁塔的整体投资。

四边形角钢塔顶部边宽一般以 600mm 为最佳，使装设通信天线的平台位移不致过大，如采用外爬梯，考虑爬梯上人空间，角钢塔顶部平面边宽最好不小于 1000mm。

角钢塔的造型也要尽量考虑美观，抛物线造型要求塔柱的斜率从下到上逐步降低。整个塔的曲线不应该有较大的突变，斜杆的分隔斜度最好在 45°左右，受力较为合理。

2. 角钢塔塔柱构造

角钢塔塔柱一般选用单角钢，上部力小可选用 Q235 钢，下部力大可选用 Q345 钢。塔柱长细比理论上 $\lambda \leqslant 150$，实际选用最好不要超过 120，采用再分式腹杆布置可减少塔柱的长细比。

塔柱构件选用时其角钢规格不宜小于∟ 63×6，主要考虑结构受力、制作、运输、安装和抗锈蚀需要。塔柱的安装长度一般不大于 8m，如果塔柱有变坡，其节点连接最好在变坡处以上，使其构造和安装均容易处理(图 4-3)。

角钢塔柱连接一般采用内外包角钢或钢板，塔柱节点板厚度不应小于 6mm。

塔柱连接一般采用 6.8 级或 4.8 级高强度螺栓以减小节点板面积。

3. 角钢塔腹杆构造

常用的角钢塔腹杆布置有再分式 K 形腹杆和再分式交叉腹杆(图 4-4)。采用再分式腹

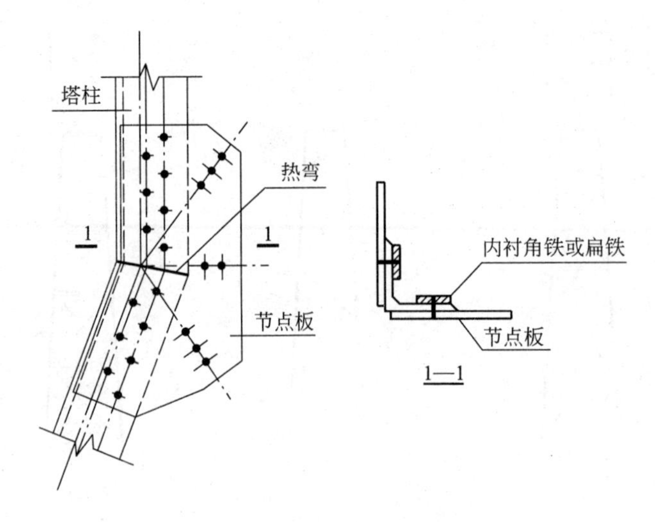

图 4-3　角钢塔塔柱拼接构造

杆主要适应角钢回转半径太小，以及保持一定长细比的需要。

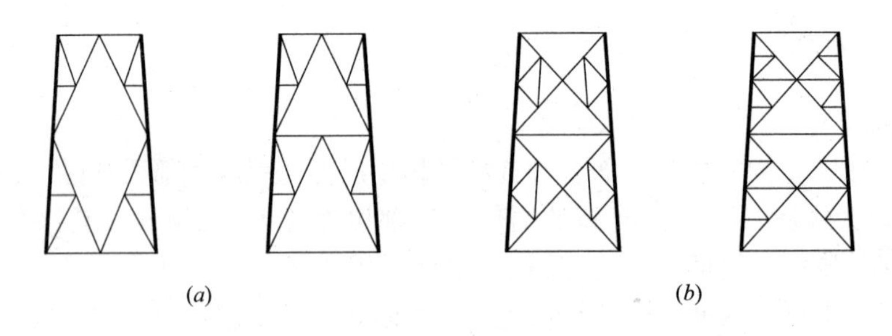

图 4-4　角钢塔腹杆布置

(*a*) 再分式 K 形腹杆；(*b*) 再分式交叉腹杆

当角钢塔较高或风压较大时，采用再分式 K 形腹杆较适合。或者角钢塔上部采用再分式交叉腹杆，下部采用再分式 K 形腹杆以节约钢材。

腹杆的长细比理论上 $\lambda \leqslant 180$，实际上最好不超过 150。腹杆材料一般选用 Q235，最小角钢宜用∟ 50×5。

腹杆与塔柱连接或斜杆与横杆连接，一般也采用节点板形式用螺栓连接(图 4-5*a*)，当内力不大时可直接用螺栓将两构件连接起来(图 4-5*b*)。

4. 角钢塔的横膈构造

四边形角钢塔必须设置横膈以满足截面不变形的要求。在直线段塔身可每隔 2～3 个节段设置一个横膈，在有平台的位置、在塔柱变坡的位置、在斜杆形式改变的位置、在杆件内力突变的位置均应设置横膈，对于微波塔、装设微波天线的塔柱处，受力较大，也应设置横膈。

横膈布置是将四根塔柱对角线用水平杆连接起来(图 4-6)，形成稳定体系，横膈构件的长细比宜 $\lambda \leqslant 150$。

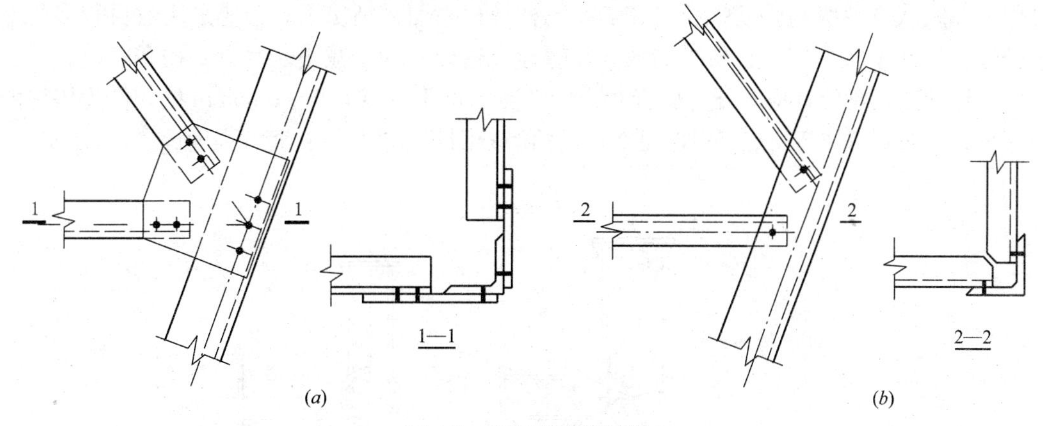

图 4-5　角钢塔腹杆连接

（a）腹杆用节点板连接；（b）腹杆直接连接

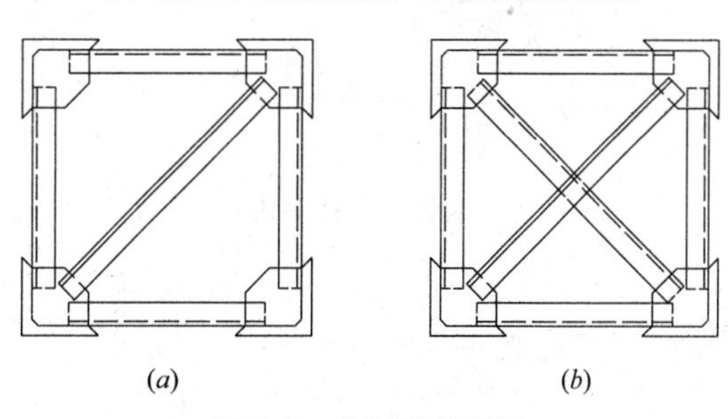

图 4-6　角钢塔的横膈

（a）单斜杆横膈；（b）十字交叉横膈

4.1.3　钢管塔构造

1. 钢管塔立面选型

钢管塔采用无缝钢管作主要受力构件，塔的截面有四边形和三角形。四边形钢管通信塔立面近似抛物线，与四边形角钢通信塔类似，一般根开与高度比在 1/8～1/5 较为经济。

钢管塔可做成三角形，即所谓三管塔。在塔高不大、基本风压不高情况下，弦杆斜率减小，甚至可作成等宽度三管塔。

钢管塔顶部平面尺寸不应小于 600mm，采用外爬梯上塔时，考虑爬梯上人空间，钢管塔顶部平面不应小于 1000mm。

2. 钢管塔塔柱构造

钢管塔塔柱一般选用 20 号钢(相当于 Q235 钢)。受力较大时也可采用 Q345 钢，或者上部采用 20 号钢，下部采用 Q345 钢。塔柱长细比不应超过 120。从抗锈蚀出发钢管壁厚应大于 5mm。

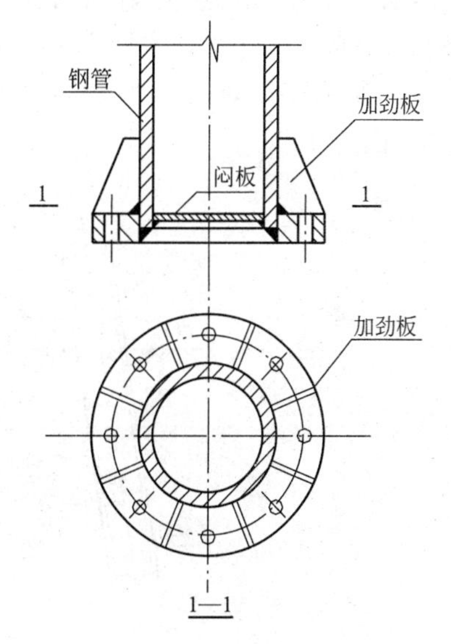

图 4-7　法兰盘构造

钢管塔塔柱间的连接采用法兰盘(图 4-7)，螺栓可用 8.8 级或 6.8 级高强度螺栓，在需要同样螺栓总面积情况下，宁愿采用数目较多的小直径螺栓，而不宜采用数目较少的大直径螺栓。这样有利于减小法兰盘直径和厚度。

塔柱的法兰盘位置应避开与腹杆相交的节点。可距节点 800～1000mm 处，作为塔柱的拼接点。若遇到塔柱弯折点(弯坡)可在弯折角等分剖开，然后用衬管等强度焊接(图 4-8)。

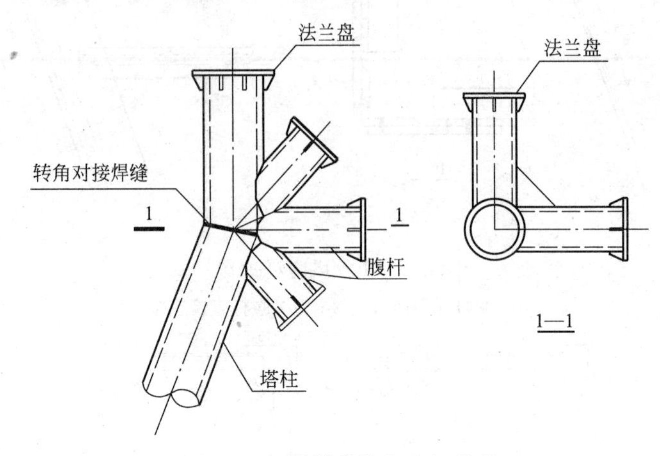

图 4-8　钢管塔塔柱与腹杆节点

3. 钢管塔腹杆构造

钢管通信塔腹杆布置有单斜杆和十字交叉腹杆(图 4-9)。

单斜杆腹杆一般为刚性腹杆，十字交叉腹杆可用刚性腹杆或柔性腹杆，刚性腹杆采用钢管可受拉受压，柔性腹杆采用圆钢只可受拉，或者利用花兰螺钉或其他措施对圆钢施加预应力。

腹杆与塔柱连接有法兰盘连接和节点板连接两种。节点板连接则有单剪式或双剪式(图 4-10)，采用双剪的受力性能较好，但较为复杂，安装略困难。柔性斜杆可用梢子节点板连接(图 4-11)。

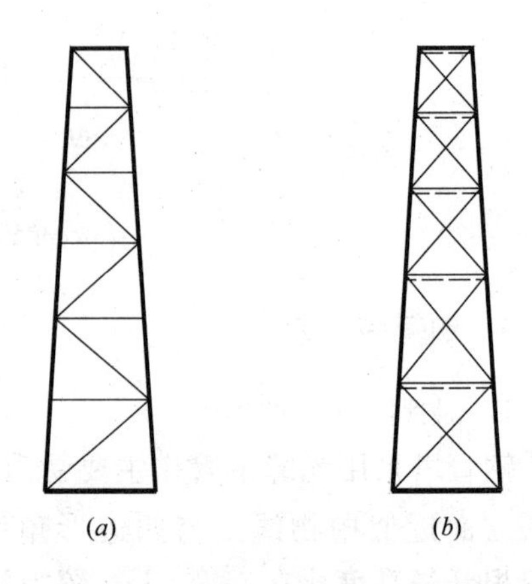

图 4-9　钢管塔塔柱与腹杆节点
(a) 单斜杆腹杆；(b) 十字交叉腹杆

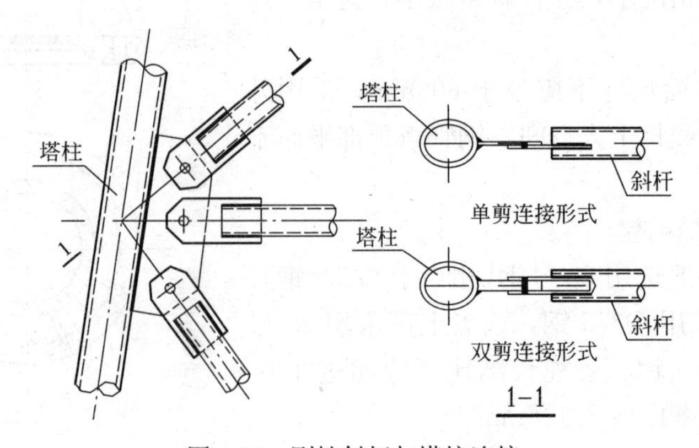

图 4-10　刚性斜杆与塔柱连接

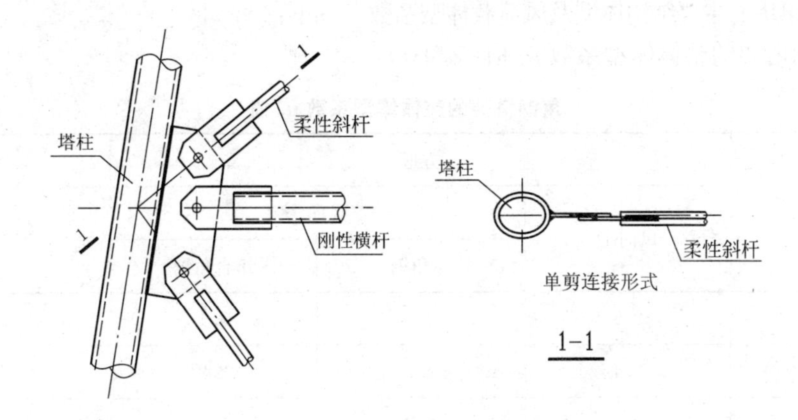

图 4-11 柔性斜杆与塔柱连接

4. 钢管塔横膈构造

三角形钢管塔不必设横膈，因为三角形截面本身是稳定体系。四边形或其他多边形塔必须设置横膈，在直线段塔身每隔 2～3 个节段设置一个横膈，在有平台的位置或塔柱变坡的位置，或杆件内力突变的位置装设微波天线处，均应设置横膈(图 4-12)。

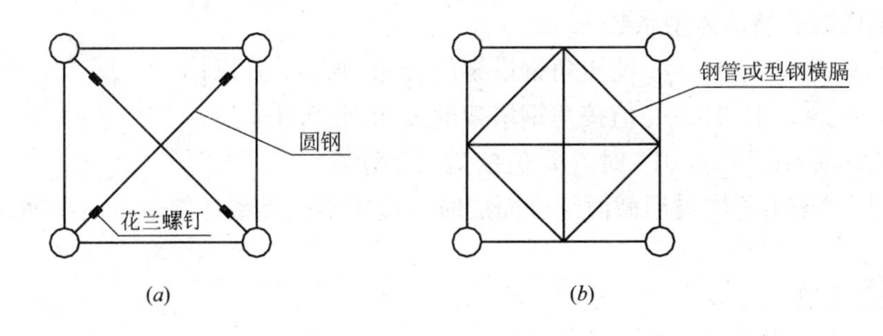

图 4-12 钢管塔的横膈

(*a*) 柔性横膈；(*b*) 刚性横膈

4.2 桁架塔设计

4.2.1 荷载

1. 风荷载

通信塔结构的各类荷载中，除永久荷载外，起主要作用的是风荷载，在地震区地震也是主要的作用。

作用在通信塔上的风荷载标准值按下列公式计算：

$$w_k = \beta_z \mu_s \mu_z w_0 \tag{4-1}$$

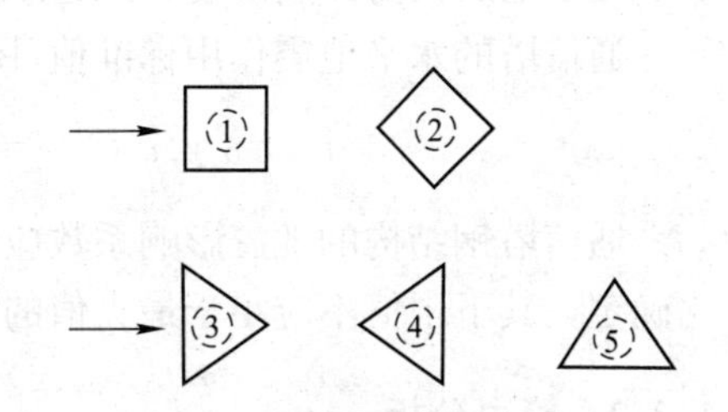

图 4-13 各种形状塔架结构迎风面及风向

(1) 体型系数

桁架通讯塔的主要结构体型及风荷载体型系数μ_s如下：

1）角钢塔架的整体体型系数μ_s值(表 4-1)

角钢塔架的整体体型系数μ_s值 **表 4-1**

Φ	方形			三角形
	风向①	风向②		任意风向③④⑤
		单角钢	组合角钢	
≤0.1	2.6	2.9	3.1	2.4
0.2	2.4	2.7	2.9	2.2
0.3	2.2	2.4	2.7	2.0
0.4	2.0	2.2	2.4	1.8
0.5	1.9	1.9	2.0	1.6

注：1. 挡风系数$\phi=\dfrac{\text{迎风面杆件和节点净投影面积}}{\text{迎风面轮廓面积}}$，均按塔架迎风面的一个塔面计算。

2. 六边形及八边形塔架的μ_s值，可近似地按上表方形塔架参照对应的风向①或②采用。

2）圆钢塔架的整体体型系数μ_s值

当$\mu_z w_0 d^2 \leqslant 0.002$时，$\mu_s$值按角钢塔架的$\mu_s$值乘 0.8 采用；

当$\mu_z w_0 d^2 \geqslant 0.015$时，$\mu_s$值按角钢塔架的$\mu_s$值乘 0.6 采用；

当$0.002 < \mu_z w_0 d^2 < 0.015$时，$\mu_s$值按插入法计算。

当通信塔塔架由不同类型截面组合而成时，应按不同类型杆件迎风面积加权平均选用μ_s值。

(2) 风振系数

风荷载包含了平均风和脉动风。

对于通信塔，风振系数可由下式表示：

$$\beta_z = 1 + \frac{\xi \upsilon \phi_z}{\mu_z} \tag{4-2}$$

其中通信塔结构振型系数φ_z应按实际工程根据结构动力学计算确定。

未述符号参照《建筑结构荷载规范》GB 50009—2012。

2. 地震

处于地震设防烈度 7 度、8 度、9 度地区的通讯塔应该进行抗震设计。

通信塔的水平地震作用标准值(图 4-14)按下式计算：

$$F_{ji} = \alpha_j \gamma_j x_{ji} G_i (i=1,\ 2,\ \cdots,\ n)(j=1,\ 2,\ \cdots,\ m) \tag{4-3}$$

通信塔钢结构的地震影响系数应根据抗震设防烈度、场地类别、结构自振周期及阻尼比确定，其下限值不应小于最大值的 10%。

4.2.2 静力分析

空间桁架通信塔，无论平截面是三角形还是四边形，无论斜杆是刚性还是柔性，杆件

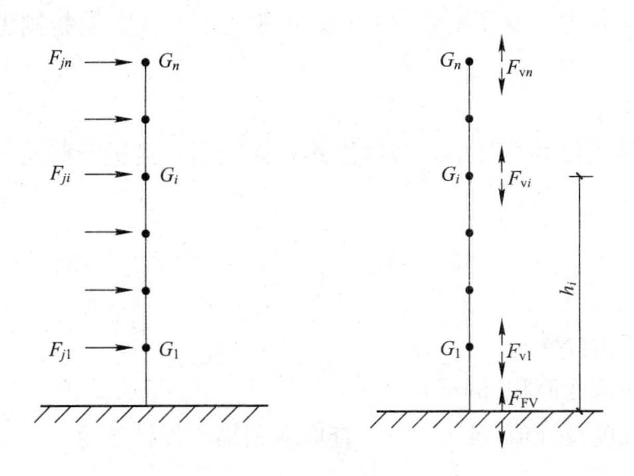

图 4-14　整体空间桁架法计算图形

采用角钢、钢管还是圆钢，其结构方案尽管很多，静态分析都是一样，计算时假定所有杆件连接节点为铰接，采用整体空间桁架法进行计算。

目前，商品有限元分析软件很多，如 SAP2000、ANSYS 等，都可以很有效的分析桁架塔的内力。作为本科学生毕业设计，采用 SAP2000 或其他自编程序则比较可行。

整体空间桁架法以整个塔架为超静定空间体系，所有杆件都是二力杆，不是受轴向拉力，就是受轴向压力，没有弯矩，节点都是理想铰。对于再分式腹杆，都假定为零杆，只起减少塔柱或主腹杆计算长度的作用。

整体空间桁架法计算图形如图 4-15 所示。

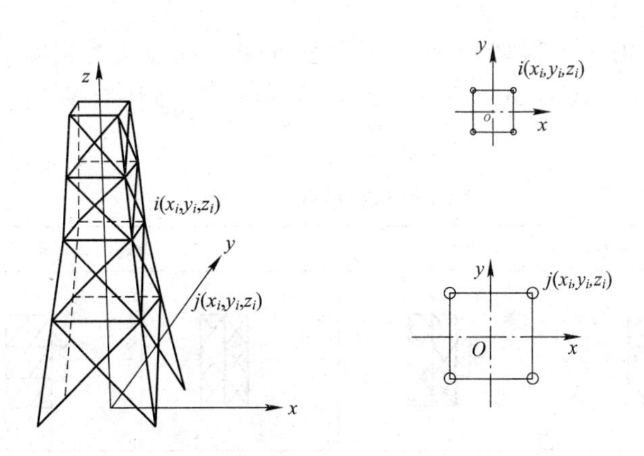

图 4-15　整体空间桁架法计算图形

4.2.3　杆件设计

1. 轴心受拉杆件的强度和稳定计算

空间桁架塔主体结构杆均为二力杆，因塔架受到任意方向的风荷载，承受压力或拉力，除了预应力柔性斜杆主要承受拉力之外，其余杆件均按压杆考虑。

塔架结构基本上是对称布置，同一层内同种杆件构造和受力均相同，并有机会承受杆件的最大压力或最大拉力，受压主要验算构件的强度和稳定，受拉则主要验算节点连接螺栓和焊缝。

(1) 杆件强度计算

在角钢塔用螺栓连接的杆件中，截面因螺孔而削弱，需进行截面强度验算，其应力公式为：

$$\sigma=\frac{N}{A_j}\leqslant f \tag{4-4}$$

式中 N——轴心压力(N)；

A_j——构件净截面面积(mm^2)；

f——钢材强度设计值(N/mm^2)，查取《钢结构设计规范》。

(2) 杆件稳定计算

对于所有可能承受压力的杆件，应进行稳定性验算，其验算公式为：

$$\sigma=\frac{N}{\varphi A}\leqslant f \tag{4-5}$$

式中 N——轴心压力(N)；

A——构件毛截面面积(mm^2)；

φ——轴心受压构件稳定系数，根据长细比按《钢结构设计规范》GB 50017—2003 采用。

(3) 杆件长细比确定

对于钢管塔或圆钢塔，空间桁架的特征很明显，可认为杆件两端铰接，长细比计算时可取实际长度为计算长度。

对于角钢塔，由于节段较短，连接状态特殊，螺栓、焊缝偏在角钢一肢，根据《高耸结构设计规范》GB 50135—2006，单角钢长细比计算时，可参考表 4-2～表 4-4。

塔架和桅杆的弦杆长细比 λ **表 4-2**

弦杆形式	两塔面斜杆交点错开		两塔面斜杆交点不错开		
简图	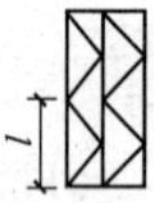	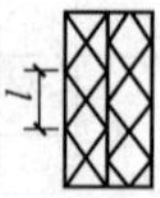	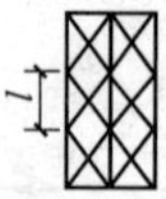	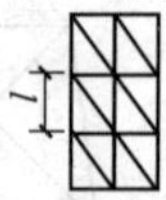	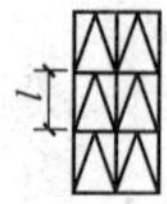
长细比	$\lambda=\frac{1.2t}{i_x}$		$\lambda=\frac{t}{i_{y0}}$		
符号说明	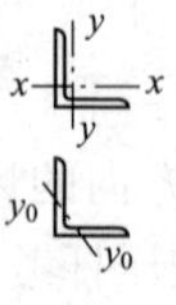		i_x——单角钢截面对平行肢轴的回转半径 i_{y0}——单角钢截面的最小回转半径 i——节间长度		

塔架和桅杆的斜杆长细比 λ **表 4-3**

斜杆形式	单斜杆	双斜杆	双斜杆加辅助杆	
简图	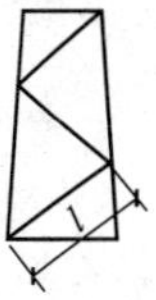	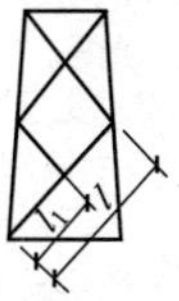	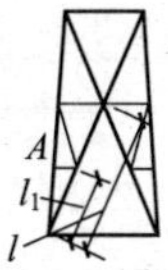	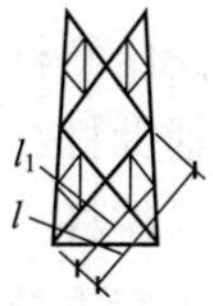
长细比	$\lambda=\dfrac{l}{i_{y0}}$	当斜杆不断开又互相连接时 $\lambda=\dfrac{l}{i_{y0}}$ 斜杆断开，中间连接时 $\lambda=\dfrac{0.7l}{i_{y0}}$ 斜杆不断开，中间用螺栓连接时 $\lambda=\dfrac{l_1}{i_{y0}}$	当A点与相邻塔面的对应点之间有连杆时 $\lambda=\dfrac{l_1}{i_{y0}}$ 其中两斜杆同时受压时 $\lambda=\dfrac{1.25l}{i_x}$ 当A点与相邻塔面的对应点之间无连杆时 $\lambda=\dfrac{1.1l}{i_x}$	斜杆不断开又互相连接时 $\lambda=\dfrac{1.1l}{i_x}$ 两斜杆同时受压时 $\lambda=\dfrac{0.8l}{i_x}$

塔架和桅杆的横杆及横膈长细比 λ **表 4-4**

简图	截面形式	横杆	横膈
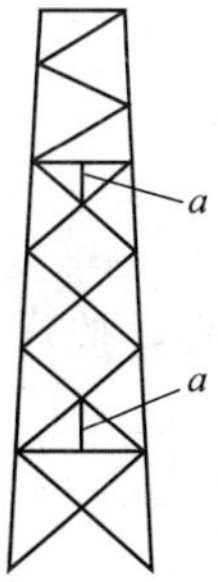	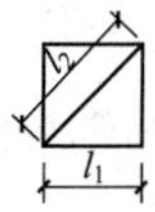	当有连杆 a 时 $\lambda=\dfrac{l_1}{i_x}$ 当无连杆 a 时 $\lambda=\dfrac{l_1}{i_{y0}}$	$\lambda=\dfrac{l_2}{i_y}$
	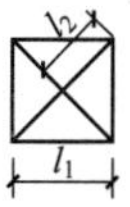	当有连杆 a 时 $\lambda=\dfrac{l_1}{i_x}$ 当无连杆 a 时 $\lambda=\dfrac{l_1}{i_{y0}}$	当一根交叉杆断开，用节点板连接时 $\lambda=\dfrac{1.4l_2}{i_{y0}}$
	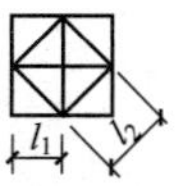	当有连杆 a 时 $\lambda=\dfrac{l_1}{i_{y0}}$ 当无连杆 a 时 $\lambda=\dfrac{2l_1}{i_x}$	$\lambda=\dfrac{l_2}{i_{y0}}$
	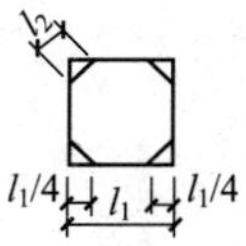	当有连杆 a 时 $\lambda=\dfrac{l_1}{2i_{y0}}$ 当无连杆 a 时 $\lambda=\dfrac{l_1}{i_x}$	$\lambda=\dfrac{l_2}{i_{y0}}$

(4) 构件最大长细比规定

按《高耸结构设计规范》GB 50135—2006 规定，塔架构件长细比要符合下列规定：

受压弦杆 $\lambda \leqslant 150$

受压斜杆、横杆 $\lambda \leqslant 180$

辅助杆 $\lambda \leqslant 200$

受拉杆 $\lambda \leqslant 350$

预应力拉杆长细比不限。

2. 钢管桁架塔节点计算

(1) 塔柱和腹杆法兰盘连接计算

钢管或圆钢桁架塔，塔柱和腹杆通常用法兰盘螺栓直接连接，以有利于结构安装。

1)首先按杆件拉力 N_{tm} 选择螺栓直径和数量 n：

$$N_{tm} \leqslant n \cdot N_t^b \tag{4-6}$$

式中 N_t^b——螺栓受拉承载力设计值。

2) 选择螺栓中心圆直径 Φ(法兰盘中径)

螺栓离管壁距离要超过最小操作距离加焊脚尺寸；螺栓环向中距也要大于最小操作距离加肋板厚度 δ_L。

3) 选择螺栓中心到法兰盘的距离

$$\frac{1}{2}(D-\Phi) \geqslant 1.2(d'+1.5\text{mm}) \tag{4-7}$$

式中 D——法兰盘外径(mm)；

d'——螺栓孔直径(mm)。

4) 法兰盘与杆件焊缝计算

杆件压力或拉力由法兰盘上下两条环形焊缝和加劲肋的端焊缝共同承担，按有效面积分担，即：

$$N_{am} \leqslant \sum_{i=1}^{3} l_{fi} \cdot h_{ei} \cdot f_{fi}^w \tag{4-8}$$

式中 l_{fi}、h_{ei}——焊缝长度和厚度(mm)；

f_{fi}^w——角焊缝设计强度(N/mm^2)。

5) 加劲肋板焊缝计算

将加劲肋板所承担的压力 P 按比例取出，作用在加劲肋板端焊缝的中心，按弯、剪复合验算加劲肋板竖焊缝。

垂直于焊缝长度方向的应力

$$\sigma_f = P \cdot e \Big/ \left(\frac{2}{6} h_f \times 0.7 l_f^2\right) \tag{4-9}$$

沿焊缝长度方向的剪应力

$$\tau_f = P/(2h_f \times 0.7 l_f) \tag{4-10}$$

$$\sqrt{\left(\frac{\sigma_f}{\beta_f}\right)^2 + \tau_f^2} \leqslant f_f^w \tag{4-11}$$

式中 l_f——焊缝实际长度扣除 2 倍焊缝厚度；

β_f——端焊缝的长度设计值增大系数，$\beta_f=1.22$。

按法兰盘底面最大平均压力，作用在三边支承的近似矩形板上(一边由管壁，另一边由加劲肋板支承，见图 4-16)。三边支承板的弯矩为：

$$M_{max}=\beta q a_1^2 \tag{4-12}$$

式中 q——作用在底板单位面积上的压力；

$$q=\frac{N}{\frac{\pi}{4}(D^2-d^2)} \tag{4-13}$$

式中 D、d——法兰盘的外径和内径；

β——系数，由 b_1/a_1 查表 4-5；

a_1、b_1——三边支承板中自由边的长度和两边肋板宽度。

法兰盘厚度 t 按下式计算：

$$t\geqslant\sqrt{\frac{5M_{max}}{f}} \tag{4-14}$$

(2) 管结构相贯线焊缝连接计算

钢管桁架塔的节点除了安装需要用法兰盘螺栓外，其余多数采用钢管相贯线直接焊缝连接。这种连接优点是节点刚度和承载力大，用钢量小，没有节点板，焊缝量也小。但相贯线和坡口切割质量要求较高，要有精确的加工设备和复杂的技术措施，若焊缝较厚时，焊缝应力和焊接变形的影响较大，还可能产生应力集中现象。

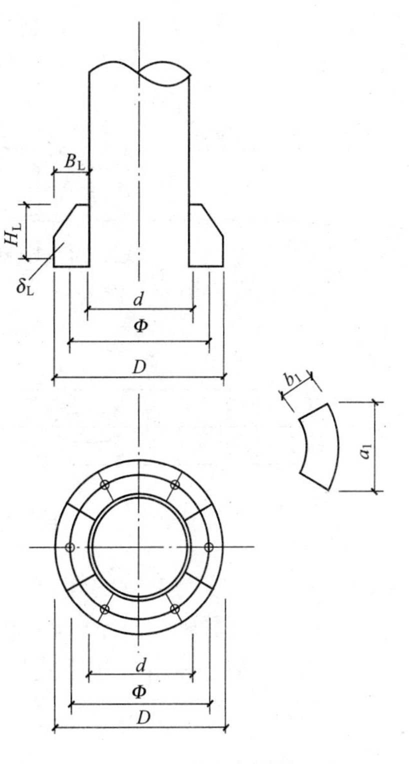

图 4-16 法兰盘计算

三边支承板弯矩系数 β 表 4-5

a_1/b_1	0.2	0.3	0.4	0.5	0.6	0.7	0.8	0.9	1.0	1.2	≥1.4
β	0.0100	0.0273	0.0439	0.0602	0.0747	0.0871	0.0972	0.1053	0.1117	0.1205	0.1258

支管和主管相贯线焊缝分区和坡口形式如图 4-17。

对于管壁厚度 $t\leqslant6$mm 的钢管，周边角焊缝 $h_f\leqslant1.2t$。

对于管壁厚度 $t\geqslant8$mm 的钢管，一般采用三分区法(图 4-17)。趾部用角焊缝分析相贯线焊缝构造。支管与主管的连接焊缝可视为全周角焊缝进行计算，角焊缝的计算厚度沿支管周长是变化的，当支管轴心受力时，平均计算厚度可取 $h_e=0.7h_f$，焊缝的长度按下列公式计算：

当 $d_1/d\leqslant0.65$ 时

$$l_w=(3.25d_1-0.025d)\left(\frac{0.534}{\sin\theta_1}+0.466\right) \tag{4-15}$$

当 $d_1/d>0.65$ 时

$$l_w=(3.81d_1-0.389d)\left(\frac{0.534}{\sin\theta_1}+0.466\right) \tag{4-16}$$

式中 l_w——焊缝计算长度；

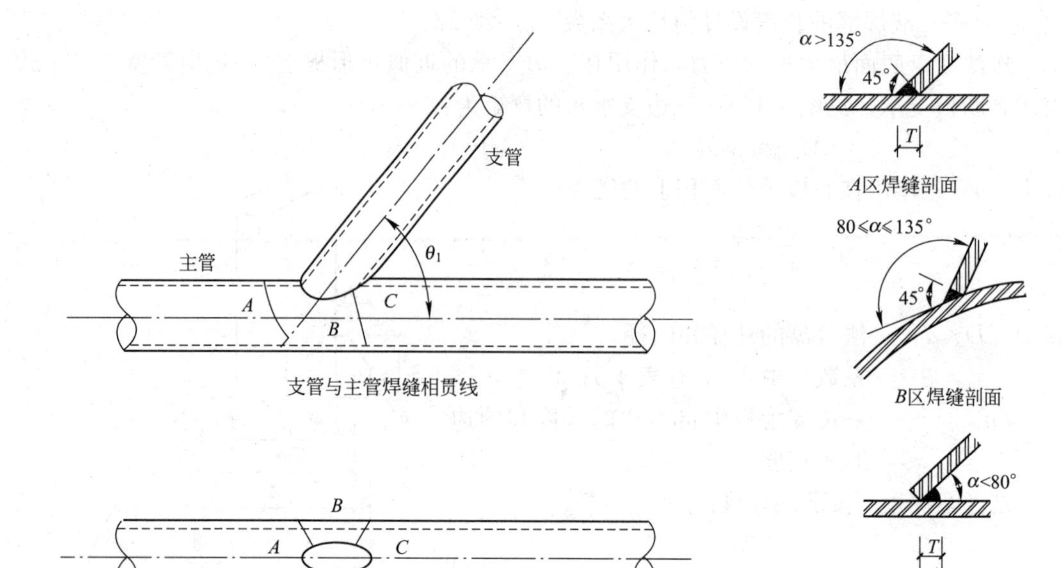

图 4-17 焊缝相贯线连接三分区法

d、d_1——主管与支管的外径；

θ_1——支管轴线与主管轴线的夹角。

支管与主管连接焊缝按下式验算：

$$\sigma_f=\frac{N}{h_e l_w}\leqslant f_f^w \tag{4-17}$$

式中 f_f^w——角焊缝的强度设计值。

(3) 相贯线连接处主管壁厚验算

塔架中腹板(支管)与塔柱有下列几种节点连接形式：X 形节点(图 4-18a)、T 形(或 Y 形)节点(图 4-18b、图 4-18c)、K 形节点(图 4-18d)、TT 形节点(图 4-18e)和 KK 形节点(图 4-18f)。

1)X 形节点

受压支管在管节点处的承载力设计值 N_{cX}^{pj} 按下式计算：

$$N_{cX}^{pj}=\frac{5.45}{(1-0.81\beta)\sin\theta}\psi_n t^2 f \tag{4-18}$$

式中 ψ_n——参数，$\psi_n=1-0.3\frac{\sigma}{f_y}-0.3\left(\frac{\sigma}{f_y}\right)^2$，当节点两侧或一侧主管受拉时，则取 $\psi_n=1$；

f——主管钢材的抗拉、抗压和抗弯强度设计值；

f_y——主管钢材屈服强度；

σ——节点两侧主管轴心压应力的较小绝对值；

β——支管外径与主管外径之比，$\beta=d_i/d$；

θ——支管与主管之间的夹角。

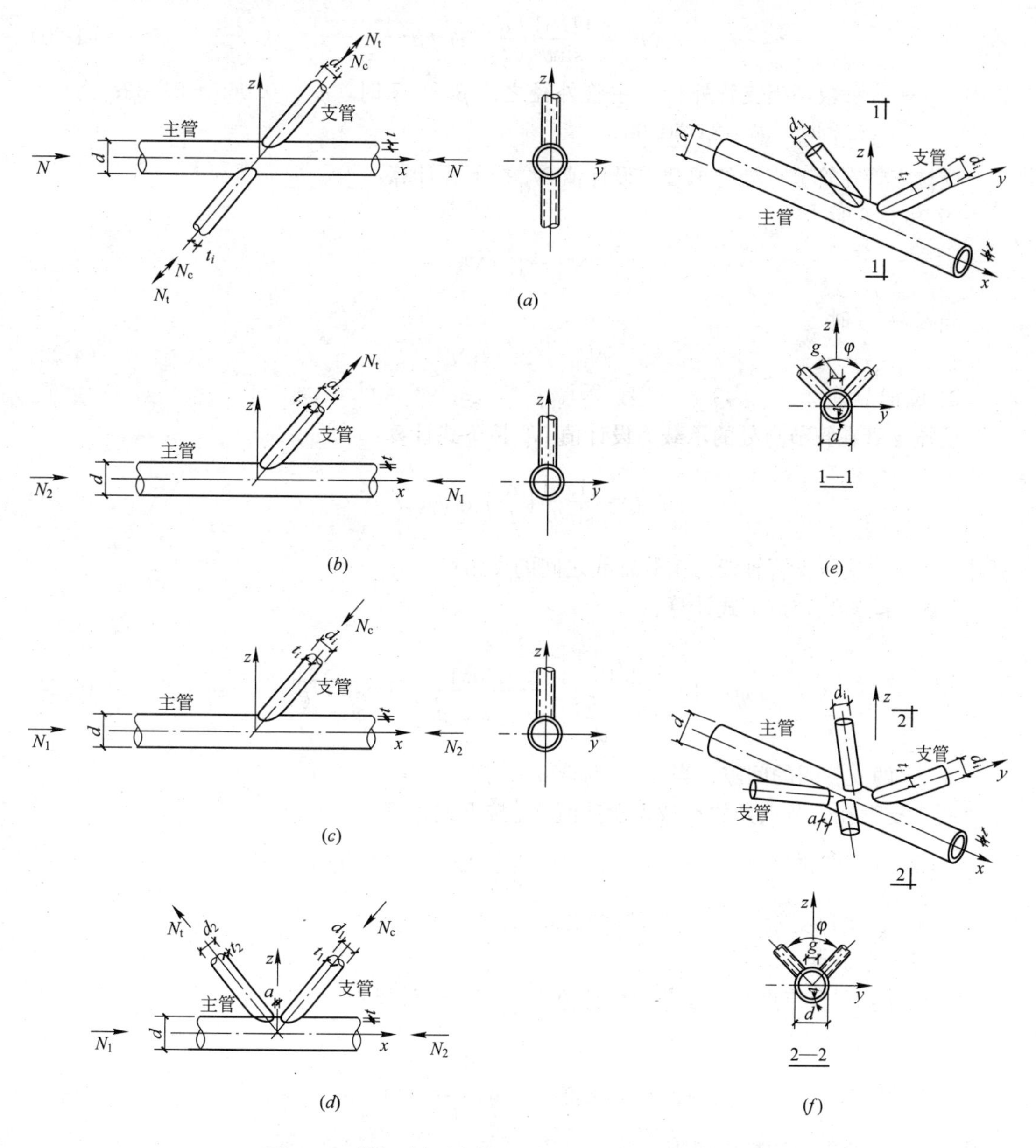

图 4-18 塔架腹杆(支管)和塔柱(主管)连接节点形式

(a)X 形节点；(b)T 形和 Y 形受拉节点；(c)T 形和 Y 形受压节点；(d)K 形节点；(e)TT 形节点；(f)KK 形节点

受拉支管在管节点处的承载力设计值 N_{tX}^{pj} 按下式计算：

$$N_{tX}^{pj}=0.78\left(\frac{d}{t}\right)^{2}N_{cX}^{pj} \tag{4-19}$$

式中 d、t——主管管径与壁厚。

2) T 形(或 Y 形)节点

受压支管在管节点处的承载力设计值 N_{cT}^{pj} 按下式计算：

$$N_{cT}^{pj}=\frac{11.51}{\sin\theta}\left(\frac{d}{t}\right)^2\psi_n\psi_d t^2 f \tag{4-20}$$

式中 ψ_n——参数，当支管外径与主管外径之比 $\beta\leqslant0.7$ 时，$\psi_d=0.069+0.93\beta$；当 $\beta>0.7$ 时，$\psi_d=2\beta-0.68$。

受拉支管在管节点处的承载力设计值 N_{tT}^{pj} 按下式计算：

当 $\beta\leqslant0.6$ 时

$$N_{tT}^{pj}=1.4N_{cT}^{pj} \tag{4-21}$$

当 $\beta>0.6$ 时

$$N_{tT}^{pj}=(2-\beta)N_{cT}^{pj} \tag{4-22}$$

3) K 形节点

受压支管在管节点处的承载力设计值 N_{cK}^{pj} 按下式计算：

$$N_{cK}^{pj}=\frac{11.51}{\sin\theta_c}\left(\frac{d}{t}\right)^2\psi_n\psi_d\psi_a t^2 f \tag{4-23}$$

式中 θ_c——受压支管轴线与主管轴线之间的夹角；

ψ_a——参数，按下式计算：

$$\psi_a=1+\frac{2.19}{1+\frac{7.5a}{d}}\left(1-\frac{20.1}{6.6+\frac{d}{t}}\right)(1-0.77\beta) \tag{4-24}$$

a——两支管间的间隙；当 $a<0$ 时取 $a=0$。

受拉支管在管节点处的承载力设计值 N_{tK}^{pj} 按下式计算：

$$N_{tK}^{pj}=\frac{\sin\theta_c}{\sin\theta_t}N_{cK}^{pj} \tag{4-25}$$

式中 θ_t——受拉支管轴线与主管轴线之间的夹角。

4) TT 形节点

受压支管在管节点处的承载力设计值 N_{cTT}^{pj} 按下式计算：

$$N_{cTT}^{pj}=\psi_g N_{cT}^{pj} \tag{4-26}$$

$$\psi_g=1.28-0.64\frac{g}{d}\leqslant1.1$$

式中 g——两支管的横向间距。

受拉支管在管节点处的承载力设计值 N_{tTT}^{pj} 按下式计算：

$$N_{tTT}^{pj}=N_{tT}^{pj} \tag{4-27}$$

5) KK 形节点

受压或受拉支管在管节点处的承载力设计值 N_{cKK}^{pj} 或 N_{tKK}^{pj} 等于 K 形节点相应支管承载力设计值 N_{cK}^{pj} 或 N_{tK}^{pj} 的 0.9 倍。

3. 角钢桁架塔节点计算

(1) 塔柱直线段拼接计算

塔柱直线段拼接计算

角钢塔塔柱常用拼接角钢或拼接板按双剪拼接形式连接，构造如图 4-19 所示。

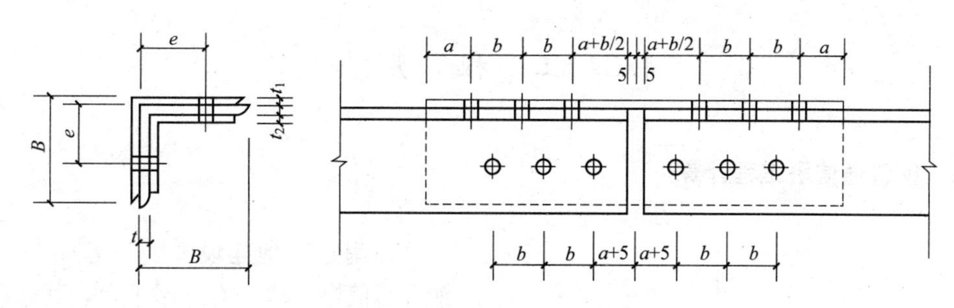

图 4-19　角钢双剪拼接构造

螺纹中距　　　　$d \geqslant 3(d+1.5)$mm

螺纹边距　　　　$a \geqslant 2(d+1.5)$mm

螺孔与肢背距离　　　　$e=0.55B$mm

塔柱拼接螺栓按双剪计算，其抗剪承载力必须满足下式：

$$N_{\mathrm{v}}^{\mathrm{b}} \leqslant 2\frac{\pi d^2}{4} f_{\mathrm{v}}^{\mathrm{b}}(\text{受剪面不得在螺纹处}) \tag{4-28}$$

螺栓孔壁承压强度按下式计算：

$$N_{\mathrm{c}}^{\mathrm{b}} \leqslant dt f_{\mathrm{c}}^{\mathrm{b}}(\text{且 } t_1+t_2>t) \tag{4-29}$$

杆件净截面强度按下式计算：

$$N \leqslant fA_{\mathrm{n}} \tag{4-30}$$

式中　d——连接螺栓的直径；

A_{n}——杆件或连接中净截面较小者；

$f_{\mathrm{v}}^{\mathrm{b}}$、$f_{\mathrm{c}}^{\mathrm{b}}$——螺栓的抗剪和承压强度设计值；

f——螺栓的抗拉、抗压强度设计值。

(2) 腹杆与塔柱连接计算

角钢塔的腹杆与塔柱连接构造有两种情况，当腹杆受力较小，而塔柱角钢尺寸足够时，腹杆可通过螺栓直接与塔柱连接(图 4-20*a*)，否则腹杆通过焊在塔柱上的节点板和螺栓连接(图 4-20*b*)。

腹杆与塔柱连接所用的螺栓通常都是单剪受力，要考虑偏心系数 0.85。

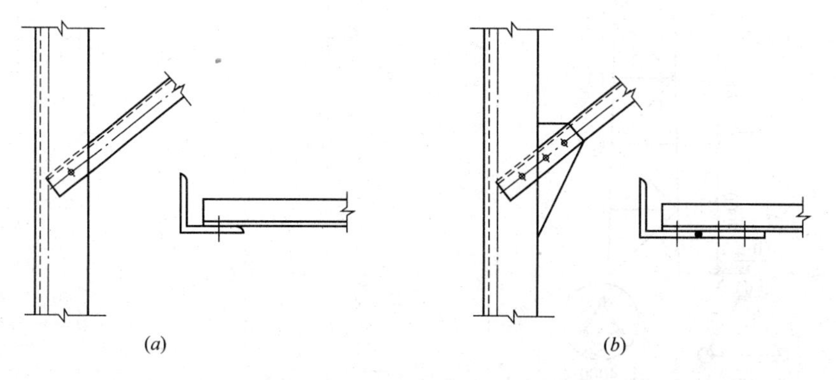

图 4-20　角钢塔腹杆与柱连接

(*a*)腹杆直接与塔柱连接；(*b*)腹杆通过节点板连接

4.3 工 程 实 例

4.3.1 钢管通信塔工程计算

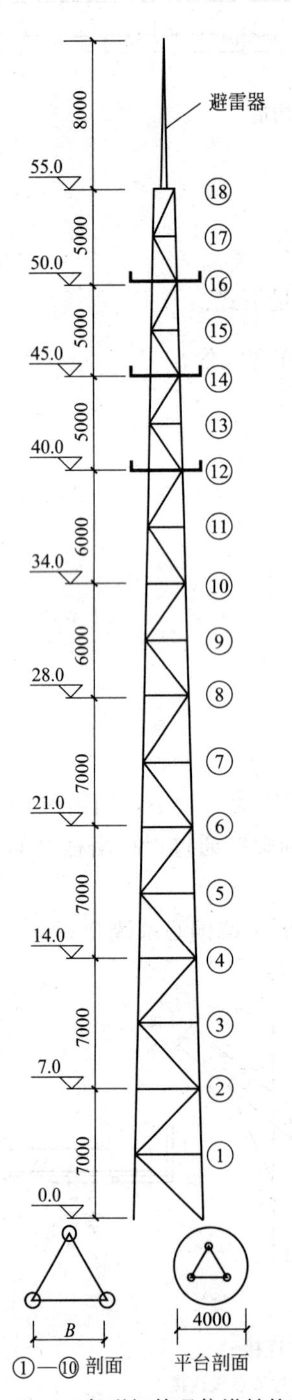

图 4-21 三角形钢管通信塔结构图

在南京某地建设高度为 55m 三角形钢管通信塔一座。有三层平台，其标高分别为 40、45、50m，圆形平台直径一律为 4.0m，供安装移动天线之用。

(1) 三角形钢管通信塔立面及杆件尺寸(图 4-21、表 4-6)

(2) 三角形钢管通信塔杆件计算结果

杆件规格和尺寸　　表 4-6

编号	杆件规格/mm			杆件轴线尺寸/mm		
	塔柱	斜杆	横杆	塔柱	斜杆	横杆
18	$\phi180\times8$	$\phi114\times5$	$\phi89\times5$	2501	2824	1250
17				2501	2884	1375
16				2501	2972	1500
15				2501	3016	1625
14				2501	3088	1750
13				2501	3163	1875
12	$\phi180\times10$	$\phi133\times6$	$\phi114\times5$	3001	3648	2000
11				3001	3735	2150
10				3001	2827	2300
9				3001	3922	2450
8				3501	4413	2600
7				3502	4522	2775
6	$\phi180\times12$	$\phi133\times6$	$\phi114\times5$	3501	4635	2950
5				3502	4751	3125
4				3501	4871	3300
3				3502	4994	3475
2				3501	5121	3650
1				3502	5250	3825

南京地区基本风压 $w_0=0.40\text{kN/m}^2$，按照式(4-1)计算风荷载，按照塔架正则方程分析空间桁架各杆的内力，结果列于表 4-7 表中“+”表示压力或压应力；“−”表示拉力或拉应力。塔顶位移 45.7cm($<H/100=55$cm)。

杆件计算结果 表 4-7

编号	杆件轴向力（kN）			杆件截面验算	
	塔柱	斜杆	横杆	塔柱	斜杆
18	9.65	8.47	2.04	$N=28.22\text{kN}$ $A=4322\text{mm}^2$ $l=2501\text{mm}$ $i=60.9\text{mm}$ $\lambda=l/i=41$ $\varphi=0.94$ $\sigma=\frac{N}{\varphi A}=6.94\text{N/mm}^2$	$N=8.47\text{kN}$ $A=1712\text{mm}^2$ $l=3163\text{mm}$ $i=33.6\text{mm}$ $\lambda=l/i=82$ $\varphi=0.78$ $\sigma=\frac{N}{\varphi A}=6.3\text{N/mm}^2$
17	16.14	4.89	1.44		
16	18.37	2.78	0.49		
15	24.14	1.24	0.94		
14	26.53	0.73	0.61		
13	28.22	1.81	0.82		
12	30.54	6.17	1.34	$N=66.58\text{kN}$ $A=5341\text{mm}^2$ $l=3502\text{mm}$ $i=60.2\text{mm}$ $\lambda=l/i=58$ $\varphi=0.89$ $\sigma=\frac{N}{\varphi A}=14\text{N/mm}^2$	$N=22.65\text{kN}$ $A=2394\text{mm}^2$ $l=4522\text{mm}$ $i=45.0\text{mm}$ $\lambda=l/i=100$ $\varphi=0.64$ $\sigma=\frac{N}{\varphi A}=14.8\text{N/mm}^2$
11	32.05	8.05	1.24		
10	24.01	9.93	1.37		
9	27.93	12.04	1.49		
8	34.49	20.39	3.70		
7	66.58	22.65	3.70		
6	100.60	22.45	1.08	$N=304.0\text{kN}$ $A=6333\text{mm}^2$ $l=3502\text{mm}$ $i=59.5\text{mm}$ $\lambda=l/i=59$ $\varphi=0.89$ $\sigma=\frac{N}{\varphi A}=53.9\text{N/mm}^2$	$N=35.36\text{kN}$ $A=2394\text{mm}^2$ $l=5250\text{mm}$ $i=45.0\text{mm}$ $\lambda=l/i=117$ $\varphi=0.53$ $\sigma=\frac{N}{\varphi A}=27.9\text{N/mm}^2$
5	135.45	25.31	2.05		
4	173.91	27.08	1.98		
3	214.40	30.23	2.05		
2	258.67	31.84	2.05		
1	304.0	35.36	2.11		

4.3.2 角钢通信塔工程计算

在上海浦东某地建设高度 55m 角钢通信塔一座，有三层平台，其标高分别为 44、47、50m，圆形平台，直径一律为 5.0m，供安装移动电话天线之用。

1. 角钢通信塔立面及杆件尺寸(图 4-22、表 4-8)

塔的截面为四边形，在 2、4、6、8、10、12、14、16 层共八层有十字形横膈，各层斜杆的副杆也设副横膈。塔的一侧有爬梯。

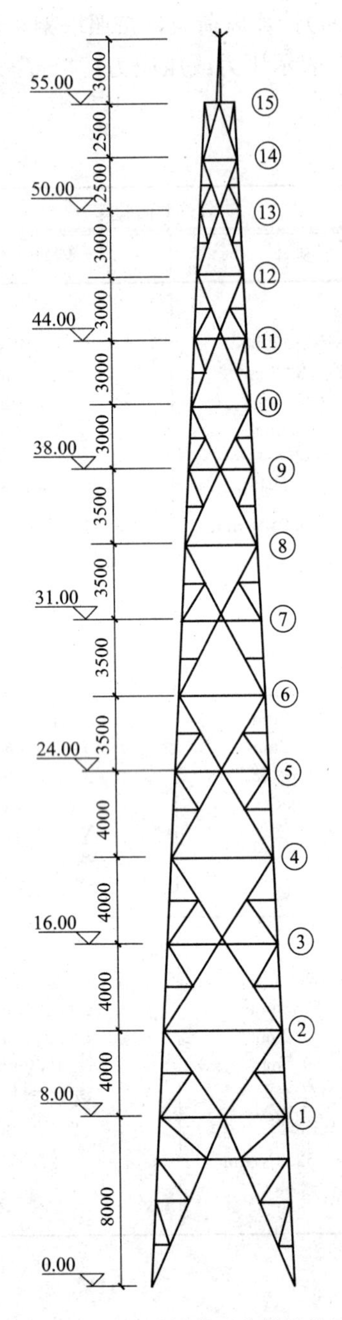

图 4-22 四边形钢管通信塔结构图

杆件规格（单位：mm）　表 4-8

编号	塔柱	斜杆	横杆	副杆
15	∟70×8	∟56×5	∟56×5	∟50×5
14				
13	∟80×8	∟63×5	∟63×5	∟50×5
12				
11	∟90×10	∟70×5	∟70×5	∟56×5
10				
9	∟110×10	∟75×5	∟75×5	∟56×5
8				
7	∟125×12	∟80×6	∟80×6	∟63×5
6				
5	∟140×12	∟90×6	∟90×6	∟63×5
4				
3	∟160×12	∟100×6	∟100×6	∟75×5 ∟63×5
2				
1	∟180×12	∟110×7	∟110×7	∟75×5

2. 角钢通信塔杆件计算结果

杆件内力结果列于表 4-9、表 4-10，表中“+”表示压力或压应力；“－”表示拉力或拉应力。塔顶位移 48cm（$<H/100=55$cm）。

角钢塔塔柱截面验算　表 4-9

层次	规格	截面积 A/mm^2	回转半径 i/mm	计算长度 l/mm	长细比 λ	稳定系数 φ	轴力 N/kN	应力 $\sigma/(\text{N/mm}^2)$
8	∟70×8	1056	13.7	1250	91	0.614	10.7	16.5
7	∟80×8	1216	15.7	1500	96	0.581	29.1	41.1
6	∟90×10	1700	17.6	1500	85	0.655	50.7	45.5

续表

层次	规格	截面积 A/mm^2	回转半径 i/mm	计算长度 l/mm	长细比 λ	稳定系数 φ	轴力 N/kN	应力 $\sigma/(N/mm^2)$
5	∟110×10	2100	21.7	1750	81	0.681	75.7	52.9
4	∟125×12	2856	24.6	1750	71	0.745	113.6	53.4
3	∟140×12	3216	27.6	2000	72	0.739	161.3	67.9
2	∟160×14	4284	31.6	2000	63	0.791	185.0	54.6
1	∟180×12	4176	35.8	2000	56	0.828	187.1	54.1

角钢塔斜杆截面验算 **表 4-10**

层次	规格	截面积 A/mm^2	回转半径 i/mm	计算长度 l/mm	长细比 λ	稳定系数 φ	轴力 N/kN	应力 $\sigma/(N/mm^2)$
8	∟56×5	542	11.0	1339	122	0.426	15.2	65.8
7	∟63×5	614	12.5	1627	130	0.387	21.6	90.9
6	∟70×5	688	13.9	1690	135	0.365	23.8	94.8
5	∟75×6	880	14.9	1993	134	0.370	30.5	93.7
4	∟80×6	940	15.9	2083	131	0.383	34.0	94.4
3	∟90×6	1394	17.8	2401	135	0.365	43.6	85.7
2	∟100×6	1564	19.8	2517	127	0.402	52.5	83.5
1	∟110×7	1564	22.0	2166	98	0.568	82.9	93.3

附录1 门式刚架图纸

结构设计总说明

一、结构概况

1. 结构形式：门式刚架

2. 设计标高±0.000 相当于地质报告中相对标高 0.150. 尺寸单位：标高为米，其他均为毫米。

3. 结构安全等级：二级，耐火等级：二级，地基基础设计等级：丙级，场地类别为：Ⅱ类。

4. 混凝土结构的环境类别±0.000 以下为“二a类”，±0.000 以上为“一类”

5. 抗震设防类别为丙类，抗震设防烈度为7度，设计基本地震加速度为 0.15g，设计地震分组第一组。

6. 结构设计使用年限为 50 年。

7. 吊车资料：10t 吊车（大连重工 DQQDX 型），跨度为：16.5m，每跨两台，轨顶标高 6.0m。

二、设计依据

1. 采用中华人民共和国现行国家标准规范和规程进行设计，主要有：

建筑结构荷载规范(GB 50009—2012)

建筑设计防火规范(GB 50016—2006)

混凝土结构设计规范(GB 50010—2010)

冷弯薄壁型钢结构技术规范(GB 50018—2002)

建筑地基基础设计规范(GB 50007—2011)

钢结构设计规范(GB 50017—2003)

建筑地基处理技术规范(JGJ 79—2012)

门式钢架轻型房屋钢结构技术规范(CECS102：2002)

建筑钢结构焊接规程(JGJ 81—2002)

涂装前钢材表面锈蚀等级和除锈等级(GB 8923-88)

2. 建筑设计功能及工艺、暖通、给排水和电气等专业设备安装要求

本工程地质勘察报告(编号 20060745)

三、荷载限值

1. 基本风压：0.40KN/m²；基本雪压：0.5KN/m² 地面粗糙度：B类

2. 刚架屋面荷载：

屋面恒荷载（含檩条自重）：0.5KN/m²；

屋面活荷载：0.35KN/m²。

四、施工及验收标准

材料检验、施工工艺、成品及半成品检查验收等均应符合现行相应施工及验收规范、规程要求。

五、结构材料

1. 钢筋 HPB235 级(f_y=210)，HRB335 级(f_y=300)，HRB400(f_y=360)。

纵向受力钢筋的抗拉强度实测值与屈服强度实测值的比值不应小于 1.25，且钢筋的屈服强度实测值与强度标准值的比值不应大于 1.3。

2. 混凝土：基础垫层：C10；基础：C25；其他为 C25；

3. 钢结构材料

主钢结构（梁，柱，连接板，柱底板）Q345B，檩条及其他钢构件材料采用 Q235A 钢，材质应分别符合《低合金高强度结构钢》(GB/T 1591)和《碳素结构钢》(GB/T 700)规定

4. 高强螺栓采用 10.9 级，应符合《钢结构用高强度大六角头螺栓、大六角螺母、垫圈技术条件》(GB/T 1231)的规定，预拉力 P 分别为：

M20：P=155KN，M22：P=190KN

5. 普通螺栓材质为 Q235A 钢，地脚螺栓材质为 Q345 钢，应符合《碳素结构钢》(GB/T 700)规定

6. 所有焊接材料及焊接质量应符合现行国标 GB/T 5117，GB/T 5118 的规定。Q235 钢：手工焊用 E43 型，自动或半自动焊为 H08A，H08。

六、钢结构部分

1. 制作要点

1.1 本工程焊缝质量等级当为梁，柱，连接板，柱底板时为二级，且应进行焊缝探伤，焊缝探伤按国家标准《钢焊缝手工超声波探伤方法和探伤结果分析》执行。檩托，墙托连接焊缝质量等级为三级。

1.2 施焊时，应选择合理的焊接顺序，或采用预热、锤击和整体回火等方法减少钢结构中产生的焊接应力和焊接变形。

1.3 凡要求等强的对接焊缝均应采用引板和引出板，剖口形式和尺寸按现行国标《钢结构焊接技术规程》(JGJ 81—91)

1.4 当腹板厚度在 8mm 或以下时，经工艺评定合格，工艺评定的焊接参数，方法，手段必须锁定在符合下列规定时，允许采用自动或半自动埋弧焊，图中未注明的焊缝尺寸，以下表为准，且一律满焊。

板件厚	最小焊脚尺寸	焊缝有效厚度	最小根部溶深焊丝直径(mm)
t	ht	he	ϕ1.2～ϕ3.2
6	5.5	3.9	1.6
7	6	4.2	1.8
8	6.5	4.6	2.0
10	7	4.9	
12	7.5	5.3	

当焊缝厚度小于 6mm 时最小焊脚尺寸应与焊件厚度相同；侧面角焊缝或正面焊缝长不应小于 $8h_f$ 和 40mm。

1.5 梁柱端头板、翼拼接处采用熔透焊缝

1.6 螺栓连接孔应采用钻孔

1.7 螺栓孔的允许偏差和孔壁表面粗糙度均应符合现行国标 GB 50205 的要求。

1.8 所有构件均应按图示尺寸先放大样，经校对尺寸正确无误后再下料制作。

2. 连接

2.1 高强度螺栓为摩擦型高强度螺栓，接触面抗滑移系数 0.4，用于以下部位：

(1) 梁端板法兰式连接　　(2) 梁柱之间的连接

2.2 普通螺栓的连接，用于以下部位：

(1) 所有檩条连接　(2) 隅撑连接　(3) 屋面系杆

2.3 围护板或围护板支架采用自攻螺钉连接。

2.4 泛水板、包边板与围护板之间的连接采用自攻螺钉或抽芯拉铆钉连接。

3. 防锈．涂装

3.1 钢柱、钢梁采用喷砂除锈时要求达到 Sa2.5 标准；其他钢构件采用人工除锈时要求达到 St2 标准；

3.2 除锈后的构件应及时涂刷采用红丹系列底漆 2 遍；

3.3 除锈及涂装工程质量应符合 GB 50205 的规定。

4. 运输、安装、堆放

4.1 在运输及存放过程中，应对钢构件采取相应措施防止变形，对发生变形的构件在安装前整形后方可使用

4.2 主刚架安装时，应加临时风拉杆，先安装有支撑的刚架及支撑结构，待所有檩条和支撑结构体系安装就位就位后方可撤除临时风拉杆

4.3 高强螺栓施工采用扭矩法或转角法，按照有关技术规定执行。

4.4 所有圆钢支撑最终应调整成张紧状态。

4.5 柱脚预埋螺栓要求误差小于 2mm。

4.6 屋面板的侧向搭接缝和横向搭接缝须用止水胶带密封防水泛水板、包边板凡有渗水缝隙处应用建筑密封膏防水。

4.7 构件堆放时，应先放置枕木垫平，不宜直接将构件放置于地面上。

4.8 檩条卸货后，如因其他原因未及时安装，应用防水雨布覆盖，以防止檩条出现“白化”现象。

4.9 刚架安装顺序：应先安装靠近山墙的有柱间支撑的两榀刚架，而后安装其他刚架。

4.10 头两榀刚架安装完毕后，应在两榀刚架间将水平系杆、檩条及柱间支撑、屋面水平支撑、隅撑全部装好，安装完成后应利用柱间支撑及屋面水平支撑调整构件见的垂直度及水平度，待调整正确后方可锁定支撑，而后安装其他刚架。

4.11 除头两榀刚架外，其余榀的檩条、墙梁、隅撑的螺栓均应校准后再行拧紧。

4.12 钢柱吊装：钢柱吊至基础短柱顶面后，采用经纬仪进行校正。

4.13 刚架屋面斜梁组装：斜梁跨度较大，在地面组装时应尽量采用立拼，以防斜梁侧向变形。

4.14 钢柱与屋面斜梁的接头，应在空中对接，预先将加工好的铝合金挂梯放于梁上以便空中穿孔。

4.15 檩条的安装应待刚架主结构调整定位后进行，檩条安装后应用拉杆调整平直度。

4.16 不得利用已安装就位的构件起吊其他重物。

七、其他

1. 未经设计人员同意不得进行材料代换。

2. 钢构的施工与验收应遵守钢结构施工验收规范 GB 50205—2001 之规定。

3. 钢结构施工应由国家认可具有该专业施工资质的单位施工。

4. 未经设计部门同意，施工方不能随意更改设计图纸。

5. 施工中应严格遵照国家及地方现行验收及施工有关规定进行。本设计中未考虑冬季，雨季的施工措施，施工单位应根据有关施工验收规范采取相应措施。

				工程名称	
学生姓名		图纸编号	结施1/8	结构设计总说明	
专业班级		完成日期			
指导老师		成绩			

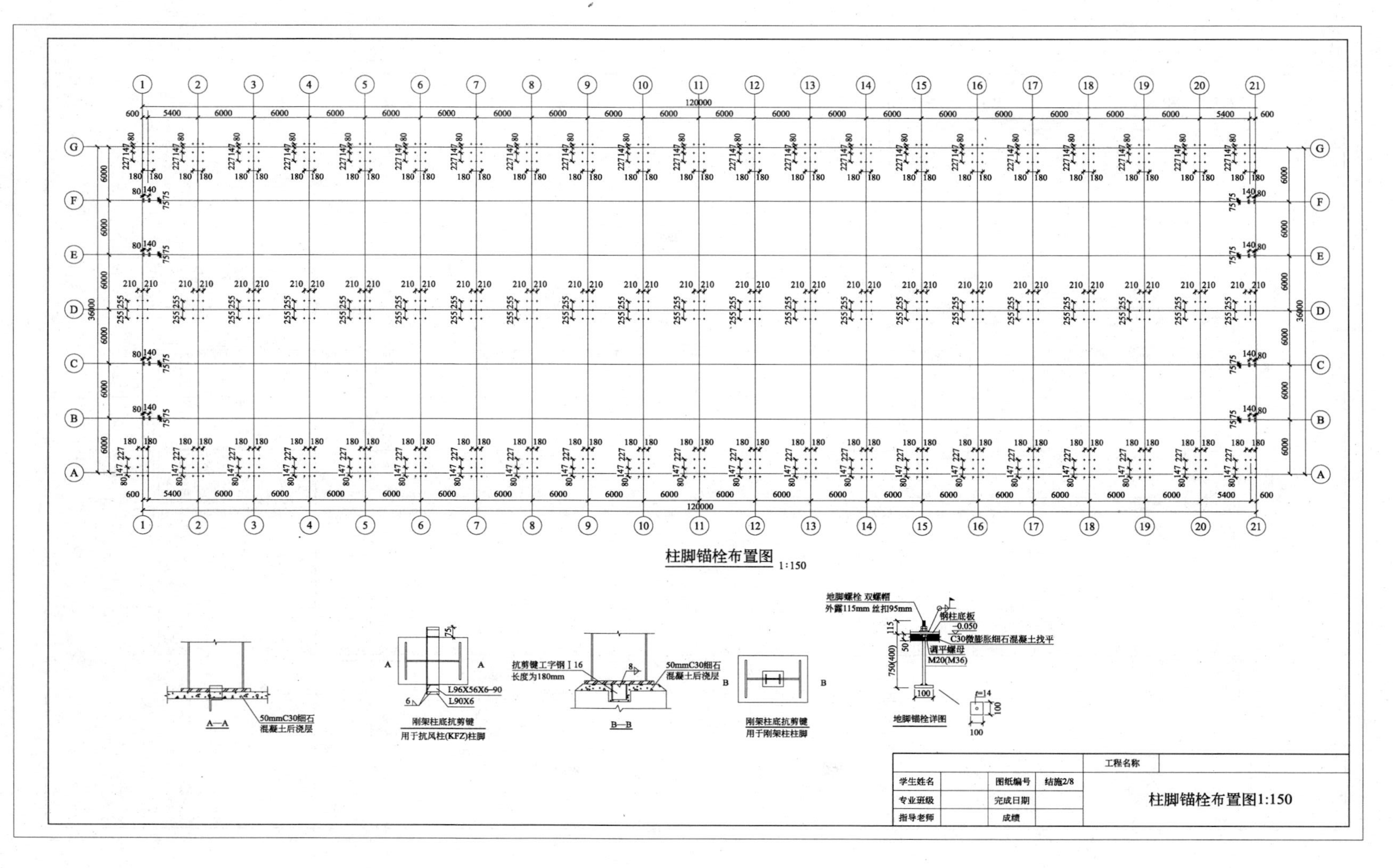

柱脚锚栓布置图 1:150
A—A
50mmC30细石
混凝土后浇层
L96X56X6-90
L90X6
刚架柱底抗剪键
用于抗风柱(KFZ)柱脚
抗剪键工字钢 I 16
长度为180mm
50mmC30细石
混凝土后浇层
B—B
刚架柱底抗剪键
用于刚架柱柱脚
地脚螺栓 双螺帽
外露115mm 丝扣95mm
钢柱底板
-0.050
C30微膨胀细石混凝土找平
调平螺母
M20(M36)
地脚锚栓详图
工程名称
学生姓名
专业班级
指导老师
图纸编号
结施2/8
完成日期
成绩
柱脚锚栓布置图1:150

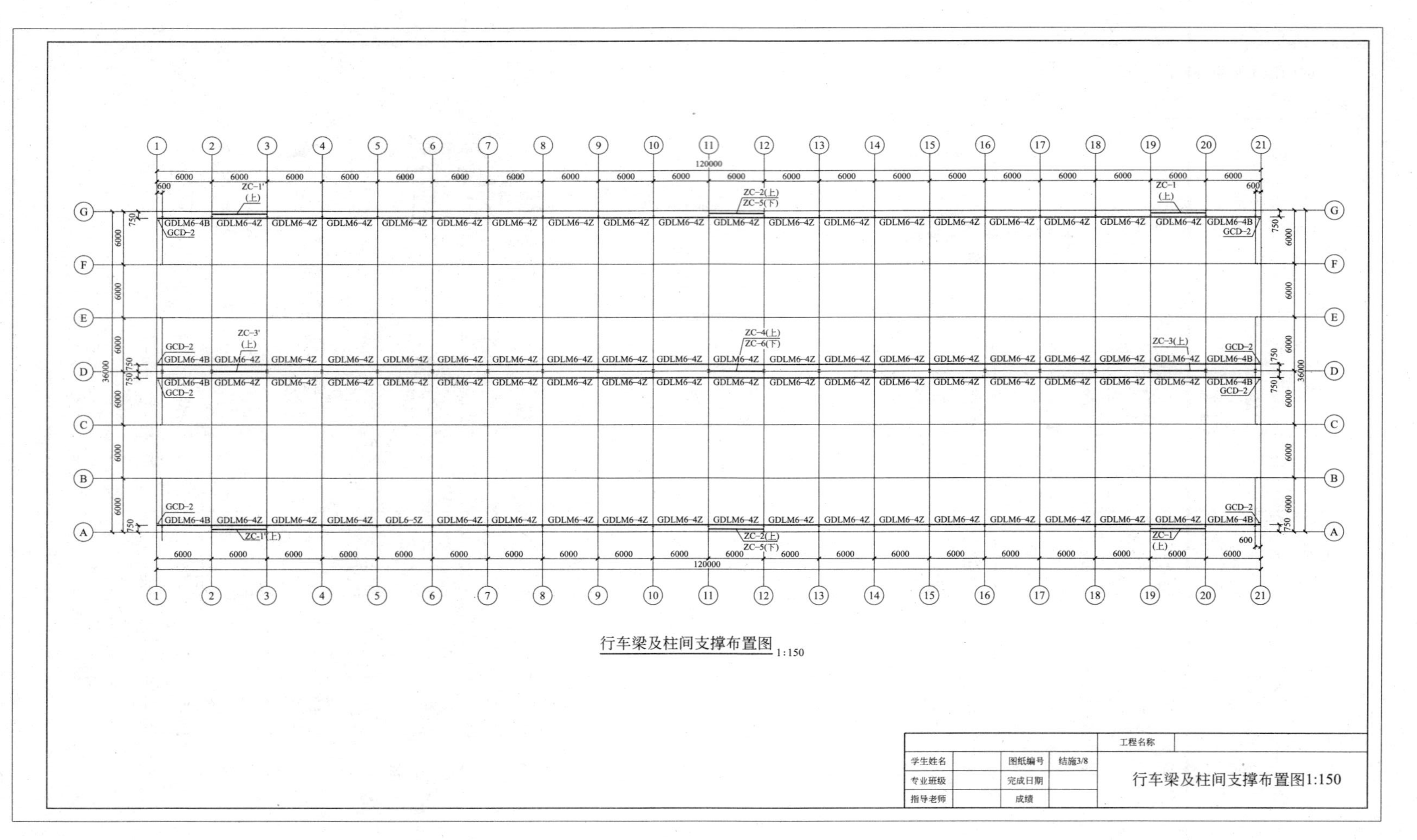
行车梁及柱间支撑布置图 1:150
工程名称
学生姓名
专业班级
指导老师
图纸编号
结施3/8
完成日期
成绩
行车梁及柱间支撑布置图1:150

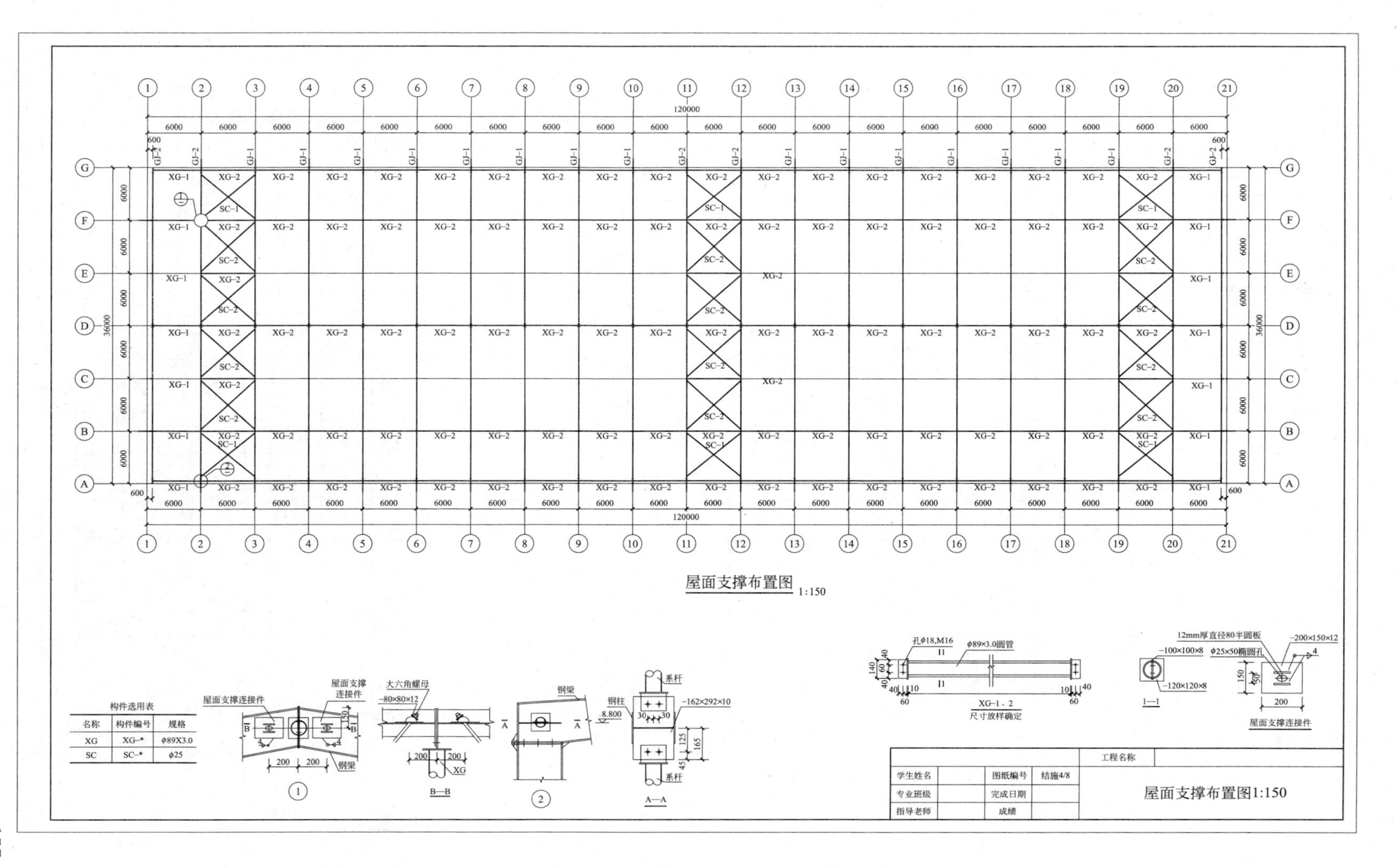

屋面支撑布置图 1:150
120000
36000
构件选用表
名称 构件编号 规格
XG XG-* φ89X3.0
SC SC-* φ25
屋面支撑连接件
屋面支撑连接件
钢梁
大六角螺母
-80×80×12
B—B
钢柱
8.800
系杆
-162×292×10
A—A
孔φ18,M16
φ89×3.0圆管
XG-1、2
尺寸放样确定
-100×100×8
-120×120×8
1—1
12mm厚直径80半圆板
φ25×50椭圆孔
-200×150×12
屋面支撑连接件
工程名称
学生姓名
专业班级
指导老师
图纸编号
结施4/8
完成日期
成绩
屋面支撑布置图1:150

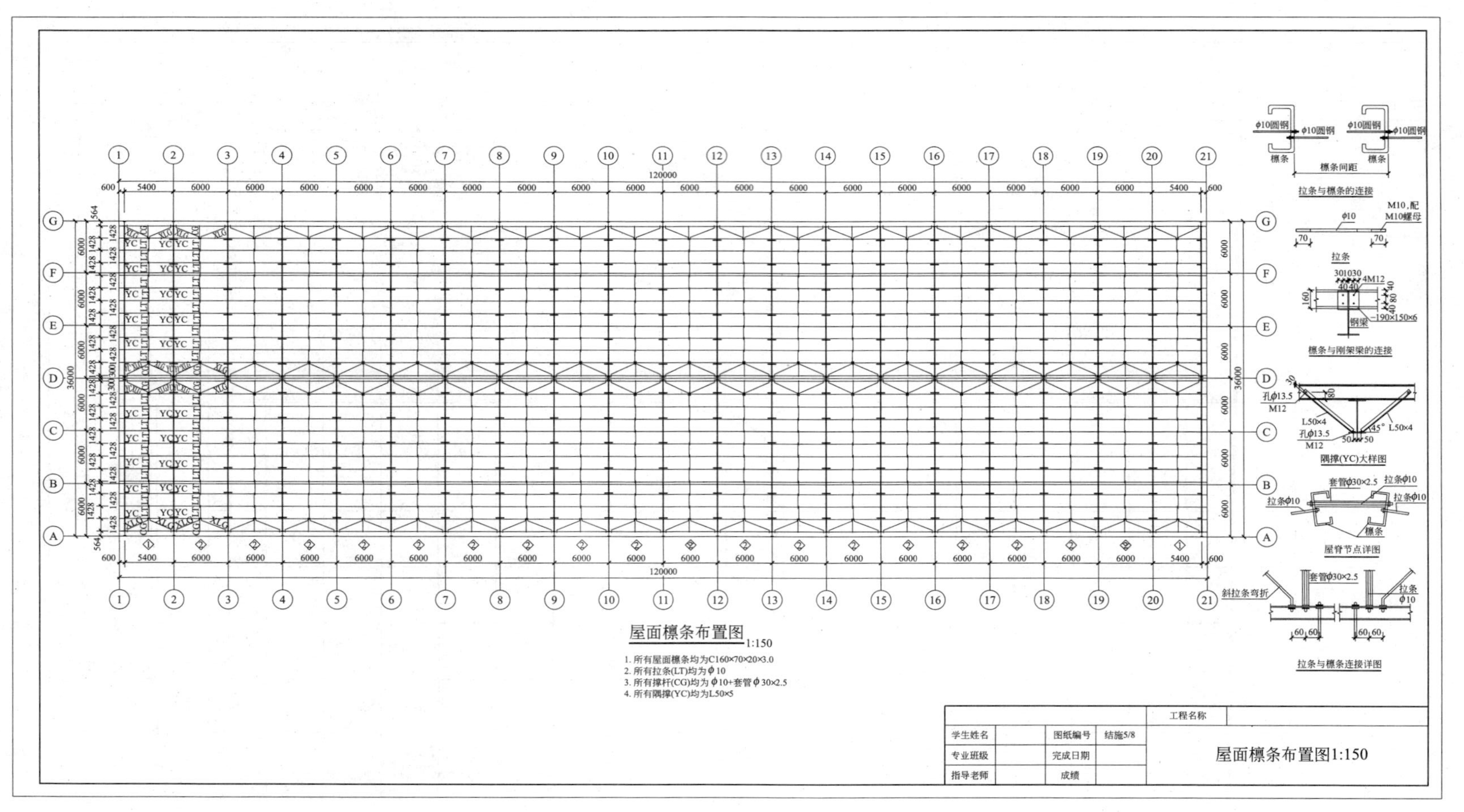
屋面檩条布置图 1:150
1. 所有屋面檩条均为C160×70×20×3.0
2. 所有拉条(LT)均为φ10
3. 所有撑杆(CG)均为φ10+套管φ30×2.5
4. 所有隅撑(YC)均为L50×5
拉条与檩条的连接
φ10圆钢
檩条
檩条间距
拉条
M10,配
M10螺母
檩条与刚架梁的连接
钢梁
-190×150×6
4M12
隅撑(YC)大样图
孔φ13.5
M12
L50×4
屋脊节点详图
套管φ30×2.5
拉条φ10
拉条与檩条连接详图
斜拉条弯折
工程名称
学生姓名
专业班级
指导老师
图纸编号
结施5/8
完成日期
成绩
屋面檩条布置图1:150

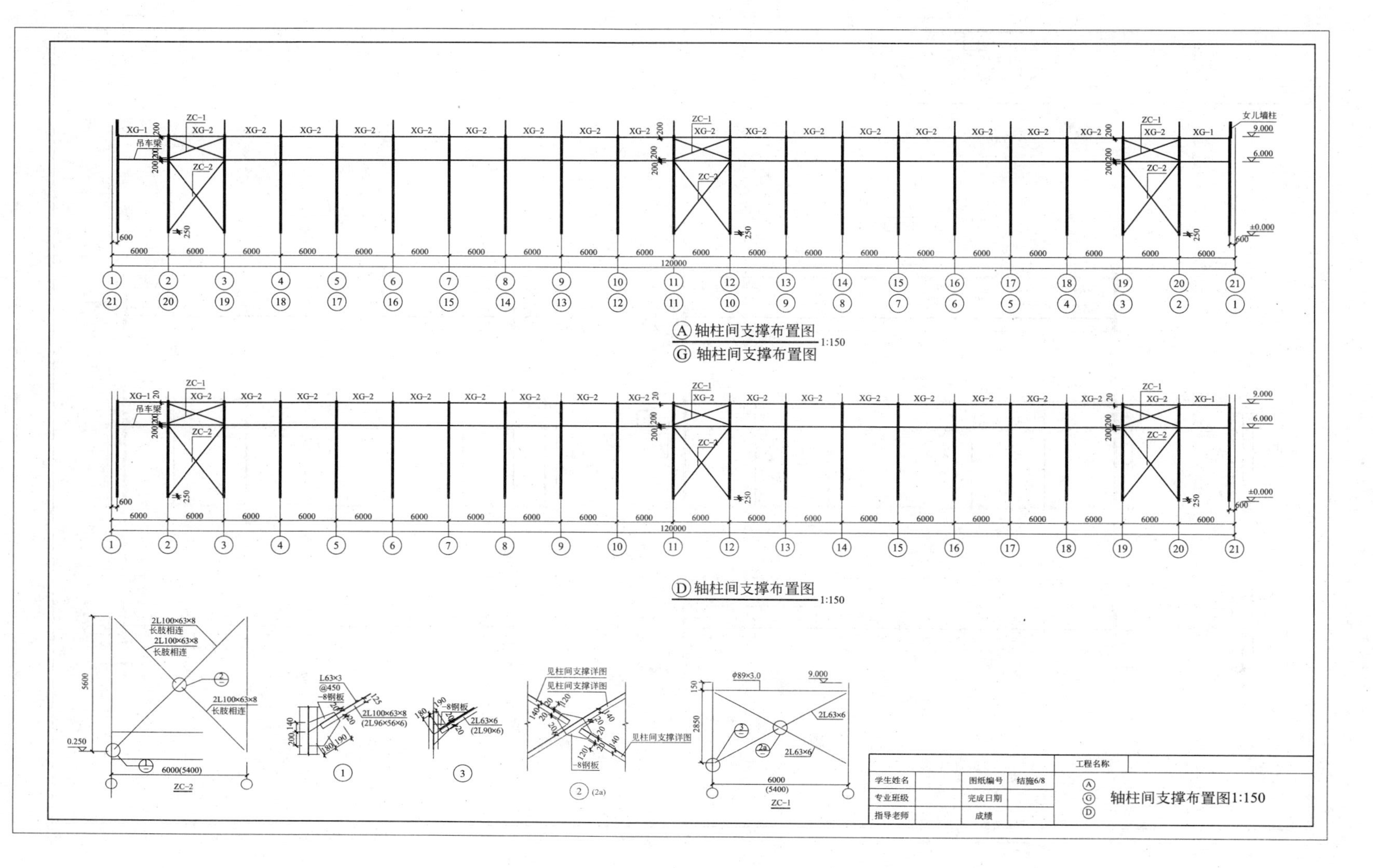

女儿墙柱
9.000
6.000
±0.000
XG-1
XG-2
ZC-1
ZC-2
吊车梁
120000
Ⓐ轴柱间支撑布置图 1:150
Ⓖ轴柱间支撑布置图
Ⓓ轴柱间支撑布置图 1:150
2L100×63×8
长肢相连
0.250
6000(5400)
ZC-2
L63×3
@450
-8钢板
2L100×63×8
(2L96×56×6)
2L63×6
(2L90×6)
见柱间支撑详图
-8钢板
Φ89×3.0
2L63×6
6000
(5400)
ZC-1
学生姓名
专业班级
指导老师
图纸编号
结施6/8
完成日期
成绩
工程名称
Ⓐ Ⓖ Ⓓ 轴柱间支撑布置图1:150

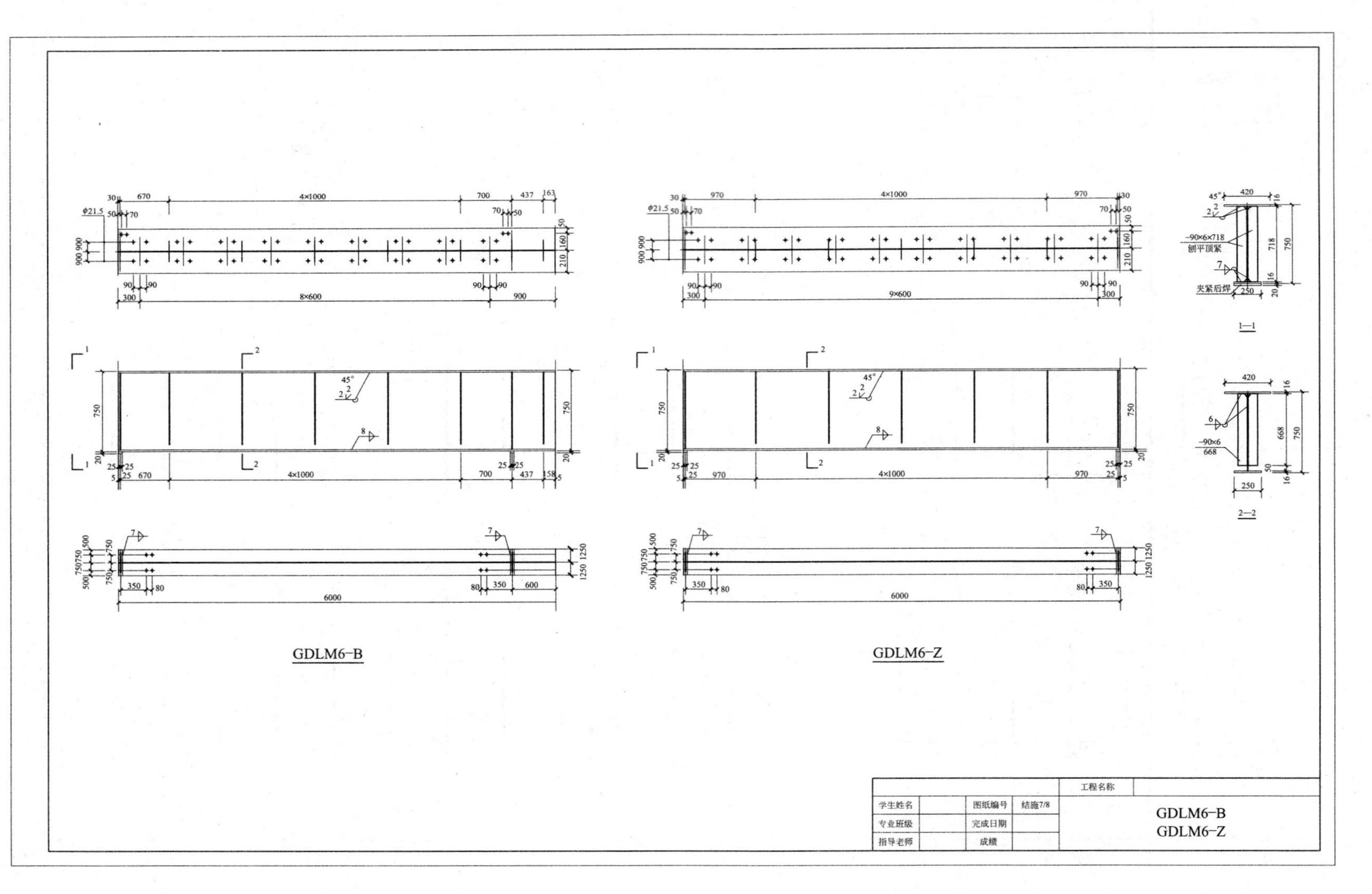

GDLM6-B
GDLM6-Z
1—1
2—2
-90×6×718
刨平顶紧
夹紧后焊
-90×6
668
4×1000
8×600
9×600
6000
工程名称
学生姓名
专业班级
指导老师
图纸编号
结施7/8
完成日期
成绩
GDLM6-B
GDLM6-Z

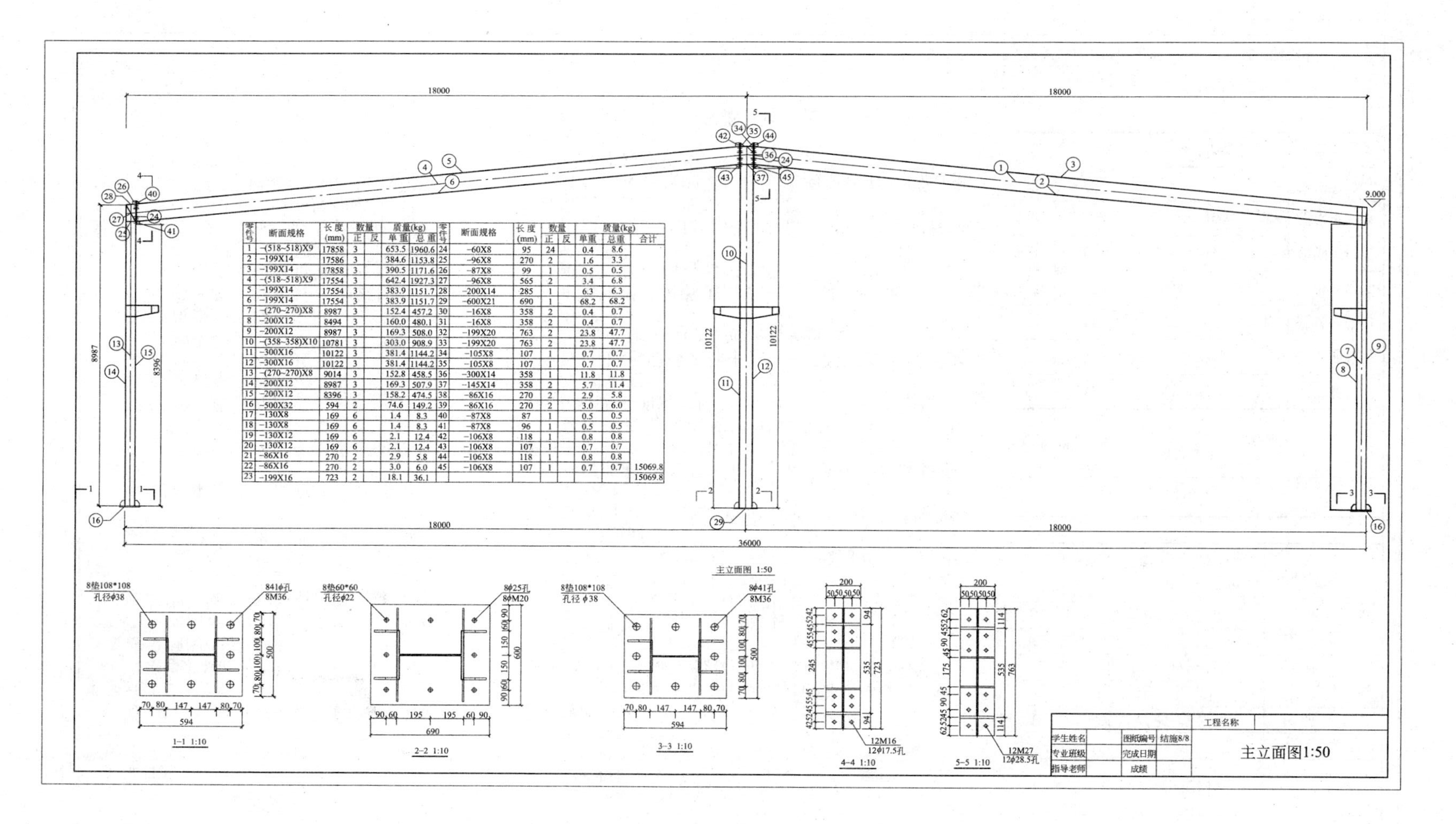

零件号	断面规格	长度(mm)	数量 正	数量 反	质量(kg) 单重	质量(kg) 总重	零件号	断面规格	长度(mm)	数量 正	数量 反	质量(kg) 单重	质量(kg) 总重	合计
1	-(518~518)X9	17858	3		653.5	1960.6	24	-60X8	95	24		0.4	8.6	
2	-199X14	17586	3		384.6	1153.8	25	-96X8	270	2		1.6	3.3	
3	-199X14	17858	3		390.5	1171.6	26	-87X8	99	1		0.5	0.5	
4	-(518~518)X9	17554	3		642.4	1927.3	27	-96X8	565	2		3.4	6.8	
5	-199X14	17554	3		383.9	1151.7	28	-200X14	285	1		6.3	6.3	
6	-199X14	17554	3		383.9	1151.7	29	-600X21	690	1		68.2	68.2	
7	-(270~270)X8	8987	3		152.4	457.2	30	-16X8	358	2		0.4	0.7	
8	-200X12	8494	3		160.0	480.1	31	-16X8	358	2		0.4	0.7	
9	-200X12	8987	3		169.3	508.0	32	-199X20	763	2		23.8	47.7	
10	-(358~358)X10	10781	3		303.0	908.9	33	-199X20	763	2		23.8	47.7	
11	-300X16	10122	3		381.4	1144.2	34	-105X8	107	1		0.7	0.7	
12	-300X16	10122	3		381.4	1144.2	35	-105X8	107	1		0.7	0.7	
13	-(270~270)X8	9014	3		152.8	458.5	36	-300X14	358	1		11.8	11.8	
14	-200X12	8987	3		169.3	507.9	37	-145X14	358	2		5.7	11.4	
15	-200X12	8396	3		158.2	474.5	38	-86X16	270	2		2.9	5.8	
16	-500X32	594	2		74.6	149.2	39	-86X16	270	2		3.0	6.0	
17	-130X8	169	6		1.4	8.3	40	-87X8	87	1		0.5	0.5	
18	-130X8	169	6		1.4	8.3	41	-87X8	96	1		0.5	0.5	
19	-130X12	169	6		2.1	12.4	42	-106X8	118	1		0.8	0.8	
20	-130X12	169	6		2.1	12.4	43	-106X8	107	1		0.7	0.7	
21	-86X16	270	2		2.9	5.8	44	-106X8	118	1		0.8	0.8	
22	-86X16	270	2		3.0	6.0	45	-106X8	107	1		0.7	0.7	15069.8
23	-199X16	723	2		18.1	36.1								15069.8

附录2 多层钢框架结构图纸

建筑施工说明

一、设计依据

本工程建筑施工图依据以下条件进行设计。

1. 国家现行的建筑设计规范和工程建设标准强制性条文。

房屋建筑制图统一标准(GB 50001—2010)
建筑制图标准(GB/T 50104—2010)
建筑地面设计规范(GB 50037—96)
建筑设计防火规范(GB 50016—2006)
屋面工程技术规范(GB 50345—2012)

2. 主管部门批准的立项文件。
3. 规划部门批准的规划图、规划设计条件书。
4. 建设单位提供的基本要求及确定的方案设计。
5. 设计单位与建设单位签订的设计合同。

二、工程概况

1. 工程性质：办公楼
2. 建筑物耐火等级：二级
3. 设计使用年限：50年
4. 结构类型：钢框架
5. 抗震设防烈度：七度
6. 建筑面积：3830m^2；建筑层数：4层
7. 屋面防水等级：Ⅲ级

三、标高、尺寸单位

1. 本工程±0.000相当于黄海高程30m。
2. 本工程图中标注的尺寸除标高以米(m)为单位外，其余尺寸均以毫米(mm)为单位。

四、工程做法

1. 地面做法

素土夯实，碎石回填，上撒瓜子片垫层，面层为150mm厚C15混凝土捣平。

2. 墙身做法

（1）外墙：240mm加气混凝土
（2）内墙：200mm加气混凝土
（3）内隔墙：采用轻质稻草板，随意分隔。

3. 屋面做法

坡度：i=3%

屋面：细砂保护层，高分子防水卷材，下为20mm厚1∶2水泥砂浆找平层，20mm厚膨胀珍珠岩找坡层。

平顶乳胶漆顶见苏 9501 4/8
女儿墙泛水见苏 J9503—1/20
屋面雨水口详见苏 J9503—1/20 1/46
管道出屋面均详见苏 J9503—1/44

4. 楼地面

卫生间比邻近房间楼地面低30mm并找坡3%向地漏或泄水孔；

其楼地面与墙结合部位上卷120mm素混凝土，并与楼板一次浇筑，不留施工缝；

穿越楼板的管线应预埋套管，在两管之间用20mm厚防水油膏封堵。

5. 外墙粉刷

7mm厚水泥砂浆抹平，6mm厚1∶3水泥砂浆找平，7mm厚1∶1∶6水泥石膏砂浆。

6. 室外

混凝土散水见苏 J9508—4/39 宽600mm
踏步毛面花岗岩面层见苏 J9508—2/40

7. 门窗

门窗表中所注尺寸均为洞口尺寸，加工制作时应扣除粉刷面层厚度。

凡与门窗连接的梁、柱、墙均应按有关的门窗图纸预埋木砖或铁件。

8. 柱子

图中为标柱子处根据具体需要加设构造柱

图纸目录

编号	备注	图纸编号
1	建筑设计总说明	建施—1/6
2	底层平面图	建施—2/6
3	标准层平面图	建施—3/6
4	屋顶平面图	建施—4/6
5	⑩-①和①-⑩立面图	建施—5/6
6	Ⓓ-Ⓐ和Ⓐ-Ⓓ立面图 1-1 和 2-2 剖面图	建施—6/6

门窗表

类别	门窗编号	洞口尺寸 宽mm×高mm	数量	备注
门	M-1	1000×2400	98	平开门
门	M-2	1500×3000	1	玻璃地弹门
门	M-3	3600×3000	1	玻璃地弹门
门	M-4	900×2400	8	平开门
窗	C-1	2700×2100	102	塑钢推拉窗
窗	C-2	2100×2100	8	塑钢推拉窗
窗	C-3	1800×1800	8	塑钢推拉窗
窗	C-4	1500×2100	7	塑钢推拉窗

学生姓名		图纸编号	建施1/6	工程名称
专业班级		完成日期		建筑施工说明
指导老师		成绩		

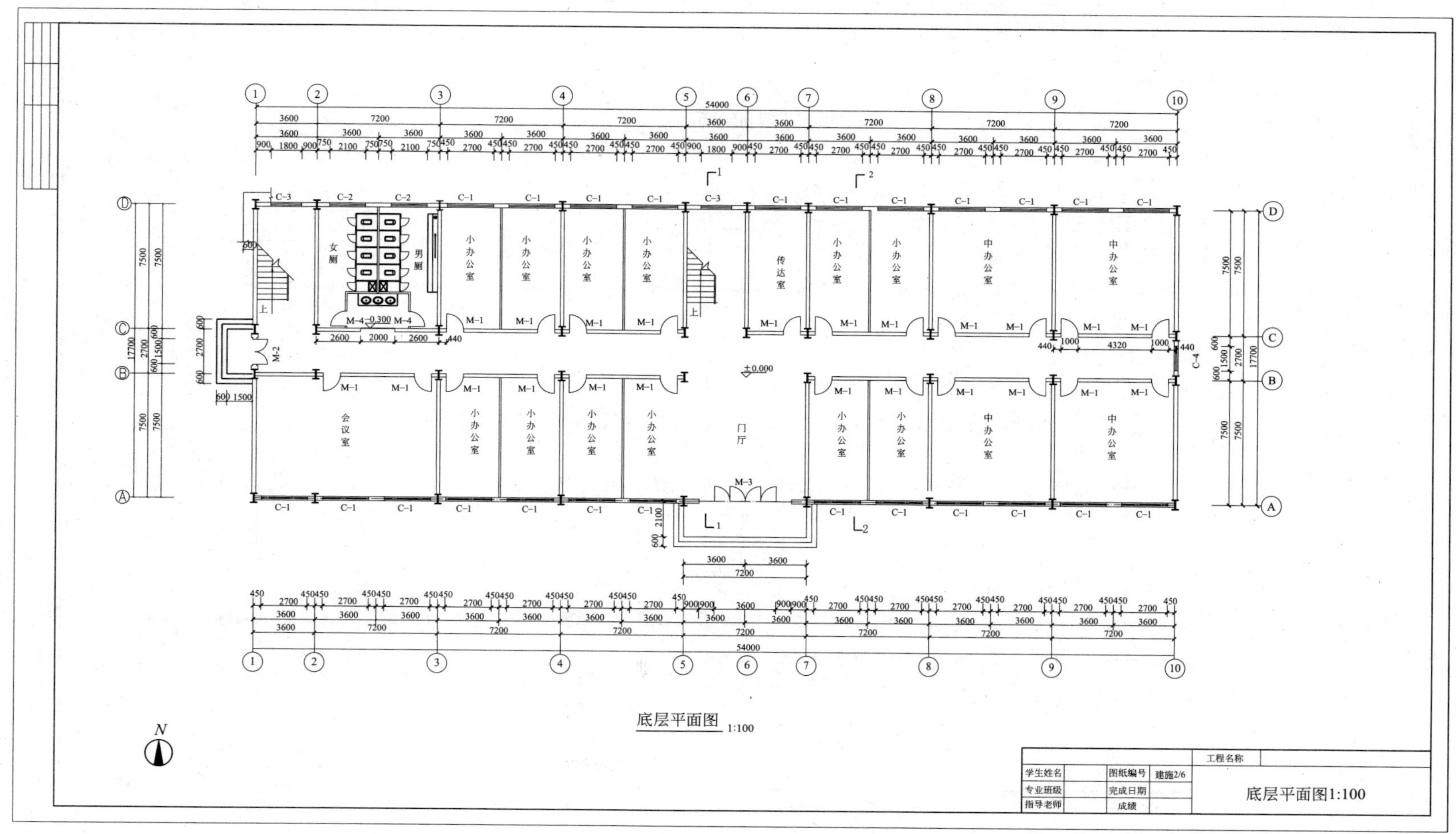
女厕
男厕
小办公室
传达室
中办公室
会议室
门厅
±0.000
-0.300
上
C-1
C-2
C-3
C-4
M-1
M-2
M-3
M-4
54000
17700
N
底层平面图 1:100
工程名称
学生姓名
专业班级
指导老师
图纸编号
建施2/6
完成日期
成绩
底层平面图1:100

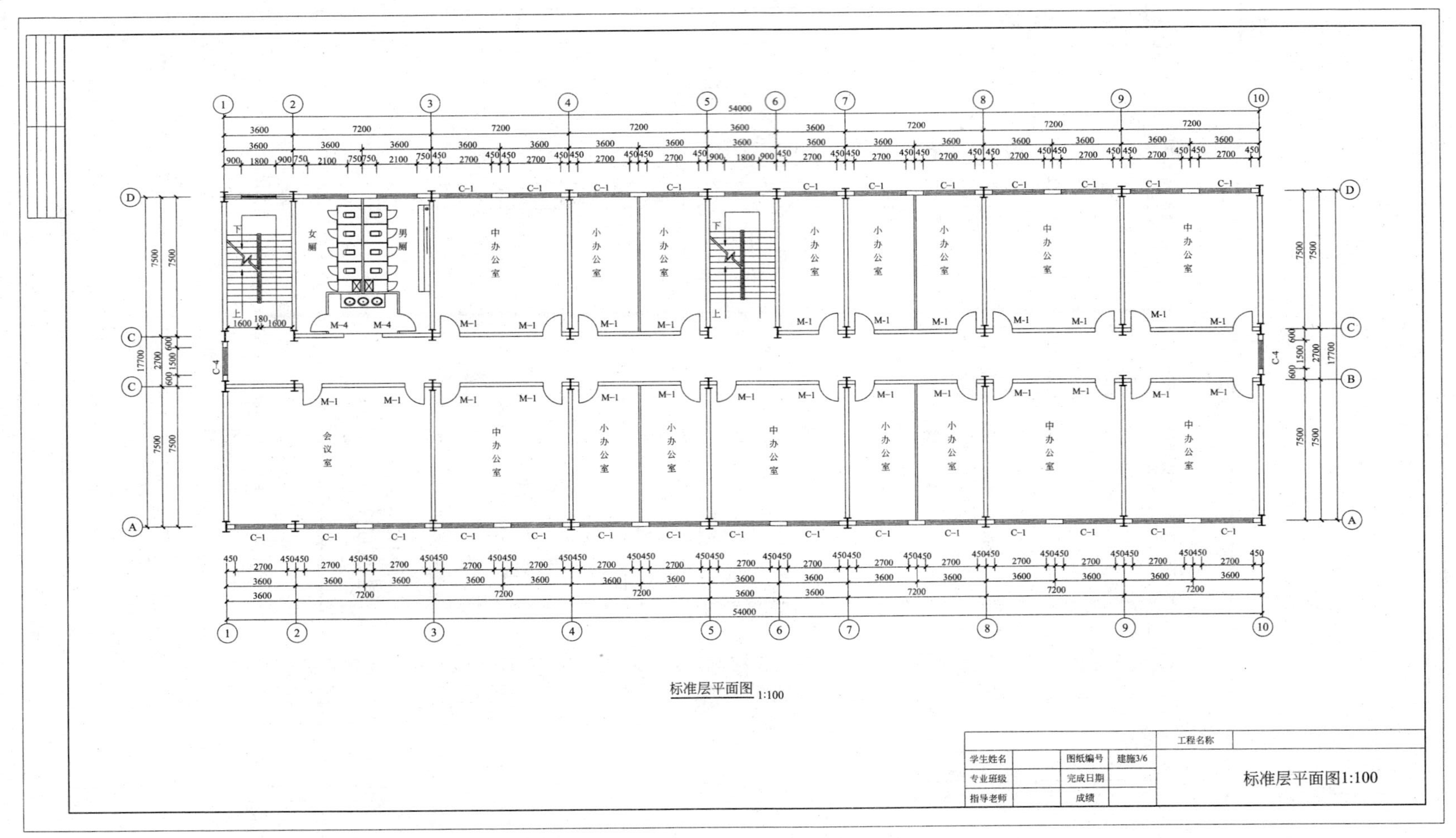

会议室
中办公室
小办公室
女厕
男厕
M-1
M-4
C-1
C-4
54000
17700
标准层平面图 1:100
工程名称
学生姓名
专业班级
指导老师
图纸编号
建施3/6
完成日期
成绩
标准层平面图1:100

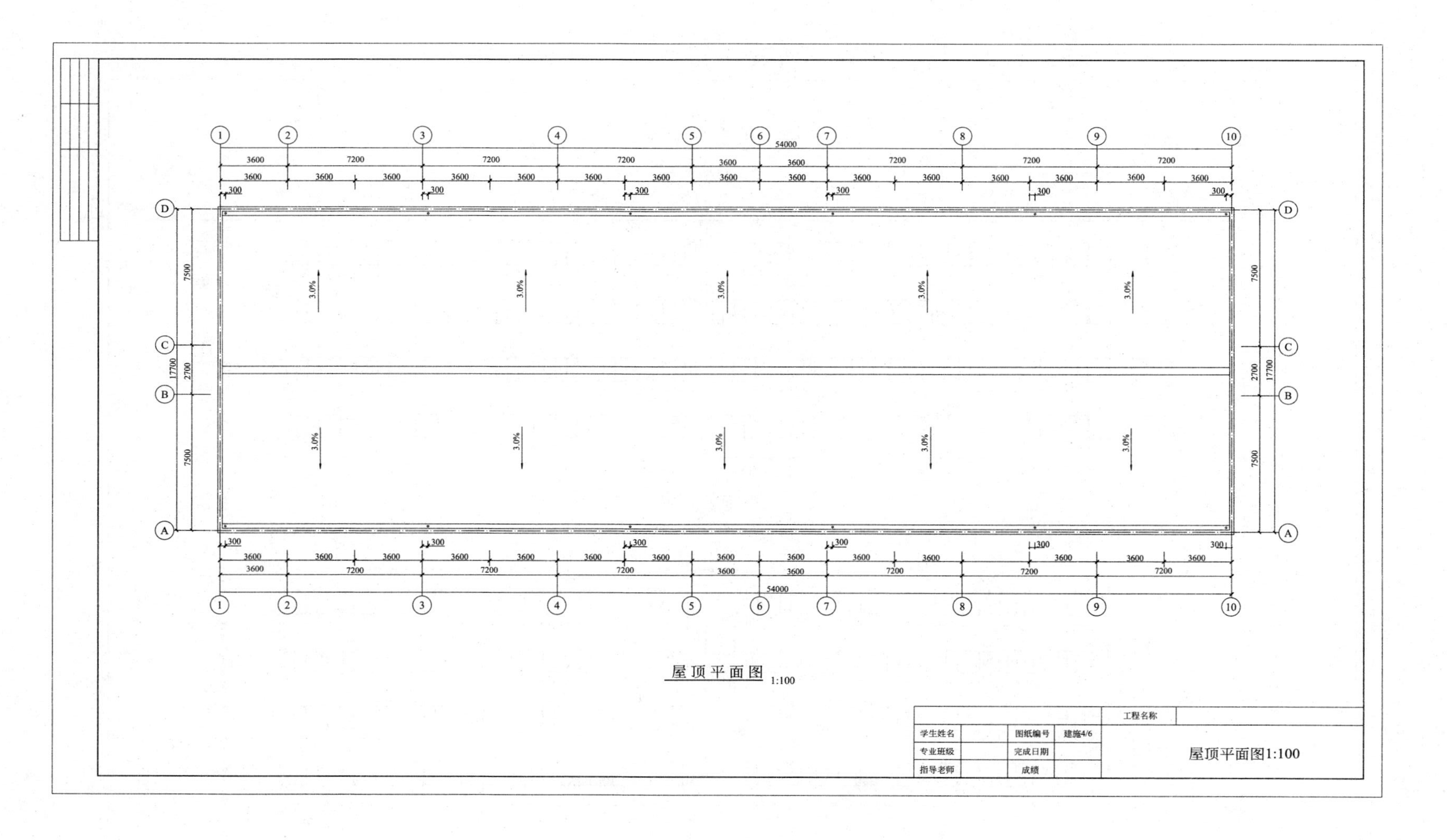
屋顶平面图 1:100
工程名称
学生姓名
图纸编号
建施4/6
专业班级
完成日期
指导老师
成绩
屋顶平面图1:100
54000
17700
7500
2700
7500
7200
3600
300
3.0%

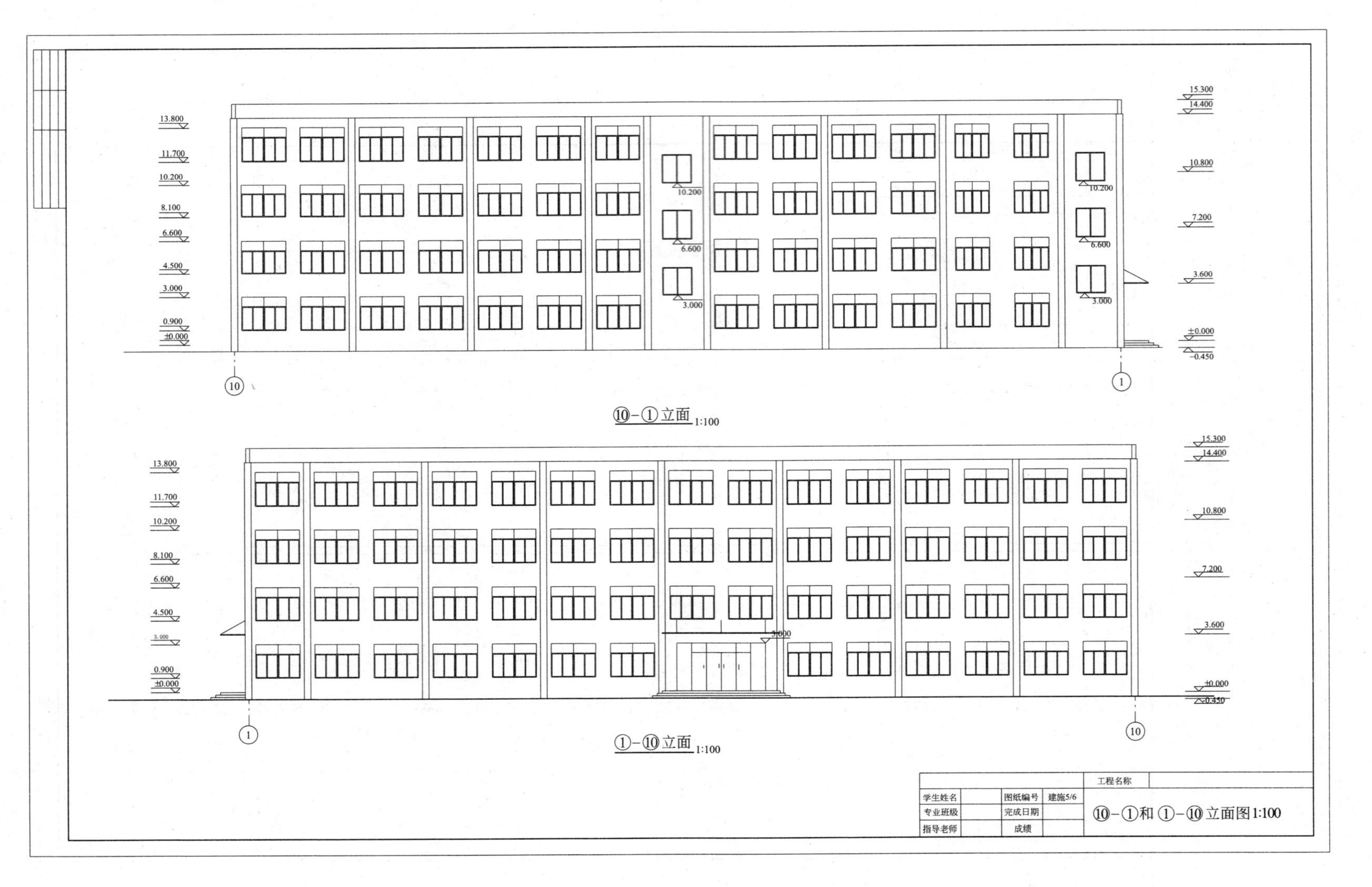
13.800
11.700
10.200
8.100
6.600
4.500
3.000
0.900
±0.000
15.300
14.400
10.800
7.200
3.600
-0.450
⑩-①立面 1:100
①-⑩立面 1:100
工程名称
学生姓名
专业班级
指导老师
图纸编号
建施5/6
完成日期
成绩
⑩-①和①-⑩立面图 1:100

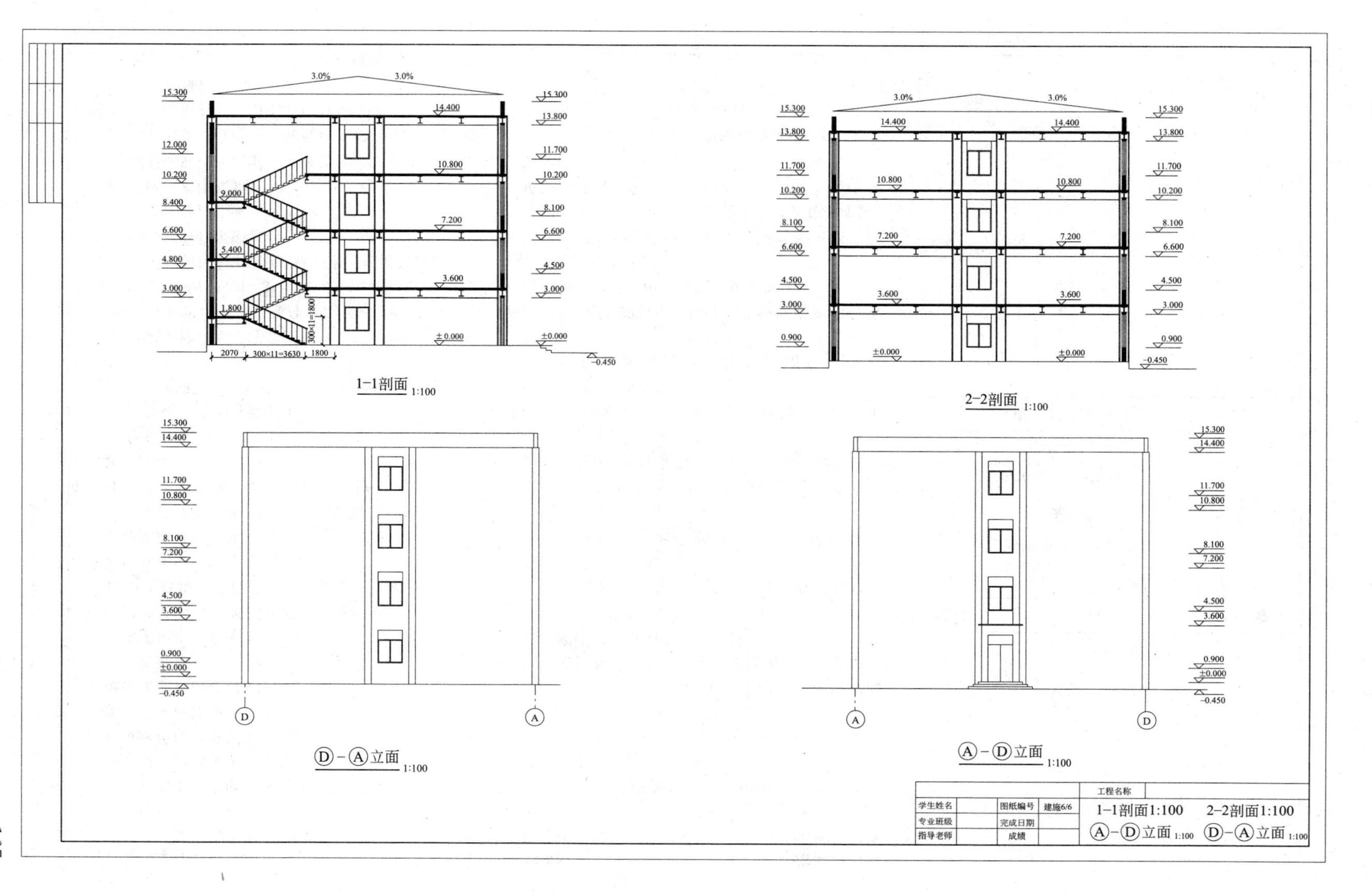
3.0%
3.0%
15.300
14.400
13.800
12.000
11.700
10.800
10.200
9.000
8.400
8.100
7.200
6.600
5.400
4.800
4.500
3.600
3.000
1.800
0.900
±0.000
-0.450
2070
300×11=3630
1800
300×11=1800
1-1剖面 1:100
2-2剖面 1:100
Ⓓ-Ⓐ立面 1:100
Ⓐ-Ⓓ立面 1:100
学生姓名
专业班级
指导老师
图纸编号
建施6/6
完成日期
成绩
工程名称
1-1剖面1:100
2-2剖面1:100
Ⓐ-Ⓓ立面 1:100
Ⓓ-Ⓐ立面 1:100

结构施工总说明

一、设计依据

本工程施工图依据以下条件进行设计。

国家现行的建筑结构设计规范

建筑结构荷载规范 GB 50009—2012

建筑抗震设计规范 GB 50011—2010

钢结构设计规范 GB 50017—2003

二、工程概况

1. 结构类型：钢框架。

2. 主体结构设计使用年限：50 年。

3. Ⅱ类场地；抗震设防烈度：七度；地震基本设计加速度 0.1g；

设计地震分组：第一组。

三、本工程施工图中标注的尺寸除标高以米(m)为单位外，其余尺寸均以毫米(mm)为单位。

四、材料

1. 结构用钢为：Q235B。

2. 墙体材料为加气混凝土。

3. 基础混凝土强度为：C20；楼板混凝土强度为：C25。

4. 高强螺栓：本工程高强螺栓采用摩擦型高强螺栓，等级 10.9 级，每个高强螺栓的预拉力 P 分别为：M20：P=155kN；M24：P=225kN 在高强螺栓连接范围内，构件的接触面采用喷砂处理，抗滑移系数 $\mu \geq 0.45$，表面不得刷油漆或污损。

5. 普通螺栓：C 级。

6. 锚栓：采用 Q235－B。

7. 压型钢板：冷轧钢板经连续热浸镀锌处理。

8. 自攻螺丝：应经镀锌处理，螺丝的帽盖用尼龙头覆着，钻尾能自行钻孔固定在钢结构上。

五、钢结构制作与加工

1. 焊缝应符合建筑钢结构焊接技术规程(JGJ 81—2002)焊缝质量等级：除端板与柱、梁翼缘的连接焊缝为全熔透坡口焊等级为二级，其余均为三级。

2. 除柱脚螺栓外，钢结构构件上螺栓钻孔直径比螺栓直径大 1.5～2.0mm。

3. 除锈：除镀锌构件外，钢构件表面应进行除锈处理，除锈等级不低于 Sa2。

4. 涂装：构件表面涂刷红丹底漆加醇酸调和面漆各两次，以下部位不得涂漆：需焊接的位置，螺栓连接范围内构件接触面。

六、钢结构安装

1. 符合钢结构工程施工质量验收规范(GB 50205—2001)要求。

2. 构件吊装前应选择好吊点位置并进行验算。

3. 不得利用已安装就位的构件起吊其他重物，不得在构件上加焊非设计要求的其他物件。

七、钢结构防火工程

1. 耐火等级：二级；耐火极限：钢柱 2 小时，钢梁 1.5 小时。

2. 符合钢结构防火涂料应用技术规程(CECS24：90)。

3. 钢结构防火工程设计、施工必须另行委托有防火设计、施工资质的单位实施。

八、使用维护

1. 建筑物在使用过程中，应根据材料特性定期对结构构件进行必要的维护(如重新涂装、更换损坏构件等)，以确保使用过程中的结构安全。

2. 不得任意改变或增加悬挂荷载，也不得任意改变或拆除围护体系。

图纸目录

编号	备注	图纸编号
1	结构施工总说明	结施－1/6
2	基础布置图 J-1J-2 详图	结施－2/6
3	柱网布置图	结施－3/6
4	标准层结构布置图	结施－4/6
5	四层结构布置图	结施－5/6
6	纵横向框架图　节点详图	结施－6/6

学生姓名		图纸编号	结施1/6	工程名称
专业班级		完成日期		结构施工总说明
指导老师		成绩		

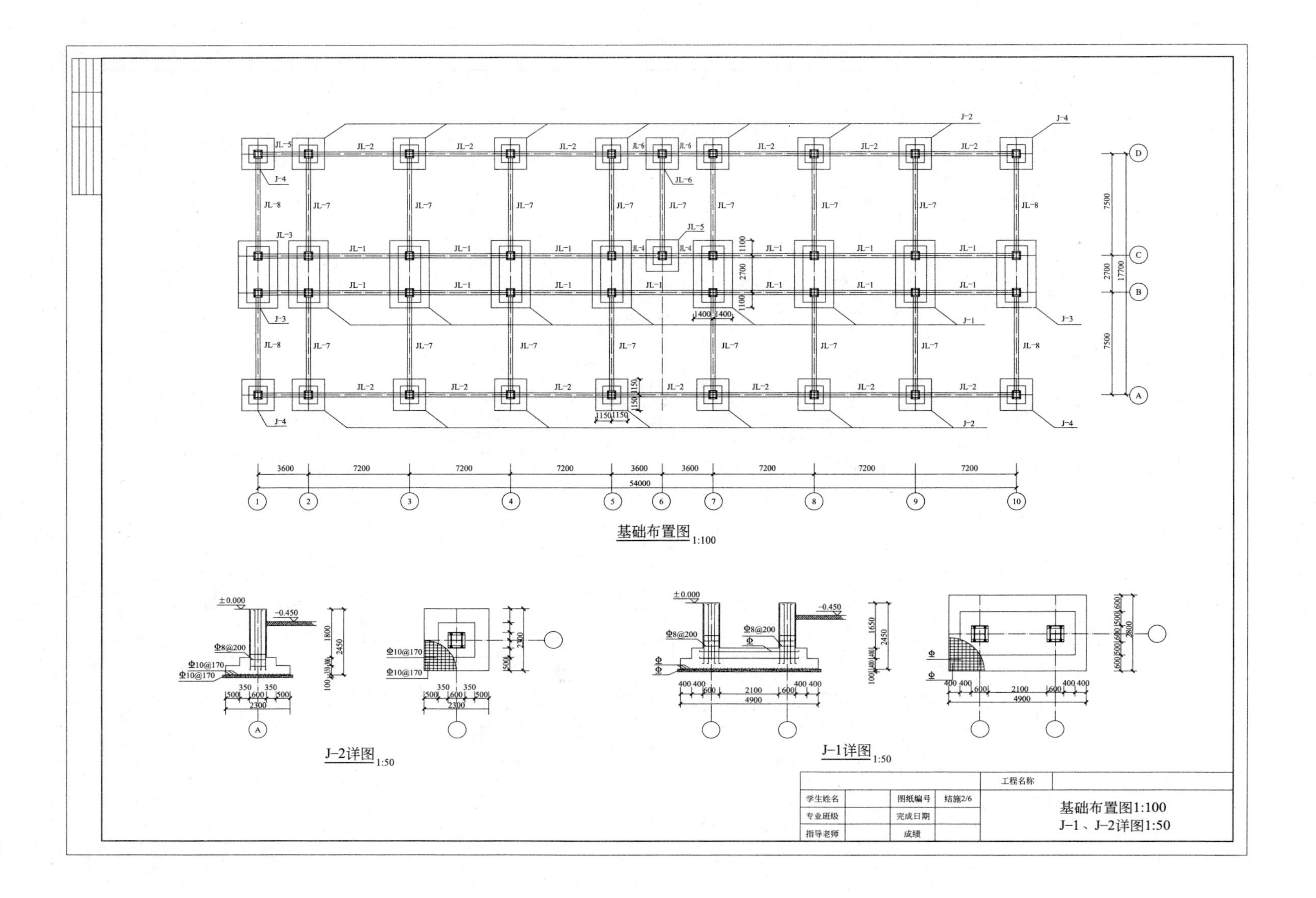
基础布置图 1:100
J-2详图 1:50
J-1详图 1:50
工程名称
学生姓名
专业班级
指导老师
图纸编号
结施2/6
完成日期
成绩
基础布置图1:100
J-1、J-2详图1:50
3600
7200
54000
7500
2700
17700
1100
1400
1150
±0.000
-0.450
Φ8@200
Φ10@170
1800
2450
1650
2300
4900
2100
2800
JL-1
JL-2
JL-3
JL-4
JL-5
JL-6
JL-7
JL-8
J-1
J-2
J-3
J-4

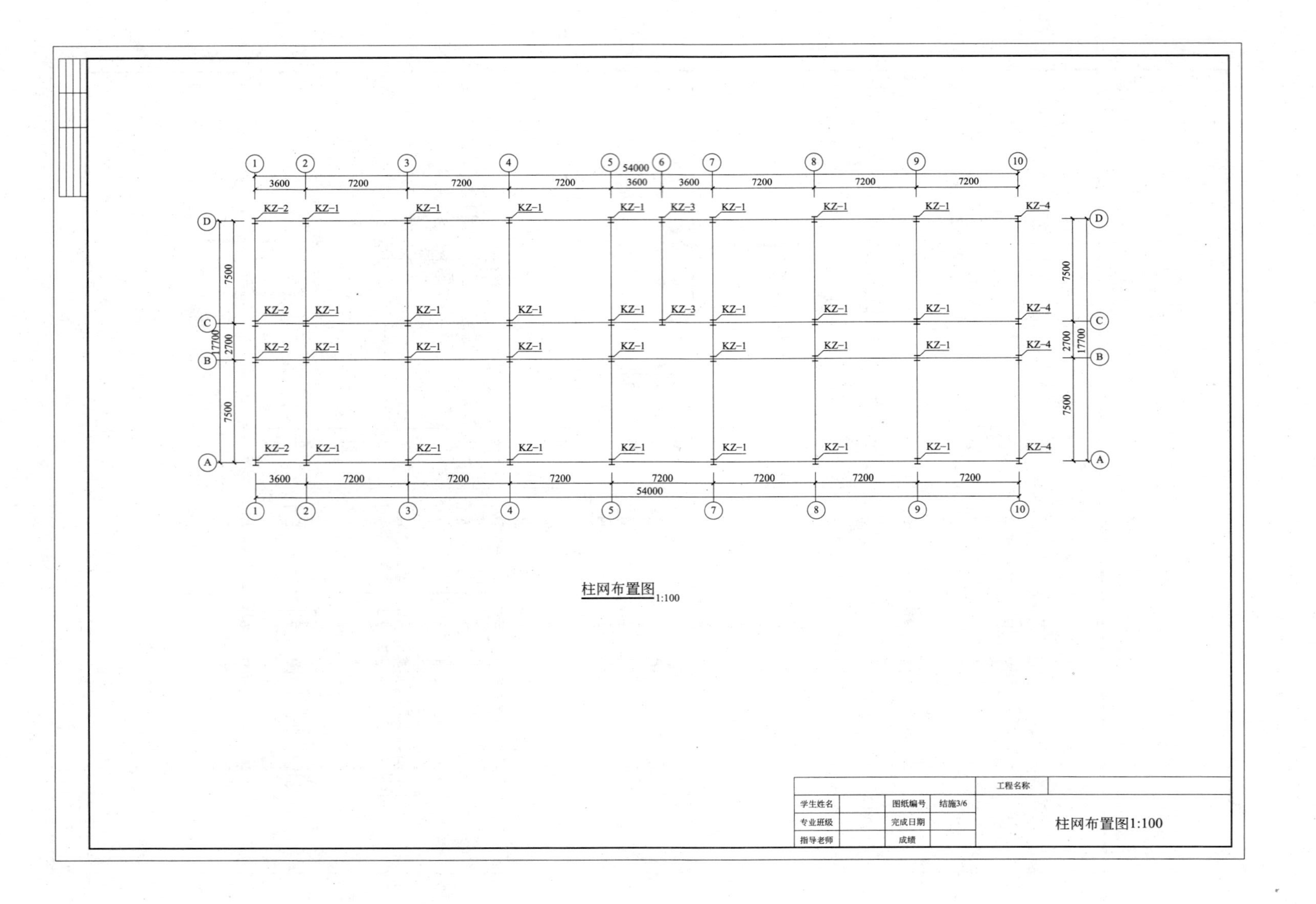
1
2
3
4
5
6
7
8
9
10
54000
3600
7200
3600
A
B
C
D
7500
2700
17700
KZ-1
KZ-2
KZ-3
KZ-4
柱网布置图 1:100
工程名称
学生姓名
专业班级
指导老师
图纸编号
结施3/6
完成日期
成绩
柱网布置图1:100

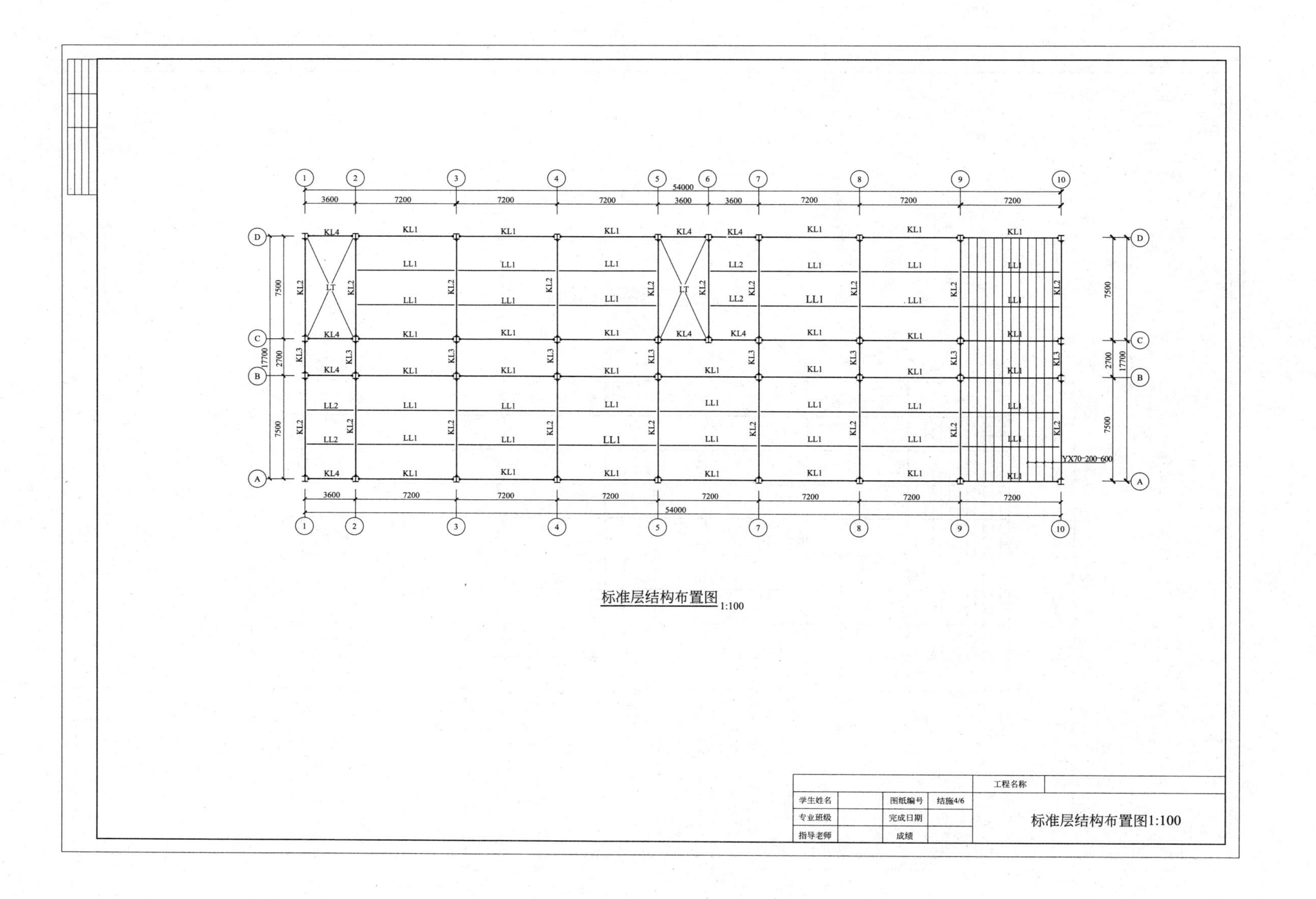
54000
3600
7200
7500
2700
17700
KL1
KL2
KL3
KL4
LL1
LL2
LT
YX70-200-600
标准层结构布置图 1:100
工程名称
学生姓名
专业班级
指导老师
图纸编号
结施4/6
完成日期
成绩
标准层结构布置图1:100

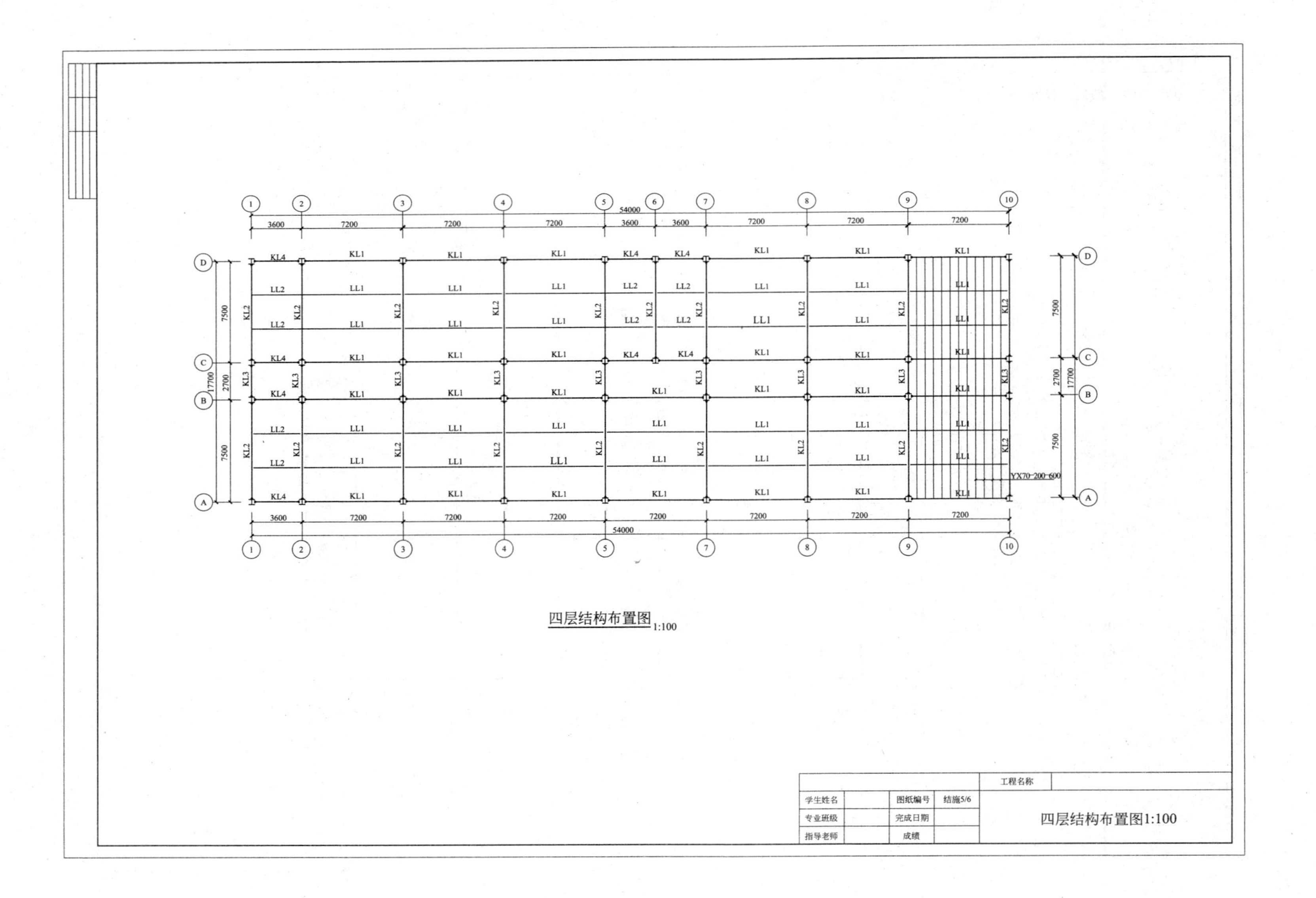
四层结构布置图 1:100
54000
17700
YX70-200-600
工程名称
学生姓名
专业班级
指导老师
图纸编号
结施5/6
完成日期
成绩
四层结构布置图1:100

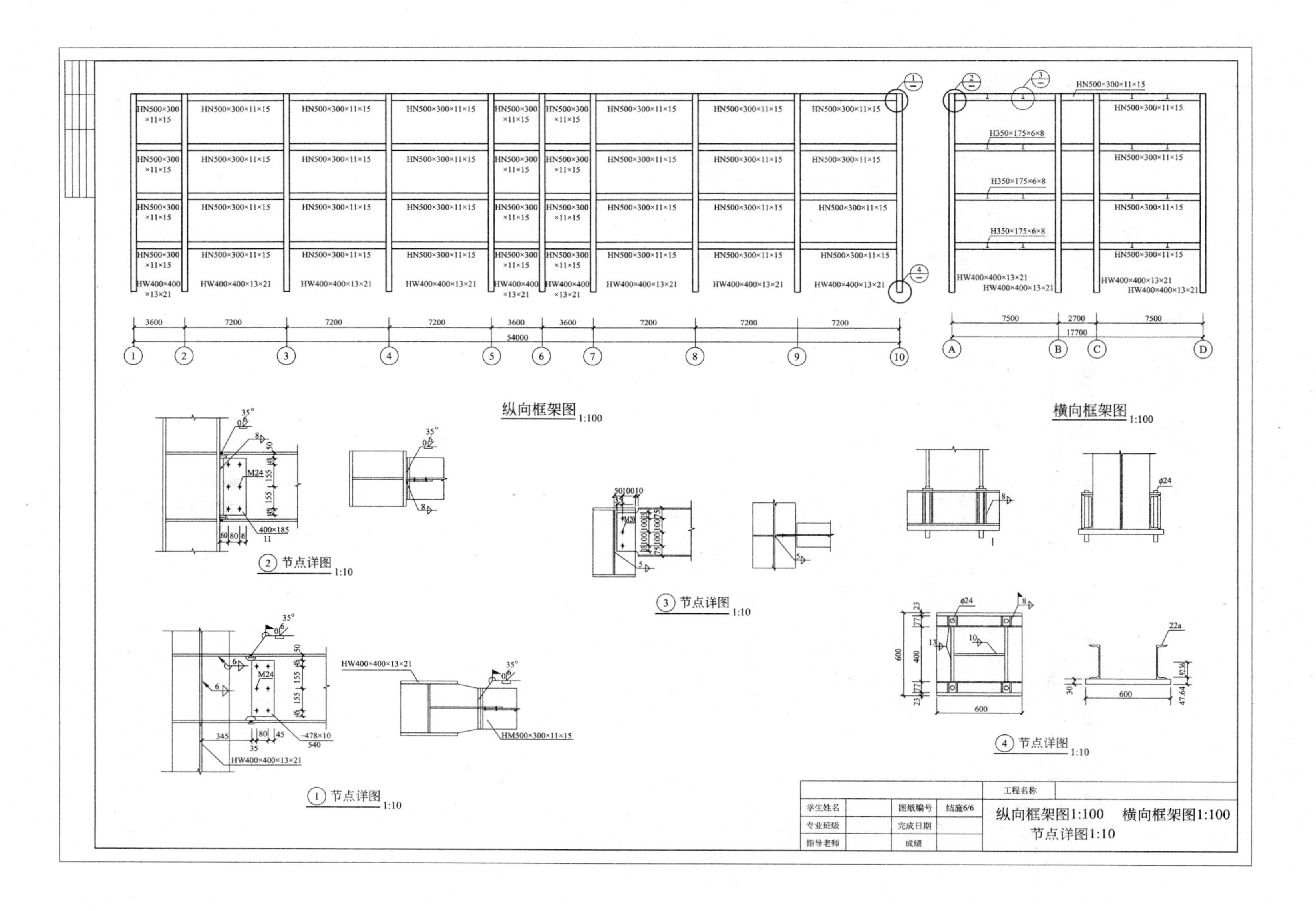

纵向框架图 1:100
横向框架图 1:100
HN500×300×11×15
HW400×400×13×21
H350×175×6×8
3600
7200
54000
7500
2700
17700
② 节点详图 1:10
③ 节点详图 1:10
① 节点详图 1:10
④ 节点详图 1:10
M24
M20
400×185
-478×10
HM500×300×11×15
22a
工程名称
学生姓名
专业班级
指导老师
图纸编号
结施6/6
完成日期
成绩
纵向框架图1:100 横向框架图1:100
节点详图1:10

参 考 文 献

[1] 王新堂. 钢结构设计 [M]. 上海：同济大学出版社，2005.

[2] 包头钢铁设计研究总院，中国钢结构协会房屋建筑钢结构协会. 钢结构设计与计算 [M]. 北京：机械工业出版社，2006.

[3] 陈绍蕃. 钢结构-房屋建筑钢结构设计(第二版) [M]. 北京：中国建筑工业出版社，2007.

[4] 《轻型钢结构设计指南(实例与图集)》编辑委员会. 轻型钢结构设计指南(实例与图集)(第二版) [M]. 北京：中国建筑工业出版社，2005.

[5] 张其林. 轻型门式刚架 [M]. 济南：山东科学技术出版社，2004.

[6] 李星荣，王柱宏. PKPM结构系列软件应用与设计实例 [M]. 北京：机械工业出版社，2009.

[7] 王新堂. 钢结构设计 [M]. 上海：同济大学出版社，2005.

[8] 郭兵，纪伟东，赵永生，宁振森. 多层民用钢结构房屋设计 [M]. 北京：中国建筑工业出版社，2005.

[9] 沈之容. 钢结构通信塔设计与施工 [M]. 北京：机械工业出版社，2007.